HTML+CSS+JavaScript网页制作从新手到高手

龙马工作室 编著

人民邮电出版社
北京

图书在版编目（CIP）数据

HTML+CSS+JavaScript网页制作从新手到高手 / 龙马工作室编著. -- 北京 : 人民邮电出版社, 2014.8
ISBN 978-7-115-35891-2

Ⅰ. ①H… Ⅱ. ①龙… Ⅲ. ①超文本标记语言－程序设计②网页制作工具③JAVA语言－程序设计 Ⅳ. ①TP312②TP393.092

中国版本图书馆CIP数据核字(2014)第129845号

内 容 提 要

本书以零基础讲解为宗旨，用实例引导读者学习，深入浅出地介绍了 HTML、CSS、JavaScript 的相关知识和综合应用方法。

全书分为 5 篇，共 24 章。第 1 篇【HTML 篇】主要介绍 HTML 与 CSS 网页设计的基础知识、HTML 文档的基本结构、HTML 网页文字设计、网页色彩和图片设计、网页表格设计、网页表单设计、网页框架设计、网页多媒体设计等；第 2 篇【CSS 篇】主要介绍 CSS 样式的基础知识、网页样式代码的生成方法、用 CSS 设置网页元素及利用 DIV 和 CSS 进行网页标准化布局等；第 3 篇【JavaScript 篇】主要介绍 JavaScript 的基础知识、开发方法、事件机制及调试与优化方法等；第 4 篇【综合应用篇】主要介绍 CSS 与 HTML、JavaScript 及 jQuery 的综合应用，还通过一个网站实例系统介绍了上述知识点的实际应用；第 5 篇【高手秘籍篇】主要介绍 HTML5 的缓存技术、CSS 的高级特性、Ajax 的应用，以及手机网站的制作方法。

在本书附赠的 DVD 多媒体教学光盘中，包含了 12 小时与图书内容同步的教学录像及所有范例的配套源代码素材和结果文件。此外，还赠送了 HTML 标签速查表、18 小时 Dreamweaver CS5/Photoshop CS5/Flash CS5 网页三剑客教学录像、19 小时全能网站建设教学录像、大型 ASP 网站完整源代码及运行说明书、精彩 CSS+DIV 布局赏析电子书、精选 JavaScript 应用实例电子书、网页制作常见问题及解答电子书、精彩网站配色方案赏析电子书、颜色代码查询表、颜色英文名称查询表等超值资源，便于读者扩展学习。除光盘外，本书还赠送了纸质《网页设计技巧随身查》，便于读者随时翻查。

本书不仅适合 HTML、CSS、JavaScript 的初、中级用户学习使用，也可以作为各类院校相关专业学生和计算机培训班学员的教材或辅导用书。

◆ 编　　著　龙马工作室
责任编辑　张　翼
责任印制　杨林杰

◆ 人民邮电出版社出版发行　　北京市丰台区成寿寺路 11 号
邮编　100164　　电子邮件　315@ptpress.com.cn
网址　http://www.ptpress.com.cn
北京天宇星印刷厂印刷

◆ 开本：787×1092　1/16
印张：24
字数：582 千字　　2014 年 8 月第 1 版
印数：1－4 000 册　　2014 年 8 月北京第 1 次印刷

定价：59.00 元（附光盘）

读者服务热线：(010) 81055410　印装质量热线：(010) 81055316
反盗版热线：(010) 81055315
广告经营许可证：京崇工商广字第 0021 号

前言

计算机是现代信息社会的重要工具，掌握丰富的计算机知识、正确熟练地操作计算机已成为信息时代对每个人的要求。为满足广大读者的学习需要，针对不同学习对象的接受能力，总结了多位计算机高手、高级设计师及计算机教育专家的经验，精心编写了这套“从新手到高手”丛书。

从书主要内容

本套丛书涉及读者在日常工作和学习中各个常见的计算机应用领域，在介绍软硬件的基础知识及具体操作时均以读者经常使用的版本为主，在必要的地方也兼顾了其他版本，以满足不同领域读者的需求。本套丛书主要包括以下品种。

《学电脑从新手到高手》	《电脑办公从新手到高手》
《Office 2013 从新手到高手》	《Word/Excel/PowerPoint 2013 三合一从新手到高手》
《Word/Excel/PowerPoint 2010 三合一从新手到高手》	《Word/Excel/PowerPoint 2007 三合一从新手到高手》
《PowerPoint 2013 从新手到高手》	《PowerPoint 2010 从新手到高手》
《Excel 2013 从新手到高手》	《Office VBA 应用从新手到高手》
《Dreamweaver CC 从新手到高手》	《Photoshop CC 从新手到高手》
《AutoCAD 2014 从新手到高手》	《Photoshop CS6 从新手到高手》
《Windows 7 + Office 2013 从新手到高手》	《SPSS 统计分析从新手到高手》
《黑客攻防从新手到高手》	《老年人学电脑从新手到高手》
《淘宝网开店、管理、营销实战从新手到高手》	《中文版 Matlab 2014 从新手到高手》
《HTML+CSS+JavaScript 网页制作从新手到高手》	《AutoCAD + 3ds Max+ Photoshop 建筑设计从新手到高手》

本书特色

✚ 零基础、入门级的讲解

无论读者是否从事相关行业，是否使用过 HTML、CSS 和 JavaScript，都能从本书中找到最佳的起点。本书入门级的讲解，可以帮助读者快速地进入高手的行列。

✚ 精心排版，实用至上

双色印刷既美观大方，又能够突出重点、难点。精心编排的内容能够帮助读者深入理解所学知识并实现触类旁通。

✚ 实例为主，图文并茂

在介绍的过程中，每一个知识点均配有实例辅助讲解，每一个操作步骤均配有对应的插图加深认识。这种图文并茂的方法，能够使读者在学习过程中直观、清晰地看到操作过程和效果，便于深刻理解和掌握相关知识。

✚ 高手指导，扩展学习

本书在每章的最后以“高手私房菜”的形式为读者提炼了各种高级操作技巧，在全书最后的“高手秘籍篇”中，还总结了大量系统实用的操作方法，以便读者学习到更多的内容。

✚ 双栏排版，超大容量

本书采用双栏排版的格式，大大扩充了信息容量，在约 400 页的篇幅中容纳了传统图书 700 多页的内容。这样，就能在有限的篇幅中为读者奉送更多的知识和实战案例。

✚ 书盘结合，互动教学

本书配套的多媒体教学光盘内容与书中知识紧密结合并互相补充。在多媒体光盘中，我们仿真工作、学习中的真实场景，帮助读者体验实际工作环境，并借此掌握日常所需的知识和技能以及处理各种问题的方法，达到学以致用的目的，从而大大增强了本书的实用性。

光盘特点

✚ 12 小时全程同步视频教学录像

教学录像涵盖本书所有知识点，详细讲解每个实例及实战案例的操作过程和关键点。读者可轻松地掌握书中所有的 HTML、CSS 和 JavaScript 的方法和技巧，而且扩展的讲解部分可使读者获得更多的知识。

✚ 超多、超值资源大放送

随书奉送 HTML 标签速查表、18 小时 Dreamweaver CS5、Photoshop CS5 和 Flash CS5 网页三剑客教学录像、19 小时全能网站建设教学录像、大型 ASP 网站完整源代码及运行说明书、精彩 CSS+DIV 布局赏析电子书、精选 JavaScript 应用实例电子书、网页制作常见问题及解答电子书、精彩网站配色方案赏析电子书、颜色代码查询表、颜色英文名称查询表以及本书内容教学用 PPT 文件等超值资源，以方便读者扩展学习。

配套光盘运行方法

❶ 将光盘印有文字的一面朝上放入 DVD 光驱中，几秒钟后光盘会自动运行。

❷ 在 Windows 7 操作系统中，系统会弹出【自动播放】对话框，单击【运行 MyBook.exe】选项即可运行光盘系统。或者单击【打开文件夹以查看文件】选项打开光盘文件夹，双击光盘文件夹中的 MyBook.exe 文件，也可以运行光盘系统。

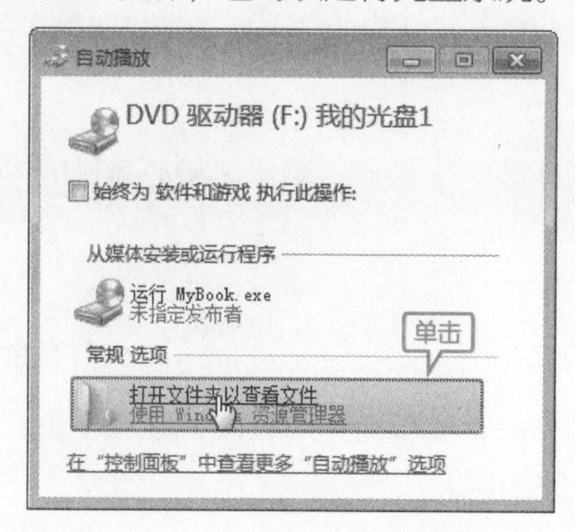

在 Windows 8 操作系统中，桌面右上角会显示快捷操作界面，单击该界面后，在其列表中选择【运行 MyBook.exe】选项即可运行光盘系统。或者单击【打开文件夹以查看文件】选项打开光盘文件夹，双击光盘文件夹中的 MyBook.exe 文件，也可以运行光盘系统。

③ 光盘运行后会首先播放片头动画，之后便可进入光盘的主界面。

④ 单击【教学录像】按钮，在弹出的菜单中依次选择相应的篇、章、录像名称，即可播放相应录像。

❺ 单击【赠送资源】按钮，在弹出的菜单中选择赠送资源名称，即可打开相应的赠送资源文件夹。

❻ 单击【素材文件】、【结果文件】或【教学用 PPT】按钮，即可打开相对应的文件夹。
❼ 单击【光盘使用说明】按钮，即可打开“光盘使用说明 .pdf”文档，该说明文档详细介绍了光盘在电脑上的运行环境和运行方法等。
❽ 选择【操作】➤【退出本程序】菜单项，或者单击光盘主界面右上角的【关闭】按钮，即可退出本光盘系统。

创作团队

本书由龙马工作室策划编著，孔长征任主编，李震、赵源源任副主编，参与本书编写、资料整理、多媒体开发及程序调试的人员有孔万里、乔娜、周奎奎、祖兵新、董晶晶、王果、陈小杰、左琨、邓艳丽、崔姝怡、侯蕾、左花苹、刘锦源、普宁、王常吉、师鸣若、钟宏伟、陈川、刘子威、徐永俊、朱涛和张允等。

在编写过程中，我们竭尽所能地将最好的讲解呈现给读者，但也难免有疏漏和不妥之处，敬请广大读者不吝指正。若您在学习过程中产生疑问，或有任何建议，可发送电子邮件至 zhangyi@ptpress.com.cn。

编者

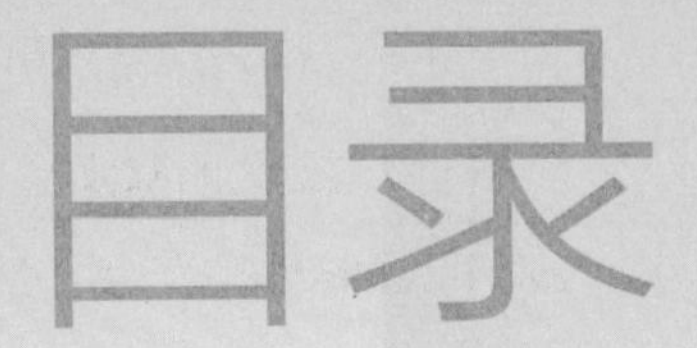

第1篇 HTML篇

本篇主要介绍 HTML 的相关内容，带领读者步入精彩的网站制作之旅。

本章视频教学录像：20 分钟

HTML 和 CSS 是所有网页制作技术的核心，掌握 HTML 和 CSS 的相关知识，可以为以后的网站开发打下坚实的基础。

高手私房菜

本章视频教学录像：17 分钟

在编写 HTML 文件时，必须遵循 HTML 的语法规则，只有掌握这些规则，才能制作出精美的 HTML 文件。

高手私房菜

本章视频教学录像：44 分钟

文字是网页上最基本的信息，设置网页中的文字，能够更加准确地表达网页的内容。

本章视频教学录像：32 分钟

在网页上使用图片，不仅能够增强网页的视觉效果，使网页充满生机，而且能直观、巧妙地表达出网页的主题。

高手私房菜

第 5 章 网页表格设计 61

本章视频教学录像：30 分钟

使用表格布局网页，可以使页面中的内容统一、整齐，呈现出清晰的页面结构。

高手私房菜

第 6 章 网页表单设计 81

本章视频教学录像：37 分钟

在网页中使用表单可以实现用户与网站之间的交互，使网页充分满足用户的需求。

高手私房菜

本章视频教学录像：32 分钟

框架就像柜子中的隔板，可以将网页分为若干区域，每个区域分别显示不同的内容，从而大大丰富页面的内容与形式。

高手私房菜

本章视频教学录像：17 分钟

可以在网页中加入 Flash 动画、声音和视频等，使页面不单调。

高手私房菜

第 2 篇 CSS 篇

CSS 主要用于控制网页的外观，掌握 CSS 的相关知识，可以实现多种多样的网页风格。

的使用方法，就如同得到了网页设计的神奇之笔，可以尽情地展现你的美感素养与设计理念。

高手私房菜

第 3 篇 JavaScript 篇

网页作为一种新型的传播媒体，浏览者不仅仅满足于被动地接收信息，还希望进行互动，这就需要程序的参与。JavaScript 是网页设计制作中最常用的客户端程序。

本章视频教学录像：1 小时 4 分钟

JavaScript 是一种脚本编程语言，用于检测网页中的各种事件，并做出相应的反应，功能十分强大，是网页设计制作中常用的客户端程序。

高手私房菜

本章视频教学录像：23 分钟

配置应用环境是开发的前提，而好的开发工具更能使开发事半功倍。本章主要介绍 JavaScript 的应用环境、常用的开发工具及常用的调试工具等。

高手私房菜

本章视频教学录像：21 分钟

事件的使用使 JavaScript 程序变得更加灵活。本章主要介绍事件机制、事件函数和事件模式的使用。

高手私房菜

本章视频教学录像：28 分钟

JavaScript 的调试是开发中的一个重要环节，可以测试出程序中的错误，而 JavaScript 的优化，可以使其运行速度更快，响应时间更短，提高用户的使用体验。

高手私房菜

第 4 篇 综合应用篇

学习就是融会贯通的过程，在分别了解了 CSS、HTML 和 JavaScript 的基础知识后，本篇介绍三者相互间的综合应用。

本章视频教学录像：13 分钟

本章主要介绍 CSS 与 HTML 的综合使用，包括使用 CSS 滤镜和 CSS 与 HTML 的结合等内容。

高手私房菜

本章视频教学录像：16 分钟

本章主要介绍 CSS 与 JavaScript 的综合使用和 Spry 构件，并通过实例介绍如何在网页中应用 Spry 构件。

高手私房菜

第19章 CSS与jQuery的综合应用......289

本章视频教学录像：22分钟

jQuery 因其上手容易和使用简单，用户能更方便地处理 HTML 文档和 events、实现动画效果，并且方便地为网站提供 Ajax 交互。

高手私房菜

第20章 制作龙马商务网......299

本章视频教学录像：15分钟

商务网站作为对外业务的交流网站，要符合对外公司形象和公司主张的文化氛围，所以在制作前要对网站进行深入分析和规划设计。

高手私房菜

第 5 篇 高手秘籍篇

高手是什么？高手就是掌握常人所不知，了解他人所需。本篇介绍成为高手必知的秘籍！

本章视频教学录像：39 分钟

使用缓存技术，可以让 Web 应用程序在离线状态也能被访问。

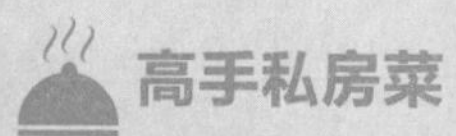

高手私房菜

第 22 章 CSS 的高级特性 339

本章视频教学录像：13 分钟

本章主要介绍 CSS 的高级特性：复合选择器、CSS 的继承特性和层叠特性。

高手私房菜

第 23 章 Ajax 的应用 347

本章视频教学录像：20 分钟

掌握 Ajax 的应用，可以极大地提升用户体验。本章主要介绍 Ajax 异步交互和 Ajax 框架。

高手私房菜

本章视频教学录像：13 分钟

使用手机上网已成为大多数人生活中必不可少的一部分，本章介绍如何设计与制作手机网站。

高手私房菜

光盘赠送资源

赠送资源1　HTML标签速查表

赠送资源2　18小时Dreamweaver CS5、Photoshop CS5和Flash CS5网页三剑客教学录像

赠送资源3　19小时网站建设全能教学录像

赠送资源4　大型ASP网站完整源代码及运行说明书

赠送资源5　精彩CSS+DIV布局赏析电子书

赠送资源6　精选JavaScript应用实例电子书

赠送资源7　网页制作常见问题及解答电子书

赠送资源8　精彩网站配色方案赏析电子书

赠送资源9　颜色代码查询表

赠送资源10　颜色英文名称查询表

第1篇

HTML篇

第1章

HTML 与 CSS 网页设计概述

本章视频教学录像：20 分钟

本章导读

网页是 Internet 上最基本的文档，主要是作为网站的一部分，但也可以独立存在。HTML 和 CSS 是所有网页制作技术的核心与基础。HTML 是 Web 页面的描述性语言，而 CSS 则是为 HTML 制定样式的机制，能控制浏览器如何显示 HTML 文档中的每个元素及其内容，从而弥补了 HTML 对网页格式化功能的不足。本章将带领大家了解 HTML 与 CSS 的一些概念性知识，同时理解网页与网站的关系。

重点导读

- 了解 HTML 的基本概念
- 了解 CSS 的基本概念
- 了解网页与网站

1.1 HTML 的基本概念

本节视频教学录像：6 分钟

在使用 HTML 创建网页之前，需要了解创建网页的利器——HTML，以及 HTML 的诞生时间及发展过程。同时，还需要了解 HTML 与 XHTML 的区别。

1.1.1 什么是 HTML

HTML（HyperText Mark-up Language）即超文本标记语言，它是 W3C（Worid Wide Web Consortium）组织推荐使用的一个国际标准，是一种用来制作超文本文档的简单标记语言。我们在浏览网页时，看到的丰富的视频、文字、图片等内容都是通过浏览器解析 HTML 表现出来的。用 HTML 编写的超文本文档称为 HTML 文档，它能独立于各种操作系统平台，一直被用作 WWW（万维网）的信息表示语言。

通过介绍，我们知道了超文本标记语言的英文缩写为 HTML，理解超文本标记语言的关键是理解“超文本”和“标记语言”。

之所以叫超文本，是因为它不仅可以加入文字的文本文件，还可以加入链接、图片、声音、动画、影视等内容。使用 HTML 描述的文件，需要通过 Web 浏览器显示出效果。

所谓标记语言，是指在纯文本文件里包含了 HTML 指令代码。这些指令代码并不是一种程序语言，它只是一种排版网页中资料显示位置的标记结构语言，易学易懂，非常简单。在 HTML 中，每个用来作为标签的符号都是一条指令，它告诉浏览器如何显示文本。这些标签均由“<”和“>”符号，以及一个字符串组成。而浏览器的功能是对这些标记进行解释后，显示出文字、图像、动画和播放声音等。

【范例 1.1】 制作简单的 HTML 实例（代码清单 1-1-1-1）

因为网页文件是纯文本文件，在设计网页时甚至可以使用任何文本编辑软件（如 Windows XP 下的记事本软件），而浏览制作好的网页只需要任何一款浏览器软件即可。下面使用 Windows XP 中的记事本来制作一个简单的 HTML 实例。

❶ 在本地 Windows XP 操作系统中，选择【开始】➤【附件】➤【记事本】命令，打开记事本软件。

❷ 输入页面的主题标记，每个 HTML 页面都要包含这些主题标记，如代码清单 1-1-1-1。

```
01    <html>   <!--HTML 开始标记 -->
02    <head>   <!--HTML 头信息开始标记 -->
03    <title> 简单的 HTML 示例制作 </title>   <!--网页标题标记 -->
04    </head>   <!--HTML 头信息的结束标记 -->
05    <body bgcolor="black" text="#ffffff">   <!--网页主体标记 -->
06    <center>   <!--HTML 居中格式的开始标记 -->
07    <h1> 我的第一个 HTML 实例 </h1>   <!--HTML 内容 1 号标题标记 -->
08    </center>   <!--HTML 居中格式的结束标记 -->
09    <hr width="80%">   <!--HTML 中输出分隔线标记 -->
10    <p> 本页显示黑色背景，白色文本 </p>   <!--HTML 段落的标记对 -->
11    </body>   <!--页面体中内容结束标记 -->
12    </html>   <!--HTML 结束标记 -->
```

❸ 从记事本软件主菜单上选择【文件】➤【另存为】命令，打开【另存为】对话框，如下图所示。

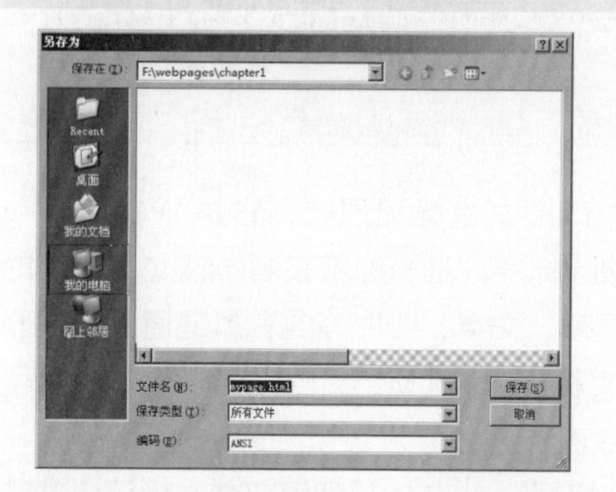

❹ 从底部的【保存类型】下拉列表框中选择【所有文件】，【编码】下拉列表框采用默认即可，然后在【文件名】文本框中键入“mypage.html”。

提示 【另存为】对话框中的【编码】下拉列表框用于选择文件储存数据的格式。

❺ 单击【保存】按钮就会将 mypage.html 文档保存到相应的位置。例如，本示例中的 mypage.html 将会保存到 F:\webpages\chapter1 中，在 F:\webpages\chapter1 中，可以看到它的图标就是网页文件的图标，如下图所示。

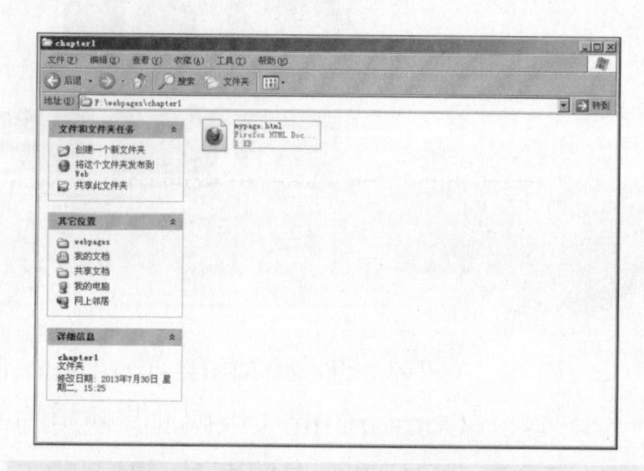

❻ 这时双击该 HTML 文档，就会自动打开浏览器，并显示该 HTML 文档的内容，效果如下图所示。

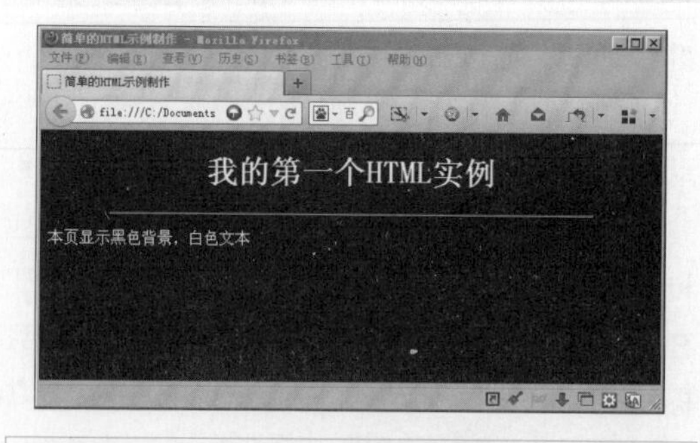

提示 HTML 文件既可以保存为 *.html 文件，也可以保存为 *.htm 文件，HTML 网页文件可以使用这两种扩展名，并且这两种扩展名没有本质的区别，之所以使用 *.htm 格式的文件，主要是因为在某些较旧的系统上不能识别 4 位的文件扩展名。

1.1.2 HTML 的发展

HTML 最初由欧洲原子核研究委员会的伯纳斯·李（Barners-Lee）发明，后来被 Mosaic（世界上第一个被普遍使用的网页浏览器）作为网页解释语言，并随着 Mosaic 的流行而逐渐成为网页语言的事实标准。

在整个 20 世纪 90 年代，网络呈爆炸式增长，越来越多的网页设计者和浏览器开发者参与到网络中来，每一个人都会有不同的想法和目标，每一个人都会按照自己的想法和目标参与到网络中来。网页设计者都会按照自己的想法和目标编写网页，而浏览器的开发者则可能和网页设计者的想法不同，他会按照自己的方式去呈现网页。

当网页的设计者和浏览器的开发者发生分歧时，必然带来不同的呈现。这时候，设计者要面向所有用户，就必须为每种浏览器创作不同的网页而实现相同的呈现，这就势必增加创作的成本。因此，只有网页的设计者和浏览器的开发者都按照同一个规范编写和呈现网页时，才不会导致互联网的分裂，正是这个原因促使各浏览器开发厂商协调起来共同实现同一个 HTML 规范。

在 Internet 工程任务组（Internet Engineering Task Force，IETF）的支持下，根据过去的通用实践，于 1995 年整理和发布了 HTML 2.0。后来的 HTML+ 和 HTML 3.0 也提出了很好的建议，并添加了大量丰富的内容，但是这些版本还未能上升到创建一个规范的程度。因此许多厂商实际上并未严格遵守这些版本的格式。1996 年，W3C 的 HTML 工作组编撰和整理了通用的实践，并于第二年公布了 HTML 3.2 规范。

1998 年，W3C 将版本稳定在 HTML 4.0，这个版本被证明是非常合理的，它引入了样式表、脚本、框架、嵌入对象、双向文本显示、更具表现力的表格、增强的表单及为残疾人提供了可访问性。而 1999 年公布的 HTML 4.01 是对 HTML 4.0 的精修。

HTML 每个版本的推出都是在对用户体验的反馈进行分析的基础上进行的，而且新版本的推出使得网页设计者和浏览器开发者都能很好地实现他们的目标，相对应的，使用新版本设计的网页使网页浏览者的体验更丰富。

提示 在 HTML4.01 之后，业界普遍认为 HTML 已经到了穷途末路的地步，对 Web 标准的焦点也开始转移到 XML 和 XHTML 上，HTML 被放在了次要的位置。然而在此期间，HTML 体现了顽强的生命力，主要的网站内容还是基于 HTML 的。而且，最新版本的 HTML5.0 正在开发并日趋成熟，势必成为互联网的又一次革命，不过现在使用最多的还是 HTML4.01。所以本书的 HTML 部分也将围绕 HTML4.01 展开介绍。

1.1.3 HTML 与 XHTML

HTML 与 XHTML 定义了两种不同的网页设计语言，浏览器不会显示这些语言的代码，但是这些语言代码却可以告诉浏览器该如何显示网页的内容，如文本、图像、视频等。这些语言还将告诉用户如何通过特殊的超文本链接来制作交互式的网页，这些网页可以把网页（在本地计算机或 Internet 上其他人的计算机上）与其他 Internet 资源连接起来。

我们已经介绍过 HTML，但是你可能还听说过 XHTML，它们只是许多标记语言中的两种，也有很多不同之处。实际上，HTML 是网页标记语言家族中的一匹黑马。HTML 是基于标准通用标记语言 (Standard Generalized Markup Language，SGML)。当初创建 SGML 时，创造者的目的是让它成为一个，也是唯一一种标记元语言（metalanguage），这样其他所有文档中的标记元素都可用它来实现。从象形文字到 HTML 都可以由 SGML 来定义，而不需要使用其他标记语言。

但是 SGML 的问题在于它太广泛、太全面了，以至于依靠人类似乎没有办法使用它。要想高效地使用 SGML，需要用及其昂贵和复杂的工具，而这些工具的使用远远超出了那些非专业的 HTML 爱好者编写一些 HTML 文档所能及的范围。因此，HTML 采用了部分 SGML 标准，而不是全部，这样就消除了很多深奥难懂的东西，HTML 才得以容易地使用。

W3C 认识到 SGML 太过庞大，不适合用来描述非常流行的 HTML，而对于用来处理不同网络文档的其他类似 HTML 的标记语言的需求正在急速增长。因此，W3C 定义了可扩展标记语言，也就是 XML(Extensible Markup Language)。和 SGML 一样，XML 也是独立而正式的标记元语言，它使用了 SGML 中的部分特性来定义标记语言，摒弃了很多不适合 HTML 这类语言的 SGML 特性，并简化了 SGML 的其他元素，以使它们更容易得到使用和理解。

但是，由于 HTML 4.01 不与 XML 兼容，因此 W3C 又提供了 XHTML，HTML 的重写版本，以使其能够与 XML 相兼容。XHTML 试图用 XML 更加严格的规则来支持 HTML 4.01 所有最新的特性。这种努力总地来说十分有效，但它确实产生了非常多的差别，例如，在 HTML 中标签名不区分大小写（但是许多 Web 作者把它们写为大写，以便让标记代码更容易读），但在 XHTML 中，标签名必须小写（这也是 XHTML 区别于 HTML 的那些更严格的规则之一）。

1.2 CSS 的基本概念

本节视频教学录像：4 分钟

如果说 HTML 是网页的骨肉，那么就可以认为 CSS 让一个网页拥有了灵魂，通过 CSS 控制网页的显示效果，可以让我们创建的网页更加绚丽多彩。本节先介绍一些 CSS 的基本概念，了解什么是 CSS 以及 CSS 在网页设计中的重要作用。

1.2.1 什么是 CSS

CSS 是英语 Cascading Style Sheets（层叠样式表单）的缩写，它是一种用来表现 HTML 或 XML 等文件样式的计算机语言。

所谓层叠，就是将一组样式在一起层叠使用，控制某一个或者多个 HTML 标记，按样式表中的属性依次显示。

所谓样式表，就是样式化 HTML 的一种方法。HTML 是文档的内容，而样式表是文档的表现或者说外观。

1.2.2 CSS 在网页设计中的作用

CSS 是用于控制网页样式并允许将样式信息与网页内容分离的一种标记性语言。简单地说，就是在设计网页内容时，只需要在 HTML 文档中编辑，而编辑控制网页的显示外观代码时，可以在一个 CSS 文件中进行，最后在 HTML 文档中链接该 CSS 文件即可。

将内容和样式分开在现实中有很多好处，通过将文档中的这两层分开，可以轻松地增加、移除或更新 HTML 文档内容，而不影响网页布局。也可以很简单地改变整个站点的字体，而不用在制作的 HTML 中辛苦地找寻每一个 <font> 标签。将这两层分开还可以让一个网络团队工作得更有效率：视觉效果设计师能专注于设计，内容编辑也可以专注于内容——两者可以互不干扰。如果你是一个人，就会发现内容与表现形式的分开也可以让你保持“思维框”的独立。

另外，一个 CSS 样式可以用于多个页面，甚至整个站点，因此 CSS 具有良好的易用性和扩展性。从总体来说，使用 CSS 不仅能够弥补 HTML 对网页格式化功能的不足，如段落间距、行距、字体变化和大小等，还可以使用 CSS 动态更新页面格式，排版定位等操作。

【范例 1.2】 简单 HTML+CSS 实例制作（代码清单 1-2-2-1）

可以将 CSS 定义在 HTML 文档的每个标记里，或者是以 <style> 标记嵌入 HTML 文档中，也可以在外部附加文档作为外加文档。例如，代码清单 1-2-2-1 使用了嵌入样式表，改变同一个 HTML 文档中 4 个 <p> 标记的输出效果。使用文本编辑器打开一个后缀名为 html 的网页文件，将 4 个字符串分别编写到 HTML 的 4 个 <p> 标记中，并在该文档中使用 <style> 标记嵌入 CSS 代码，控制 4 个 <p> 标记的显示效果。

```
01    <html>  <!--HTML 开始标记 -->
02    <head>  <!--HTML 头信息开始标记 -->
03    <title>一个使用 CSS 的简单示例 </title>   <!--网页标题标记 -->
04    <style type="text/css">       <!--使用该标记将 CSS 嵌入 HTML 中 -->
05    P{  /* 为段落 P 定义样式，使用多个样式层叠 */
06    font-size:30px;   /* 设置段落中的字号为 30 像素 */
07    color:yellow;   /* 设置段落中的字体颜色为黄色 */
08    border: 2px solid blue;   /* 设置段落边框为蓝色 2 像素宽 */
09    text-align:center;   /* 设置段落中的字体居中 */
10    background:green;   /* 设置段落的背景颜色为绿色 */
11    }  /* 样式选择器的结束大括号 */
12    </style>   <!--HTML 中嵌入标记的结束标记 -->
13    </head>   <!--HTML 头信息的结束标记 -->
14    <body>   <!--网页主体标记 -->
15    <p>HTML</p>   <!--使用段落标记显示一个字符串 HTML-->
16    <p>XHTML</p>   <!--使用段落标记显示一个字符串 XHTML-->
17    <p>DIV</p>   <!--使用段落标记显示一个字符串 DIV-->
18    <p>CSS</p>   <!--使用段落标记显示一个字符串 CSS-->
```

```
19    </body>   <!--页面体中内容结束标记 -->
20    </html>   <!--HTML 结束标记 -->
```

【运行效果】

在网页浏览器中打开 HTML 文档，就可以看到如下图所示的显示效果。

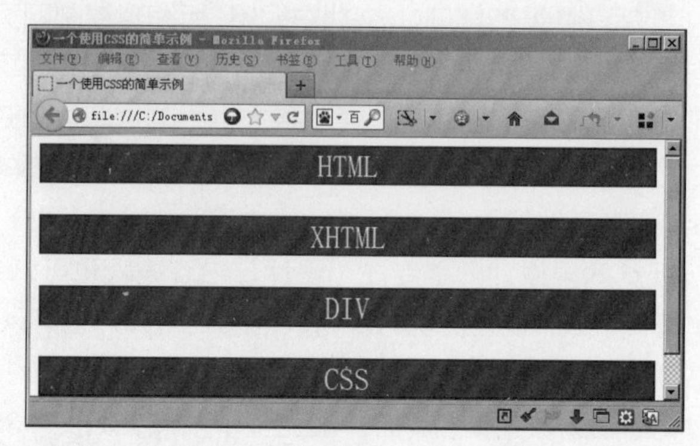

在本节示例中，HTML 定义的网页结构使用 CSS 设置输出格式，可以将格式和结构分离。只要在 CSS 中改变某些属性，使用这个样式的所有 HTML 标记就都会更新。

1.3 网页与网站

本节视频教学录像：8 分钟

网页是网站的必要组成部分，而一个功能丰富的网站不仅仅包括网页，还可能包括一些资源，如视频文件、声音文件等，另外网站还可能需要一些软件支持，如 MySQL 数据库等。在开发网站时，要理解 URL 的概念，以及了解一些开发工具的使用方法。本节介绍这些基本的概念。

1.3.1 网页与网站的关系

在介绍网页和网站的关系之前，先了解网页与网站的定义。网页又叫 Web 页，它实际上是一个文件，存放在和 Internet 相连的某个服务器上。网页又分为静态网页和动态网页两种。静态网页是事先编写好放在站点上的，所有访问同一个页面的用户看到的都是相同的内容。例如，下图展示的就是清华大学院系设置栏目的网页。

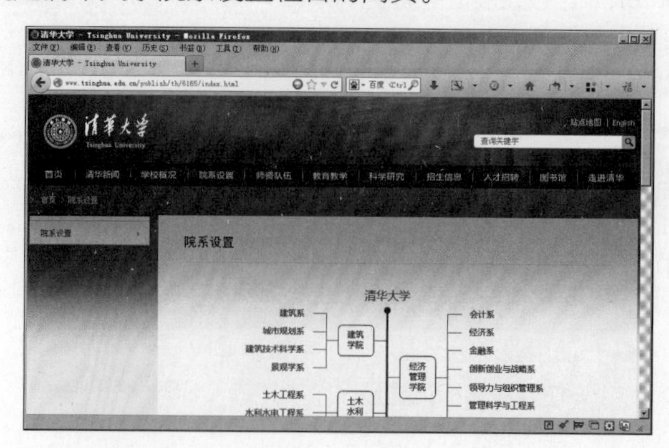

动态网页是能够与访问者进行交互的网页。它能够针对不同访问者的不同需要，将不同的信息反馈给访问者，从而实现与访问者之间的交互。例如，当访问淘宝网并登录账户时，网页会显示关于你添加到购物车中的商品信息以及购买过商品的信息，等等。如下图显示的查看购物车时显示的网页。

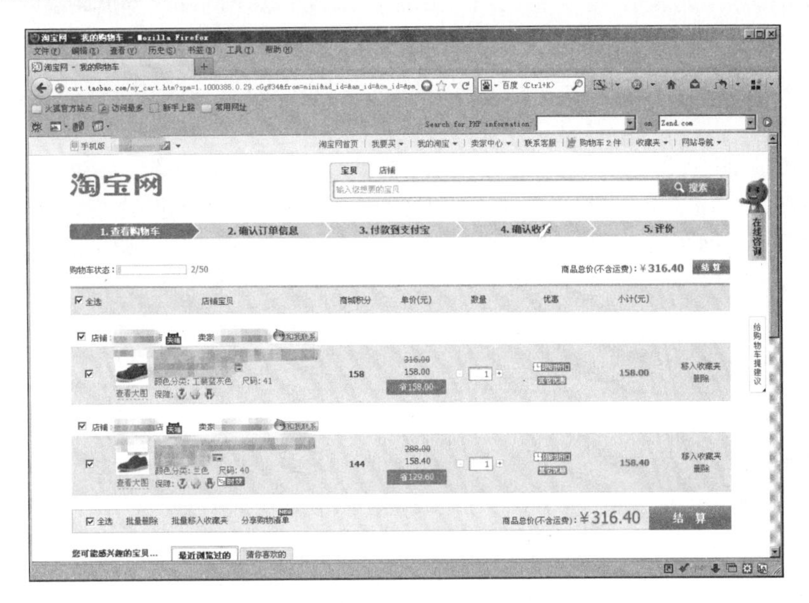

那什么是网站呢？可以简单地认为网站就是由许多网页文件集合而成的，这些网页通过超链接连接在一起，至于多少网页集合在一起才能称作网站并没有明确的规定，即使只有一个网页也能称为网站。在一般情况下，每个网站都有一个被称为主页（HomePage）或者首页的特殊页面。当访问者访问该服务器时，网站服务器首先将主页传递给访问者。主页就是网站的“大门”，起着引导访问者浏览网站的作用，作为网站的起始点和汇总点，网站有些什么内容，更新了什么内容，全都通过主页告诉访问者。例如，下图展示的是清华大学的主页。

但是，网站又不止这么简单，因为网站也是基于 B/S 结构的软件，还需要使用到多种软件和技术。例如，大部分网站需要使用数据库管理系统（如 MySQL、Oracle 等），存储和管理网站中的数据，以及通过服务器端编程语言（如 PHP、JSP 等）动态响应结果等。

关于网页和网站的区别，我们需要牢记的是，网页不等于网站，网页只是网站的一部分，负责前台的显示，网站要比网页复杂，一个好的网站需要好的规划和好的设计。网页就简单得多，但是网页设计是网站设计的基础，只有学好了网页设计，才能组织好网站设计。

提示 网页后缀名通常为 .html 或 .htm，另外还有以 .asp、.jsp、.php 等为后缀名的动态网页文件。这 3 种格式的动态网页文件是指在 HTML 文档中嵌入了 .net、Java、PHP 编程语言，需要注意这些动态网页是不能直接在用户浏览器上解析的。总之，这些不同类型的后缀名代表不同类型的网页文件。

1.3.2 建立网站的一般流程

当网站开发好后，首先需要注册一个域名，域名是互联网上的一个名称，在全世界，没有重复的域名。域名是由 "." 分隔的几部分组成，如 china.com、baidu.com、cnki.net 等格式。域名一旦被注册，除非注册人到期后取消，否则其他人不能再使用这个名称。然后需要购买网站空间或者购买服务器搭建机房，网站空间用来存放网站内容和网站文件，如网页、图片、音乐等资料。最后就可以上线推广自己的网站了。

1.3.3 URL 简介

可在 Web 上访问的每一个文件或文档都具有一个唯一的地址，这种地址称为统一资源定位符（Uniform Resource Locator，URL）。统一资源标识符（Uniform Resource Identifer，URI）一词有时可与 URL 互换使用，但它是一个更为一般性的术语，URL 只是 URI 中的一种。Web 连接设备使用 URL 地址在一台特定的服务器上找到一个特定的文件，以便下载它并将其显示给用户（或者把它用于其他用途。Web 上的文件并非全部用于显示）。

Web URL 遵守一种标准的语法，它可以分解为几个主要部分，每一个部分都向客户端和服务器传达特定的信息。例如，URL 为 http://www.example.com/examples/example.html 的含义，如下表所示。

URL 组成部分	代表的含义
http://	代表超文本传输协议，通知 example.com 服务器显示 Web 页
www	代表一个 Web 服务器
example.com/	这是装有网页的服务器域名，或站点服务器的名称
examples/	为该服务器上的子目录，就好像我们的文件夹
example.html	是服务器文件夹中的一个 HTML 文件（网页）

1.3.4 常用的网页编辑工具

俗话说："工欲善其事，必先利其器"。在真正编写 HTML 代码之前，有必要搭建自己的开发环境。本节将介绍几款代码编辑的常用工具，读者可以选择使用。

除了本节即将介绍的 Notepad++ 以及 Dreamweaver 之外，还有很多其他优秀的代码编辑软件，如 Aptana、SciTE、gVIM、UltraEdit 等，限于篇幅不再一一介绍。

1. Notepad++

Notepad++ 是一款免费开源的跨平台代码编辑器，Notepad++ 的功能十分强大，例如，具备语法高亮显示及语法折叠功能，而且支持的程序语言有 HTML、XML、CSS、JavaScript、C、C++、Java、PHP 等。用户可以自定程序语言，自定的程序语言不仅有语法高亮显示功能，而且有语法折叠功能。

注解关键字及运算符也可以由用户自己设定；可以实现字词的自动完成功能，用户可以制作自己的 API 列表，按【Ctrl+Backspace】组合键即可启动字词自动完成功能；支持多窗口同步编辑，即可同时显示两个视窗对比排列。用户不但能在两个不同的窗口内开启两个不同文件，而且能在两个不同的窗口内开启一个单独文件进行同步编辑等。

用户可以在 Notepad++ 官方网站（http://notepad-plus-plus.org/）免费获得最新版本的 Notepad++ 安装程序（编写本书时，Notepad++ 的最新版本是 v6.2.2）。安装完成后，新建一个 HTML 文档，就可以编写 HTML 代码了，其工作界面如下图（左）所示。

2. Dreamweaver

提到网页设计就不能不提 Dreamweaver，它是目前最流行的网页设计所见即所得的工具之一。官网下载地址为 http://www.adobe.com/cn/downloads.html，读者可以在该网页内找到 Dreamweaver，并根据自己的情况选择试用下载或者购买该软件。

Dreamweaver CS6 是由 Adobe 公司收购 Macromedia 后推出的最新版本。它是一款专业的 Web 设计及开发工具，可用于网站应用程序的设计、编码以及开发等工作。在业界，通常会将 Dreamweaver、Flash 和 Fireworks 一起称为"网页三剑客"，可见其地位的重要性。Dreamweaver CS6 的一个显著特点就是可以将各种网页制作的相关工具紧密联系起来，同时又有很好的插件体系，这些使 Dreamweaver CS6 可以通过第三方插件进行补充，变得更加强大和易于使用，其工作界面如下图（右）所示。

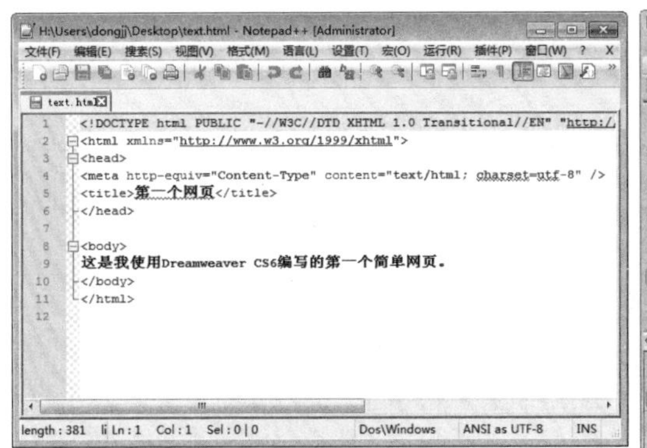

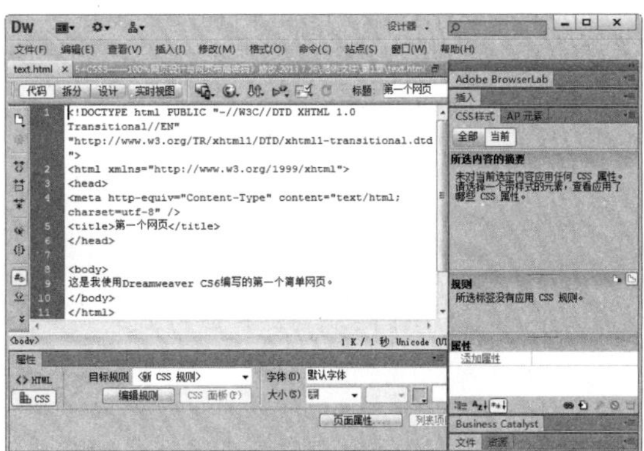

3. 用 Dreamweaver 创建一个 HTML 文档

在系统桌面双击 Adobe Dreamweaver CS6 图标，打开 Dreamweaver CS6 工作界面，如下图所示。

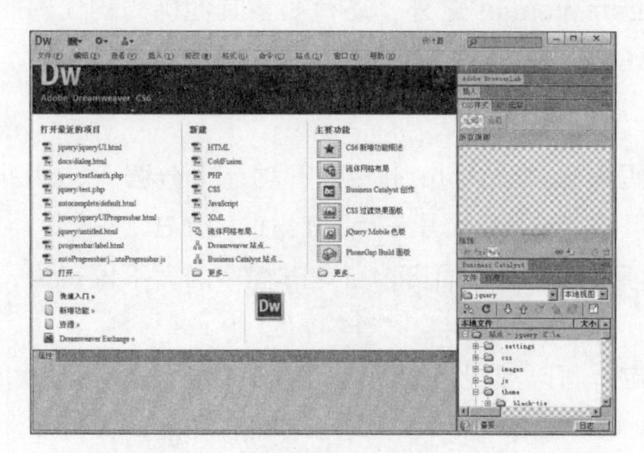

在菜单栏中选择【文件】➤【新建】，在出现的对话框的【页面类型】一栏中选择【HTML】，并在【文档类型】下拉列表框中选择【HTML 4.01 Transitional】，如下图所示。

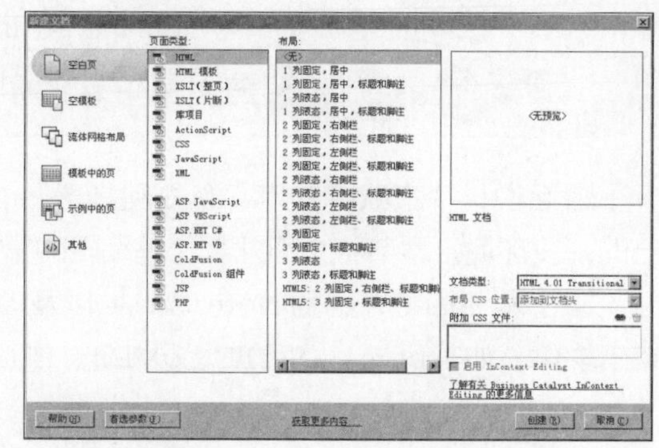

随后单击右下角的【创建】按钮，即可创建一个新的 HTML 文档，如下图所示。

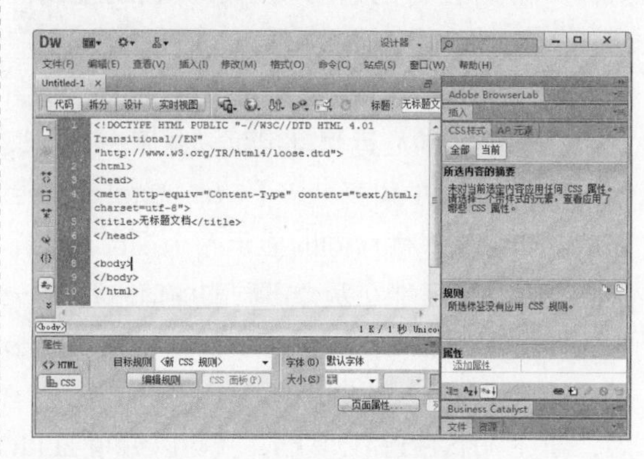

高手私房菜

本节视频教学录像：2 分钟

技巧：如何查看网页的 HTML 代码

要查看网页的 HTML 代码，在 Firefox 浏览器打开的网页中单击鼠标右键，在弹出的快捷菜单中选择“查看页面源代码”，如下图所示。这是了解 HTML 工作原理和学习他人示例的好方法，需要牢记的是，很多商业网站使用复杂的 HTML 代码，它们可能难以阅读和理解，但是不要气馁。

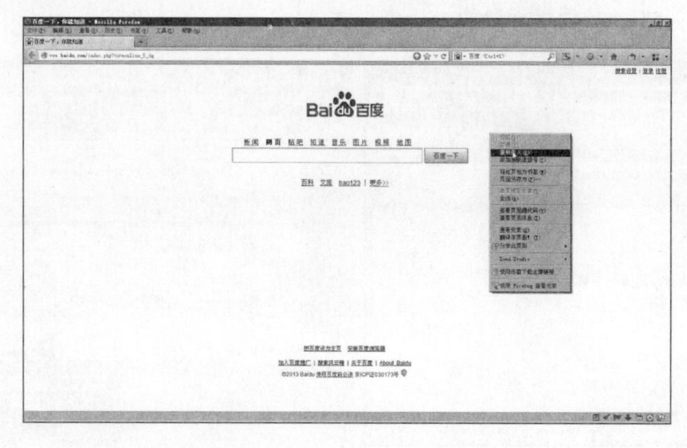

第2章

HTML 文档的基本结构

本章视频教学录像：17 分钟

高手指引

HTML 和其他任何一门语言相比，语法都是最简单的。但在编写 HTML 文档时，必须遵循 HTML 的语法规则。一个完整的 HTML 文档由标题、段落、列表、表格、文本，即嵌入的各种对象组成，这些逻辑上统一的对象称为元素，HTML 使用标签来描述这些元素。实际上整个 HTML 文档就是由元素与标签组成的文本文件，由浏览器解析它们显示出美妙的网页，也可以在浏览器打开的网页中，通过相应的“查看源文件”命令查看网页中的 HTML 代码。

重点导读

- 掌握基本的 HTML 文档结构
- 了解 HTML 标签、元素及属性
- 掌握标准属性的基本内容

2.1 基本的 HTML 文档结构示例

本节视频教学录像：2 分钟

一个 HTML 文档由 4 个基本部分组成，如代码清单 2–1–1 所示。

(1) 文档类型声明，这表明该文档是 HTML 文档。

(2) html 标签对，用于标示 HTML 文档的开始和结束

(3) head 标签对，其间的内容构成 HTML 文档的开头部分，包含一些辅助性元素，这些辅助性元素也将会在本章详细介绍。

(4) body 标签对，其间的内容构成 HTML 文档的主体部分。

【范例 2.1】 基本的 HTML 文档（代码清单 2–1–1）

```
01	<!DOCTYPE HTML PUBLIC "-//W3C//DTD HTML 4.01 Transitional//EN" "http://www.w3.org/TR/ html4/loose.dtd” > <!--文档类型声明标签位置 -->
02	<html> <!--html 标签开始位置 -->
03	<head> <!--head 标签开始位置 -->
04	<meta http- equiv="Content- Type" content="text/html; charset=utf- 8"> <!- - meta 标签 -->
05	<title> 一个基本的 HTML 文档 </title> <!--文档标题标签对位置 -->
06	</head><!--head 标签结束位置 -->
07	<body> <!--body 标签开始位置 -->
08	<p> 这里放主题内容 </p> <!--p 段落标签位置 -->
09	</body> <!--body 标签结束位置 -->
10	</html> <!--html 标签结束位置 -->
```

尽管看上去很简单，但这确实是个完整、有效、合格的文档。创建的每个网页都将从与其类似的框架开始。下面，将更详细地讨论这些组成部分。

2.2 HTML 文档的基本结构

本节视频教学录像：4 分钟

上一节介绍了 HTML 文档的构成部分，其中包括文档类型声明、html 标签对、head 标签对。本节将对这些组成部分进行详细的介绍。

2.2.1 文档类型的声明

在代码清单 2–1–1 中有如下代码。

```
<!DOCTYPE HTML PUBLIC "-//W3C//DTD HTML 4.01 Transitional//EN" "http://www.w3.org/TR/ html4/loose.dtd” >
```

这是 HTML 文档的文档类型声明部分，所有的 HTML 文档开始于文档类型声明（Document Type Declaration，DTD），文档类型声明是必须的组成部分，正如其名称所示，它声明了文档的类型及其所遵守的标准规则集。当声明一种 DTD 时，实际上是在告诉浏览器：“我，这个网站的开发者，会用以下规范来编写我的代码，你应该用我所遵守的规

范来显示网页”。大多数现代浏览器在实际显示网页时会根据声明的 DTD 的不同而有差异。HTML 的每种风格都有相应的文档类型声明。本书所介绍的 HTML 4.01 有 3 个版本，分别可以用 3 个 DTD 来定义。

1. HTML 4.01 Strict DTD

这种文档类型比较严格，那些已经不推荐使用的元素和属性不能包含在该文档类型的定义中，对于出现在框架集中的元素和属性也不能包含在该文档类型定义中。

这种文档类型使用下面的文档类型声明。

<!DOCTYPE HTML PUBLIC "-//W3C//DTD HTML 4.01//EN" "http://www.w3.org/TR/html4/strict.dtd">

2. HTML 4.01 Transitional DTD

这种文档类型比较广泛，使用得比较多，它不排除 Strict DTD 中不推荐使用的元素和属性，因此包含的元素比 Strict DTD 要多。

这种文档类型使用下面的文档类型声明。

<!DOCTYPE HTML PUBLIC "-//W3C//DTD HTML 4.01 Transitional//EN" "http://www.w3.org/TR/ html4/loose.dtd”>

3. HTML 4.01 Frameset DTD

这种文档类型更宽泛，它不但包含了 Transitional DTD 所包含的元素和属性，还包含框架集中的元素和属性。

这种文档类型使用下面的文档类型声明。

<!DOCTYPE HTML PUBLIC "-//W3C//DTD HTML 4.01 Frameset//EN" "http://www.w3.org/TR/ html4/frameset.dtd">

> **提示**　在 HTML 文档中选择使用文档类型很重要，本书采用的是 HTML 4.01 Transitional 文档类型。需要注意的是，如果在 HTML 文档中手工编写文档类型，则必须严格按本节示例那样书写，另外专业的 HTML 网页编辑器（如 dreamweaver 等）会按照操作自动在 HTML 文档头部生成相应的文档类型声明。

打开 Dreamweaver CS6，在菜单栏选择【文件】➤【新建】，打开【新建文档】对话框（见下图）。选中左栏的【空白页】选项，然后在【页面类型】一栏中选中 HTML，最后在对话框右下角的【文档类型】下拉列表中选择【HTML 4.01 Transitional】，单击【创建】按钮，新建一个用 HTML 4.01 的 Transitional 类型声明的 HTML 文档，如代码清单 2-2-1-1 所示。

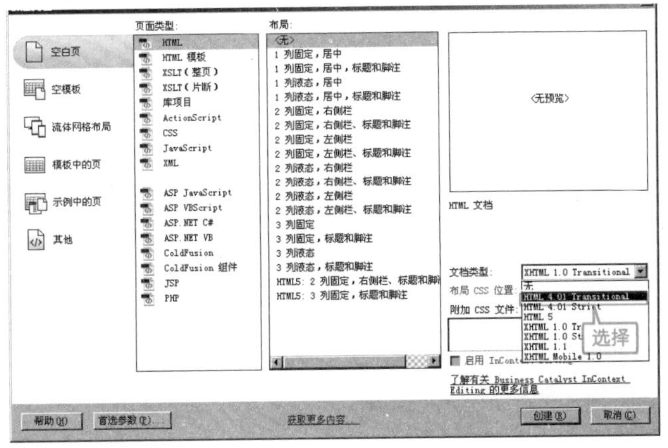

【范例 2.2】 文档类型的声明（代码清单 2-2-1-1）

```
01    <!DOCTYPE HTML PUBLIC "-//W3C//DTD HTML 4.01 Transitional//EN" "http://
www.w3.org/TR/ html4/loose.dtd” ><!--文档类型声明标签位置 -->
02    <html><!--html 标签开始位置 -->
03    <head>
04    <meta http-equiv="Content-Type" content="text/html; charset=utf-8">
05    <title> 无标题文档 </title>
06    </head>
07    <body>
08    </body>
09    </html><!--html 标签结束位置 -->
```

2.2.2 <html> 标签对和属性

<html> 标签位于 HTML 文档的最前面，用来标识 HTML 文档的开始。而 </html> 标签恰恰相反，它放在 HTML 文档的最后面，用来标识 HTML 文档的结束，这两个标签必须成对使用。在 <html></html> 标签之间是文档的头部和主体，文档的头部由标签 <head> 定义，而主体由 <body> 标签定义。下面的代码将有助于弄清 <html></html> 标签对的位置。

```
01    <!DOCTYPE HTML PUBLIC "-//W3C//DTD HTML 4.01 Transitional//EN" "http://
www.w3.org/TR/ html4/loose.dtd” >  <!--文档类型声明标签位置 -->
02    <html>   <!--html 标签开始位置 -->
03    <head>
04    <!--这里是头部标签放置位置 -->
05    </head>
06    <body>
07    <!--这里是主体内容放置位置 -->
08    </body>
09    </html>    <!--html 标签结束位置 -->
```

该标签有两个基本属性——dir 属性和 lang 属性，其中 dir 属性指定浏览器用什么方向来显示包含在元素中的文本。将它用于 html 标签中时，决定文本在整个文档中将以什么方向显示。当它用在其他标签中时，只决定那个标签中内容的显示方向。这个属性有 ltr 和 rtl 两个属性值，分别表示文本从左到右显示和从右到左显示，然而，显示的结果还要看文档的内容和浏览器对 HTML 4.01 的支持程度。例如，代码清单 2-2-2-1 定义文本从右向左读。

【范例 2.3】 <html> 标签对和属性（代码清单 2-2-2-1）

```
01    <!DOCTYPE HTML PUBLIC "-//W3C//DTD HTML 4.01 Transitional//EN" "http://
www.w3.org/TR/ html4/loose.dtd” >
02    <html dir="RTL">
03    <head>
04    <meta http-equiv="Content-Type" content="text/html; charset=utf-8">
05    <title>html 标签中的 dir 属性 </title>
```

```
06      </head>
07      <body>
08      读左向右从惯习，言语的家国些一于对
09      </body>
10      </html>
```

【运行结果】

在网页中浏览，显示效果如下图所示。

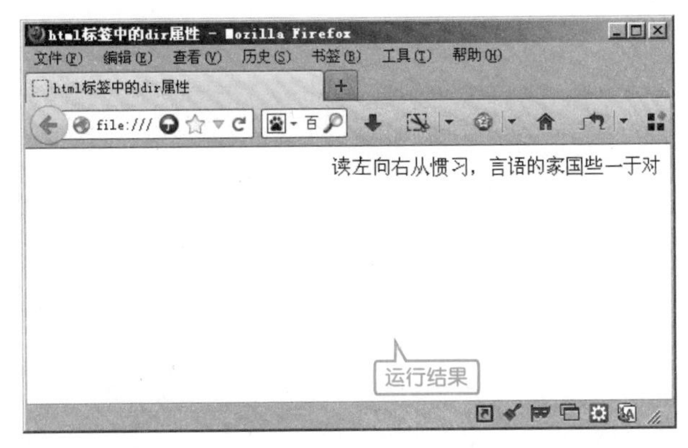

而 lang 属性用来指明文档内容或者某个元素内容使用的语言，如果包含在 <html> 标签中，那么 lang 属性可以指定整个文档所使用的语言。如果用在其他标签中，则此属性将指出那个标签中内容所使用的语言。理想情况下，浏览器会使用 lang 属性将文本更好地显示给用户。

提示

除非特别需要，一般不需要为 <html> 标签指定 dir 属性，省略即可。

2.2.3 <head> 标签对和属性

<head> 标签包含有关 HTML 文档的信息，可以包含一些辅助性标签，如 <title>、<base>、<link>、<meta>、<style>、<script> 等，这些辅助性标签将会在第三章中详细讲解。这里需要注意，除了会在标题栏显示 <title> 元素的内容外，浏览器不会向用户显示 head 元素内的其他任何内容。

head 元素有个 profile 属性，该属性提供了与当前文档相关联的配置文件的 URL。我们需要知道，文档的头部经常会包含一些 <meta> 标签，用来告诉浏览器关于文档的附加信息，将来创作者们可能会利用预先定义好的标准文档的元数据 (metadata) 配置文件 (profile) ，以便更好地描述他们的文档。但是到目前为止，配置文件的格式及浏览器使用它的方式都还没有进行定义，这个属性主要是为将来开发而保留的占位符，读者在这里只需要了解即可。

2.2.4 <body> 标签对和属性

<body> 标签是 HTML 文档的主体部分，在此标签中可包含 <p>、<h1>、
 等众多的标签。<body> 标签出现在 </head> 标签之后，且必须在闭标签 </html> 之前闭合。

如代码清单 2-2-4-1 所示。

【范例 2.4】 <body> 标签对和属性（代码清单 2-2-4-1）

```
01    <!DOCTYPE HTML PUBLIC "-//W3C//DTD HTML 4.01 Transitional//EN" "http://
www.w3.org/TR/ html4/loose.dtd" >
02    <html dir="RTL">
03    <head>
04    <meta http-equiv="Content-Type" content="text/html; charset=utf-8">
05    <title>body 标签和属性 </title>
06    </head>
07    <body> <!--body 标签开始位置 -->
08    这里放置其他元素或者文本
09    </body>          <!--body 标签结束位置 -->
10    </html>
```

<body> 标签中还有很多属性，用于设置文档的背景颜色、文本颜色、链接颜色、边距等，这些内容将在本书中的后续部分进行详细介绍，读者在这里了解即可。

2.3 HTML 标签、元素及属性

本节视频教学录像：6 分钟

HTML 是简单的文本标签语言，HTML 文档由元素构成，元素由开始标签、结束标签、属性、元素的内容 4 部分构成。在学习这些内容时要注意区分标签和元素的定义。

2.3.1 什么是标签

标签是元素的组成，用来标记内容块，也用来标明元素内容的意义（即语义），标签使用尖括号包围，如 <html> 和 </html>，这两个标签表示一个 HTML 文档。

标签有两种形式：成对出现的标签和单独出现的标签。无论是哪种标签，标签中不能包含空格。例如，下面的代码就都是错误的，因为标签中包含了空格。

<html > 或者 <h tml> 或者 </ html> 或者 < head> 或者 <h ead> 或者 </head >

1. 成对出现的标签

成对出现的标签包含开始标签和结束标签，基本格式如下。

< 开始标签 > 内容 < / 结束标签 >

所谓开始标签，即标示一段内容的开始，例如，<html> 表示 HTML 文档开始了，到 </html> 结束，从而组成一个 HTML 文档。

<head> 和 </head> 标签描述 HTML 文档的相关信息，之间的内容不会在浏览器窗口中显示出来。

<body> 和 </body> 标签包含所有要在浏览器窗口中显示的内容，也是 HTML 文件的主体部分。

所谓结束标签，是指和开始标签相对应的标签。例如，开始标签 <head> 和它的结束标签 </head> 相对应，开始标签 <body> 和它的结束标签 </body> 相对应，开始标签 <html> 和它的结束标签 </html> 相对应等，结束标签比开始标签多一个斜杠“/”。

2. 单独出现的标签

虽然并不是所有的开始标签都必须有结束标签对应，但是建议“开始标签”最好有一个对应的“结束标签”关闭，这样使网页易于阅读和修改。

如果在开始标签和结束标签中间没有内容，那么就不必这样做，如换行标签就可以这样写成
。例如，下面代码中的
 就是个单独出现的标签。

```
01	一些内容 <br>
02	另一些内容 <br>
```

在 HTML 中，没有相应的结束标签的标签有 <area>、<base>、<basefont>、
、<col>、<frame>、<hr>、<img>、<input>、<param>、<link>、<meta> 等。

3. 标签的嵌套

标签可以放在另外一个标签所影响的片段中，以实现对某一段文档的多重标签效果。但是它们必须正确嵌套。例如，下面的标签嵌套是错误的。

```
<p><em>Hello Word! </p></em>
```

上面一行代码中，开始标签 <em> 出现在开始标签 <p> 之后，但闭标签 </p> 却出现在闭标签 </em> 之前。为了确保标签的正确嵌套，应该总是以与它们打开的次序相反的次序闭合它们。

```
<p><em>Hello Word!</em></p>
```

2.3.2 元素

标签就是为一个元素的开始和结束做标记，网页内容是由元素组成的。例如，<html><html> 标签之间的都是元素内容。主要有以下几种元素形式。

一个元素通常由一个开始标签、内容、其他元素及一个结束标签组成。

例如，<head> 和 </head> 是标签，但是下面的一行代码则是一个 head 元素。

```
<head><title> 我的第一个网页 </title></head>
```

在上面这个元素中，<title> 和 </title> 是标签，但是下面的一行代码则是 title 元素。

```
<title> 我的第一个网页 </title>
```

同时，这个 title 是嵌套在 head 元素中的另一个元素。

head、title 又称为元素名称，在后面的文档中会经常使用 head 元素（或者 <head> 元素）、title 元素（或者 <title> 元素）这样的简称来表示它们以及它们之间的元素内容。

有一些元素有内容，但允许忽略结束标签。

例如，下面的代码就省略了结束标签 </p>。

```
01	<p> 这是一段内容
02	<p> 这是另一段内容
```

等同于：

```
01	<p> 这是一段内容 </p>
02	<p> 这是另一段内容 </p>
```

有一些元素甚至允许忽略开始标签。

例如，html、head 和 body 等元素都允许忽略开始标签，虽然 HTML 规范允许这样做，但是不推荐这样做，这会使文档变得难以阅读。

有一些元素可以没有内容，因此不需要结束标签。例如，换行符
，就可以写成：

```
<br><br>
```

提示 浏览器在解析 HTML 代码时有一定的容错性，即使某些标签编写得不太规范，浏览器也可以正确解析这些代码，但还是推荐按照 HTML 4.01 规范编写 HTML 代码。关于哪些元素允许忽略开始标签，哪些元素允许忽略结束标签，哪些元素必须使用开始标签，哪些元素必须使用结束标签，读者可以参考 HTML 手册。

2.3.3 属性的定义

与元素相关的特性称为属性，可以为属性赋值（每个属性总是对应一个属性值，因此这也被称为“属性／值”对）。“属性／值”对出现在元素开始标签的最后一个“>”之前，通过空格分隔。可以有任何数量的“属性／值”对，并且它们可以以任何顺序出现，但是，不能在同一个标签中定义同名的属性（属性名是不区分大小写的）。

虽然前面的 HTML 例子属性值都使用引号包含，但在一些情况下也可以不使用引号包括属性值，这时的属性值应该仅包含 ASCII 字符 (a~z 以及 A~Z)、数字 (0~9)、连字符（–）、圆点句号 (.)、下划线 (_) 以及冒号 (:)。但使用引号可以更好地表现，也是 W3C 提倡使用的，并且可以顺利地和未来的新标准衔接。

引号可以是单引号或者双引号，属性的使用格式如下。

```
01    < 元素 属性 =“值” > 内容 </ 元素 >
02    < 元素 属性 =‘值’ > 内容 </ 元素 >
```

或者

```
< 元素 属性 = 值 > 内容 </ 元素 >
```

2.3.4 属性值的定义

HTML 中对属性值的定义非常宽，但不论如何定义属性值，属性值都是字符串。

1. 不定义属性值

HTML 规定属性也可以没有值，例如，下面的定义也是合法的。

```
<dl compact>
```

浏览器会使用compact属性的默认值。但有的属性无默认值，因此不能省略属性值。

2. 属性值中的空白

属性值可以包含空白，但这种情况下必须使用引号，因为属性之间是使用空白分隔的。例如，下面的定义。

```
<img src="c:/Documents and Settings/test.jpg" width=1024 height=768 />
```

如果不使用引号将会出错，如下面的定义将会导致出错。

```
<img src=c:/Documents and Settings/test.jpg width=1024 height=768 />
```

也就是说，属性值必须是连续字符序列，如果将空白替换为“%20”（%20 是空白的 URI 编码），那么也可以不使用引号，如下面的定义。

```
<img src=c:/Documents %20and %20 Settings/test.jpg width=1024 height=768 />
```

应该努力避免在属性值中使用空白，如果有空白，就将它转成“%20”。然而对于属性值中开头和结尾处的空白，用户的浏览器将会把这些空白删去。

3. 属性值中使用双引号和单引号

单引号可以作为属性值，当单引号作为属性值时就不能再用其去包括属性值了，这时必须使用双引号来包括属性值。例如，下面的定义。

```
<p title=" 这是一个 ' 诗人 ' "> 李白 </p>
```

当然，当单引号作为属性值时，也可以使用数字字符引用（'）来代替单引号，这时也可以用单引号来包括属性值。例如，下面的定义。

<p title='这是一个 ' 诗人 ' '> 李白 </p>

当双引号作为属性值时，必须使用数字字符引用(')或者字符实体引用(")来代替双引号，如下面的定义。

<p title="这是一个 "39; 诗人 " "> 李白 </p>

2.3.5 元素和属性的大小写规范

元素名和属性名都不区分大小写。例如，下面 3 个标签的效果相同。

<head>、<HEAD> 和 <HeAd>

一些网页设计者建议标签使用大写字母，属性使用小写字母，这是为了更好地阅读和理解 HTML 文档，但建议读者在编写 HTML 时都使用小写，这是未来 HTML 发展的方向。

虽然元素的标签和属性名称不区分大小写，但是有些属性的值却是区分大小写的。例如，属性 class 和 id 的值就是区分大小写的，即 class='a' 和 class='A' 不相同或者 id='a' 和 id='A' 不相同等。但是大部分元素的属性值不区分大小写。

2.4 标准属性

本节视频教学录像：3 分钟

HTML 标签拥有属性。但是有些属性是通用于每个标签的（并且基本是可选的），我们称这些属性为标准属性。下面分类介绍这些属性。

1. 核心属性

如下这类属性包含关于元素的一般性信息，可以包含在几乎任何元素的开始标签内。

(1) class：表示特定元素所属的一个类或一组。同属一类的元素使用相同的 CSS 样式规则，而且对元素进行分类对于客户端脚本编程也会有用。类名几乎可以是任何你喜欢的文字，但只能由字母、数字、连字符（-）和下划线（_）组成，其他标点符号或特殊符号是不允许的。可以有多个元素属于同一类。此外，一个元素也可以属于不止一个类，此时属性值中的多个类名用空格分隔。

(2) id：为元素指定一个唯一性的标识符。id 可以是几乎任何的简短文字，但它在一个文档中必须是唯一的，不能有多个元素共用一个标识符。id 属性不能含除连字符(-)和下划线(_)之外的任何标点符号和特殊符号。其中第一个字符必须是字母，而不能是数字或者任何其他字符。

(3) style：为元素指定 css 属性。这被称为内联样式定义(inline styling)。本书 CSS 3 部分对此有更详细的说明。虽然 style 属性对大多数元素都有效，但应避免使用，因为它把内容和表现混在了一起。

(4) title：为元素提供一个文本标题。许多图形化浏览器将 title 属性的值显示在“工具提示”（即当用户的鼠标指针停留在所呈现的元素上方时出现的小浮动窗口）中。

2. 语言属性

语言属性包含关于用于书写元素内容的自然语言（如汉语、英语、法语、拉丁语等）的信息。它们几乎可以包含在任何元素中，特别是所包含文本使用的语言不同于文档其他部分的元素。

(1) dir：把文本的阅读方向设置为由值 ltr（从左到右）或 rtl（从右到左）所指定的方向。通常不需要使用这个属性，因为语言的方向应该从 lang 属性推断。

(2) lang：指定用于书写所包含的内容的语言。语言用一种缩写的语言代码表示，如 zh 代表汉语，en 代表英语，es 代表西班牙语等。感兴趣的读者可以在网址 http://webpageworkshop.co.uk/main/language_codes 找到一份大多数常见语言的代码的列表。

3. 键盘属性

当某些元素，尤其是链接和表单控件处于预激活状态时，被称为拥有焦点(focus)，因为浏览器的"注意力"集中在该元素上，准备激活它。可以为一些元素设置下列焦点属性，以增强网页浏览者使用键盘在网页上导航时的可用性。

(1) accesskey：为元素分配一个键盘快捷键，以便在使用键盘导航时能更方便、快捷地访问它。该属性的值是对应于访问键的字符。用于激活访问键的实际按键组合因浏览器和操作系统而异。

(2) tabIndex：指定元素在使用制表键遍历链接和表单控件时所形成的访问顺序中的位置。

高手私房菜

本节视频教学录像：2 分钟

技巧 1：属性值与引号的正确使用

当引号用来包括属性值时，不能使用字符引用来代替引号包含属性值，如不能写成如下形式。

```
01    <p title=&#34; 这是一个 &#34; 诗人 &#34; &#34;> 李白 </p>
02    <p title=&#39; 这是一个 &#39; 诗人 &#39; &#39;> 李白 </p>
```

这样实际是把前后的字符引用作为属性值了，这两个 title 属性的值就等于：

```
"这是一个"诗人""
'这是一个'诗人''
```

技巧 2：HTML 的字符实体在不同浏览器中的正确解析

某些浏览器（如 Intemet Explorer）有这样的惯例，即允许将正常文本内容末尾的空白替换为；（英文分号）字符，这样前面的内容也许就可以当作实体使用。例如，下面第一行中的一个   被当作 ，而第二行中的两个   也会被当作实体。

```
  Foo
   Foo
```

Mozilla 浏览器也是将上述   都作为空白，即便这违反了 W3C 规范。但是，如果   后直接连着更多的字符，Mozilla 浏览器遵守 W3C 标准不会解析此代码为空白，但 Internet Explorer 仍把这个当作空白，例如下面的代码。

```
 12345
```

因此推荐最好严格按照 W3C 规范书写实体，以避免浏览器不兼容。

第3章

HTML 网页文字设计

本章视频教学录像：44 分钟

高手指引

文本信息是网页上最基本的信息，虽然目前网页上可以提供各种类型的信息，如图片、声音和视频等，但文本仍是最主要的信息表达方式。因此，如何处理好文本是 Web 页面设计的一个重要内容。本章将通过实例详细介绍在 HTML 中如何对文本、段落及列表进行处理。

重点导读

- 文本的排版
- 基本文字格式
- 段落的排版
- 段落标记及其对齐方式
- 居中标记
- 预编排标记

3.1 文本的排版

本节视频教学录像：10 分钟

一本好书，不仅内容应该丰富，其排版组织也应该清晰、有吸引力，好的网页也应该如此。恰当地组织并编排文字使之更容易阅读是构建网页的一个重要步骤。文字格式化可以使内容的表达更加清晰准确，使形式更加美观，并且可以达到强调的目的。例如，代码清单 3-1。

【范例 3.1】 文字的排版（代码清单 3-1）

```
01    <!DOCTYPE HTML PUBLIC "-//W3C//DTD HTML 4.01 Transitional//EN" “http://
www.w3.org/TR/ html4/loose.dtd">
02    <html>
03    <head>
04    <meta http-equiv="Content-Type" content="text/html; charset=utf-8">
05    <title> 文字的排版 </title>
06    </head>
07    <body>
08    <h2> 李白 </h2>
09    <p align="center">
10    <font face=" 隶书 " size="7" color="#000000" align="center"> 静夜思 </font><br>
11    <font face=" 隶书 " size="5" color="#000000" align="center"> 李白 </font><br>
12    <font face=" 隶书 " size="6" color="#000000" align="center"> 床前明月光，疑是地上霜。
</font><br>
13    <font face=" 隶书 " size="6" color="#000000" align="center"> 举头望明月，低头思故乡。
</font>
14    </p>
15    <hr>
16    <h4>【诗词欣赏】</h4>
17         这首诗表达了李白的思乡之情。
18    <h4>【词语注释】</h4>
19    <ul>
20    <li> 李白：唐代诗人。</li>
21    <li> 地上霜：此处指月光照在地上。</li>
22    </ul>
23    </body>
24    </html>
```

【运行结果】

在浏览器中打开该网页，将会看到如下图所示的显示效果。

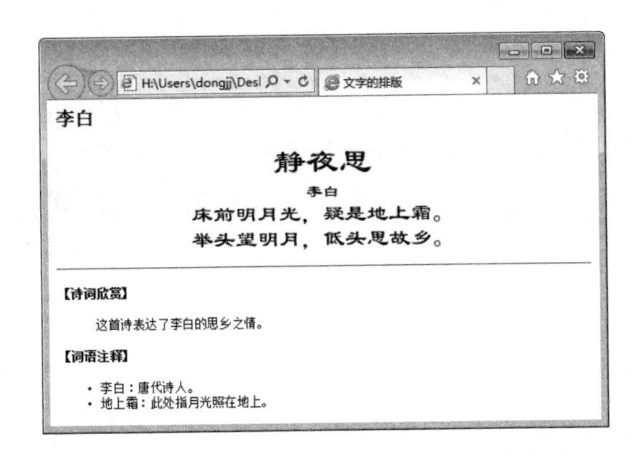

3.1.1 标题 <h1>、<h2>、<h3>、<h4>、<h5> 和 <h6>

对于网页浏览者来说，在屏幕上阅读一大堆杂乱无章、没有区分的文字是非常痛苦的。运用标题可以解决这一问题，标题可以将文本分割成不同的部分，以便于阅读和查找。在代码清单 3–1 中的源代码部分有以下语句。

```
01    ......
02    <h2> 李白 </h2>
03    ......
04    <h4>【诗词欣赏】</h4>
05    ......
06    <h4>【词语注释】</h4>
07    ......
```

【运行结果】

这些就是用于标识标题的标题语句，通过这些标题可以将一片文章划分为几个不同部分，以便读者能迅速、便捷地阅读，如下图所示。

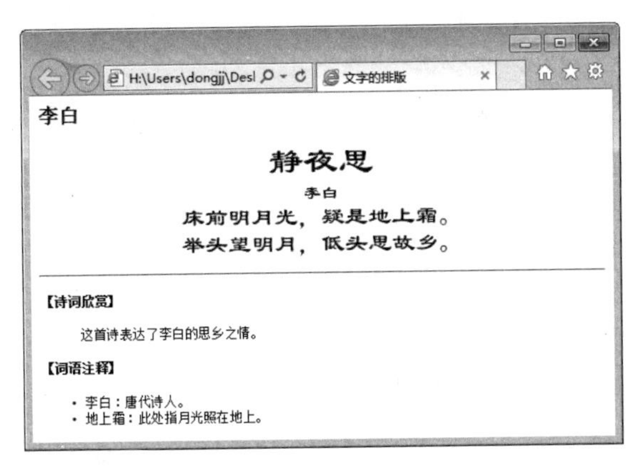

标题标记的使用方法：由开始标记 <hn> 和结束标记 </hn> 共同组成，要显示的标题内容插入开始标记和结束标记之间。标题标记一般包含在 <body> 标记中。其语法格式为：

```
<hn> 标题内容 </hn>
```

其中 n 的取值范围是 1~6。HTML 中的标题标记从高到低，分为 6 个等级：<hl>、<h2>、<.h3>、<h4>、<h5> 和 <h6>，每级标题的字体大小依次递减，一级标题标记

<h1> 的字体最大，六级标题标记 <h6> 的字体最小。一般而言，这些标记会依次用作文章的标题、副标题、子标题等。例如，代码清单 3-1-1-1 所示。

【范例 3.2】 文章的标题（代码清单 3-1-1-1）

```
01    <!DOCTYPE HTML PUBLIC "-//W3C//DTD HTML 4.01 Transitional//EN"  "http://
www.w3.org/TR/ html4/loose.dtd">
02    <html>
03    <head>
04    <meta http-equiv="Content-Type" content="text/html; charset=utf-8">
05    <title> 字号设置实例 </title>
06    </head>
07    <body>
08    <h1> 字号设置实例 </h1>
09    <h2> 字号设置实例 </h2>
10    <h3> 字号设置实例 </h3>
11    <h4> 字号设置实例 </h4>
12    <h5> 字号设置实例 </h5>
13    <h6> 字号设置实例 </h6>
14    </body>
15    </html>
```

【运行结果】

在浏览器中打开该网页，显示效果如下图所示。

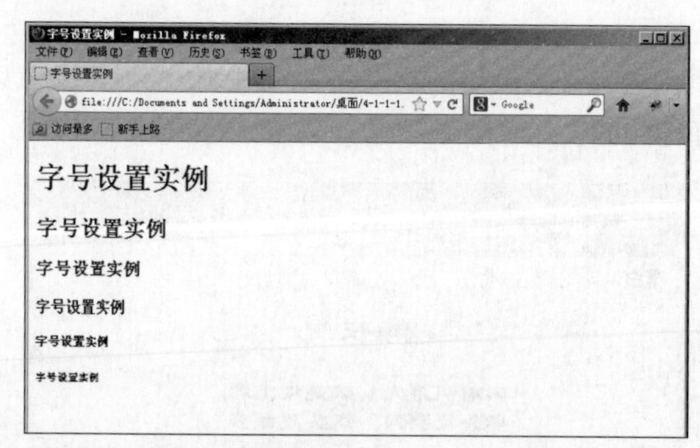

在 HTML 页面中，标题标记可以使标题文字在水平方向上左对齐、居中对齐或者右对齐，可以通过设置它的 align 属性来改变对齐方式。例如，代码清单 3-1-1-2。

【范例 3.3】 标题标记（代码清单 3-1-1-2）

```
01    <!DOCTYPE HTML PUBLIC "-//W3C//DTD HTML 4.01 Transitional//EN"  "http://
www.w3.org/TR/ html4/loose.dtd">
02    <html>
03    <head>
04    <meta http-equiv="Content-Type" content="text/html; charset=utf-8">
05    <title> 标题标记的对齐属性实例 </title>
06    </head>
```

```
07      <body>
08      <h1 align="left"> 标题的左对齐 </h1>
09      <h1 align="center"> 标题的居中对齐 </h1>
10      <h1 align="right"> 标题的右对齐 </h1>
11      </body>
12      </html>
```

【运行结果】

在浏览器中打开网页，显示效果如下图所示。

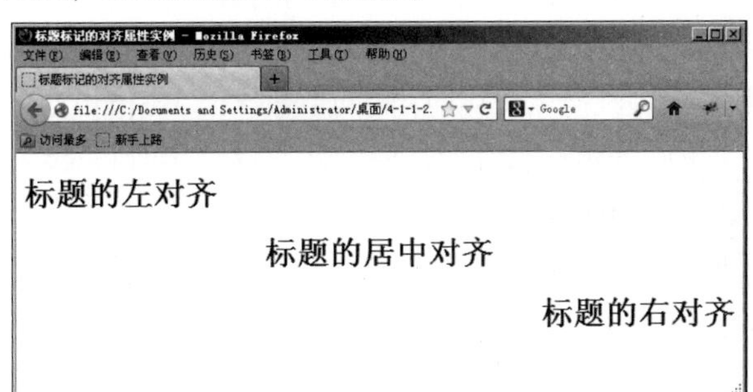

3.1.2 字体标记

在代码清单 3-1 中，源代码部分有如下语句。

```
01      ......
02      <font face=" 隶书 " size="7" color="#000000" align="center"> 静夜思 </font><br>
03      <font face=" 隶书 " size="5" color="#000000" align="center"> 李白 </font><br>
04      <font face=" 隶书 " size="6" color="#000000" align="center"> 床前明月光，疑是地上霜。
</font><br>
05      <font face=" 隶书 " size="6" color="#000000" align="center"> 举头望明月，低头思故乡。
</font>
06      .....
```

【运行结果】

这些是用于设置字符字体格式的 HTML 语句，通过这些语句可以将不同的字符以不同的形式显示出来，如下图所示。

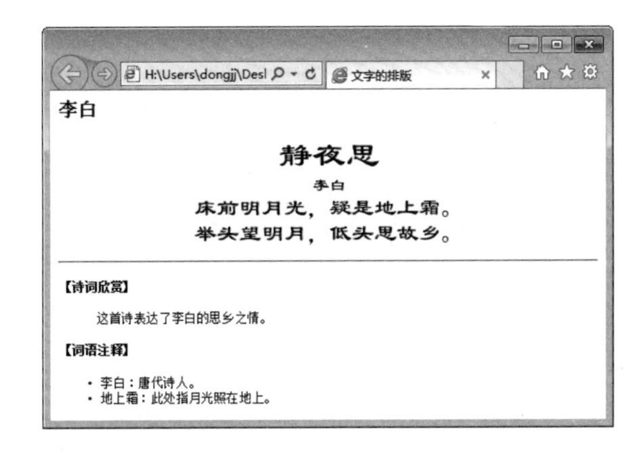

在 HTML 语句中，<font> 标记可以改变文本中字符的字体、字号、颜色等。<font> 标记的语法格式如下：

<font face=" 字体 " size= 字号大小 color=" 颜色值 " align=" 对齐方式 ">......</font>

<font> 标记的 face 属性用来设置字体样式，其值有“宋体”、“黑体”、“隶书”、“幼圆”等。

<font> 标记的 size 属性用来设置字号，所谓字号是指字体的大小。

<font> 标记的 color 属性用来设置字符颜色。

Color 属性值的设置有两种方式，其中一种是利用 RGB 颜色值。所谓 RGB 颜色，是指每一种颜色都由三原色红、绿、蓝组合而成。RGB 颜色值是一个由“#”号引导的 6 位十六进制数，其中前两位数字代表红色（R），中间两位数字代表绿色（G)，最后两位数字代表蓝色（B）。 以红色为例，00 表示没有红色，FF 表示亮红。合到一起，#000000 表示黑色，#FFFFFF 表示黑色。编程人员可以自己设置红、绿、蓝的量，以调出成千上万种颜色。

Color 属性值的另外一种设置方法是使用 color 属性值设置为预先定好的标准颜色名称，如 black(黑色 ）、gray(灰色 ）、red(红色 ）和 silver(银白色 ）等。例如，代码清单 3–1–2–1 所示。

【范例 3.4】 字体标记（代码清单 3-1-2-1）

```
01    <!DOCTYPE HTML PUBLIC "-//W3C//DTD HTML 4.01 Transitional//EN" “http://
www.w3.org/TR/ html4/loose.dtd">
02    <html>
03    <head>
04    <meta http-equiv="Content-Type" content="text/html; charset=utf-8">
05    <title> 字符颜色设置实例 </title>
06    </head>
07    <body>
08    <font color="#000000"> 黑色 </font>
09    <font color="gray"> 灰色 </font>
10    <font color="00ff00"> 浅绿色 </font>
11    <font color="silver"> 银白色 </font>
12    <font color="yellow"> 黄色 </font>
13    </body>
14    </html>
```

【运行结果】

在浏览器中打开网页，显示效果如下图所示。

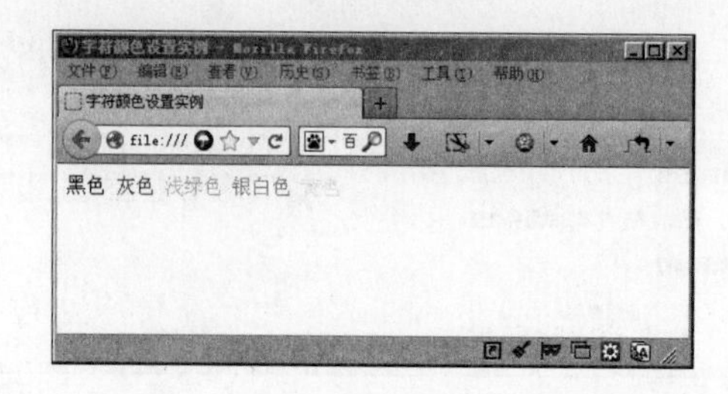

3.1.3 基本文字格式

在 HTML 中，可以利用不同的标记对文字进行修饰，如设置字体为粗体或者斜体，设置字体为上标或者下标等。

设置字体为斜体可以使用 <i>、<em> 或 <cite> 标记。文字标记的语法格式分别如下。

```
01    <i> 文本内容 </i>
02    <em> 文本内容 </em>
03    <cite> 文本内容 </cite>
```

同样，对于需要强调的文字，可以使用 <b> 或 <strong> 标记设置为粗体，用 <sup> 标记设置为上标，用 <sub> 设置为下标，用 <big> 标记设置为加大一级字号显示，用 <small> 标记设置为减小一级字号显示等。例如，代码清单 3–1–3–1 所示。

【范例 3.5】 基本文字格式（代码清单 3–1–3–1）

```
01    <!DOCTYPE HTML PUBLIC "-//W3C//DTD HTML 4.01 Transitional//EN"  “http://www.w3.org/TR/ html4/loose.dtd">
02    <html>
03    <head>
04    <meta http-equiv="Content-Type" content="text/html; charset=utf-8">
05    <title> 基本文字格式实例 </title>
06    </head>
07    <body>
08    <b> 粗体 </b>
09    <strong> 粗体 </strong>
10    <i> 斜体 </i>
11    <em> 斜体 </em>
12    <cite> 斜体 </cite>
13    <big> 加大一级字号 </big>
14    <small> 减小一级字号 </small>
15    <b>X</b><sup>2</sup>
16    <b>Y</b><sub>1</sub>
17    </body>
18    </html>
```

【运行结果】

在浏览器中打开网页，显示效果如下图所示。

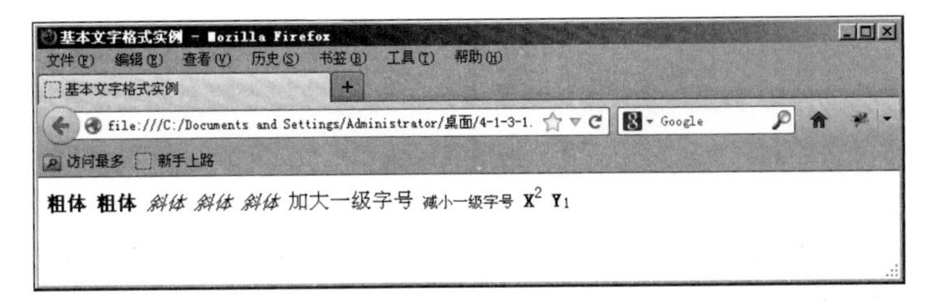

3.1.4 特殊符号

HTML 中的大部分字符都会被浏览器正确显示出来，但有一些特殊字符需要输入字符编码才能正确显示。例如，注册商标字符需要输入 ®，显示为 ®。

在范例 3.1 中，源代码部分有以下语句。

```
01    ......
02         这首诗表达了李白的思乡之情。
03    ......
```

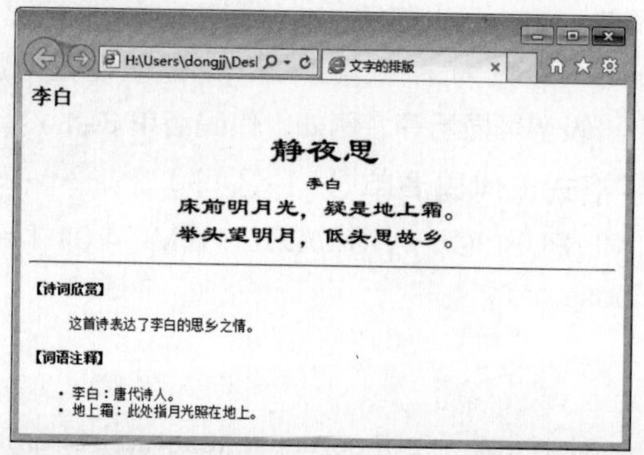

3.2 段落的排版

本节视频教学录像：9 分钟

一篇文章是由不同的段落组合而成的。文章中的段落排列整齐、清晰，不仅便于阅读，而且会给读者一个好的印象，吸引读者进一步深入阅读。相反，如果段落排版混乱，将大大降低文章对读者的吸引力。

在段落排版中，常用到的 HTML 标记有段落标记 <p>、换行标记
、居中标记 <center>、水平分隔线标记 <hr> 和预编排标记 <pre> 等。

3.2.1 段落标记及其对齐方式

在 HTML 中，段落是指一组在格式上统一的文本。段落标记 <p> 用来表示一个段落，它由开始标记 <p> 和结束标记 </p> 组成。

在代码清单 3-1 中，源代码部分有如下语句。

```
01    ......
02    <p align="center">
03    ......
04    </p>
05    ......
```

【运行结果】

其中 <p align="center"> 表示一个段落的开始，并且该段落的对齐方式是居中对齐：</p> 表示该段落的结束。

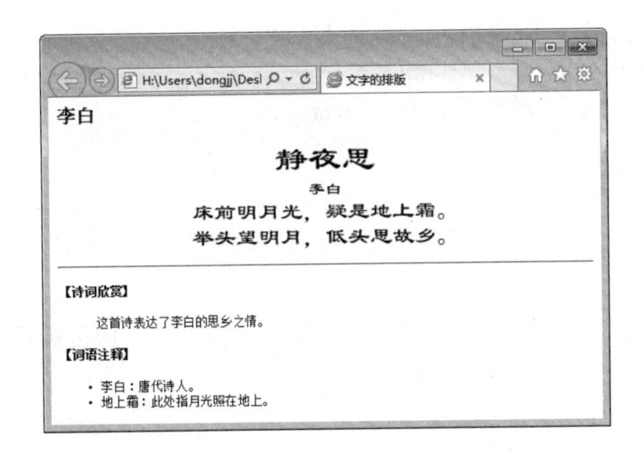

<p> 标签有 align 属性，用户可以通过设置 align 属性来设置对齐方式。align 属性的值有 left(左对齐)、center (居中对齐) 和 right (右对齐)，其默认值为 left。其语法格式为:

<p align=" 对齐方式 "> 段落内容 </p>

提示

<p> 段落标记的结束标记 </p> 可以省略，但并不推荐使用。

【范例 3.6】 段落标记及其对齐方式 (代码清单 3-2-1-1)

```
01    <!DOCTYPE HTML PUBLIC "-//W3C//DTD HTML 4.01 Transitional//EN"  “http://
www.w3.org/TR/ html4/loose.dtd">
02    <html>
03    <head>
04    <meta http-equiv="Content-Type" content="text/html; charset=utf-8">
05    <title> 段落对齐方式实例 </title>
06    </head>
07    <body>
08    <p align="left"> 段落标记左对齐方式 </p>
09    <p align="center"> 段落标记左对齐方式 </p>
10    <p align="right"> 段落标记左对齐方式 </p>
11    </body>
12    </html>
```

【运行结果】

在浏览器中打开网页，显示效果如下图所示。

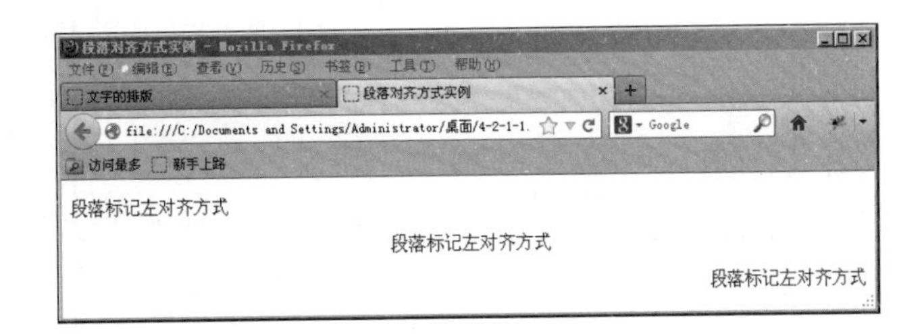

3.2.2 换行
 标记

在代码清单 3-1 中，源码部分有以下语句。

```
01    ......
02    <font face=" 隶书 " size="7" color="#000000" align="center"> 静夜思 </font><br>
03    <font face=" 隶书 " size="5" color="#000000" align="center"> 李白 </font><br>
04    ......
```

在 HTML 中，
 是换行标记，即在文本中插入一个换行标记，其后的内容将从新的一行开始。

3.2.3 居中标记

在 HTML 中，居中标记 <center> 的作用是使其中的内容在浏览器的显示窗口中水平居中排列。居中标记的语法格式如下。

```
<center> 文本内容 </center>
```

提示 建议居中的文字简短扼要，例如，标题或者诗词的居中会令人赏心悦目，不当的居中会破坏文章的美感。

3.2.4 加入水平分隔线

水平分隔线标记 <hr> 可以从视觉上将页面分隔成各个不同的部分，这样可以让页面显得清新明了。在通常情况下，水平分隔线是 3D 的，而且会横跨整个浏览器窗口。

在代码清单 3-1 中，源代码部分有如下语句。

```
01    ......
02    <hr>
03    ......
```

【运行结果】

该水平分隔线标记 <hr> 的作用是插入一条横跨整个浏览器窗口的 3D 水平分隔线，将上面的唐诗语句与下面的注释说明部分分隔开来。

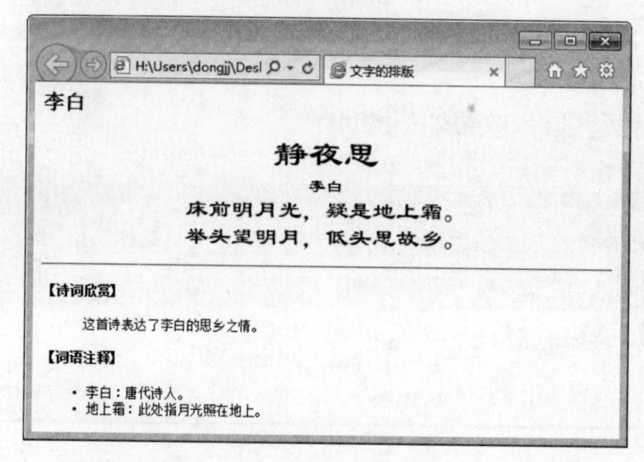

水平分隔线标记的语法格式如下。

```
<hr size=" 厚度值 " noshade width=" 宽度值 " align=" 对齐方式 " >
```

水平分隔线标记的 size 属性用来设置分隔线的厚度（以像素为单位）；noshade 属性用来去掉 3D 效果；width 属性用来设置分隔线的宽度（以像素为单位），默认分隔线横跨整个浏览器窗口；align 属性用来设置分隔线的对齐方式，默认为 center（居中对齐）。例如，代码清单 3-2-4-1 所示。

【范例 3.7】 加入水平分隔线（代码清单 3-2-4-1）

```
01    <!DOCTYPE HTML PUBLIC "-//W3C//DTD HTML 4.01 Transitional//EN"  “http://
www.w3.org/TR/ html4/loose.dtd">
02    <html>
03    <head>
04    <meta http-equiv="Content-Type" content="text/html; charset=utf-8">
05    <title> 水平分隔线实例 </title>
06    </head>
07    <body>
08    <hr size="9">
09    <h1> 水平分隔线实例 </h1>
10    <hr size="9" noshade >
11    <h1> 水平分隔线实例 </h1>
12    <hr width="140" align="right">
13    <h1> 水平分隔线实例 </h1>
14    <hr width="140">
15    <h1> 水平分隔线实例 </h1>
16    <hr width="140" align="left">
17    </body>
18    </html>
```

【运行结果】

在浏览器中打开该网页，显示效果如下图所示。

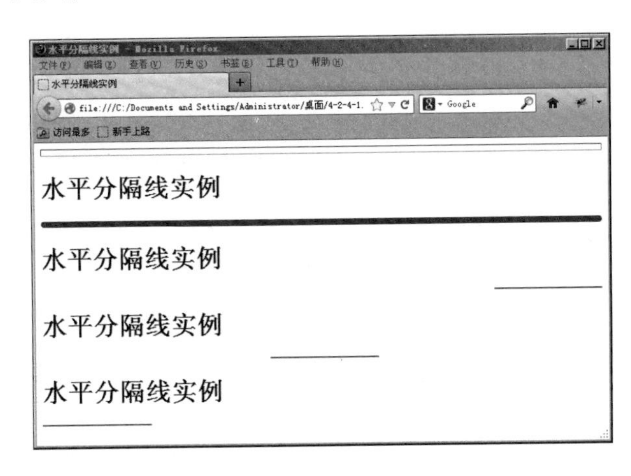

3.2.5 预编排标记

在 HTML 中，预编排标记 <pre> 可以预先定义好一段文字，浏览器将完全按照在源代码中的效果显示，如保留空格等。另外，预编排标记的一个常见用法是显示源代码。

预编排标记的语法格式为：

<pre> 内容 </pre>

例如，代码清单 3-2-5-1 使 HTML 文档中的加法运算格式在网页中按原样显示。

【范例 3.8】预编排标记（代码清单 3-2-5-1）

```
01    <!DOCTYPE HTML PUBLIC "-//W3C//DTD HTML 4.01 Transitional//EN"  "http://
www.w3.org/TR/ html4/loose.dtd">
02    <html>
03    <head>
04    <meta http-equiv="Content-Type" content="text/html; charset=utf-8">
05    <title> 预编排标记实例 </title>
06    </head>
07    <body>
08    10
09      + 9
10     ——
11       19
12    <pre>
13    10
14      + 9
15     ——
16       19
17    </pre>
18    </body>
19    </html>
```

【运行结果】

在浏览器中打开该网页，显示效果如下图所示。

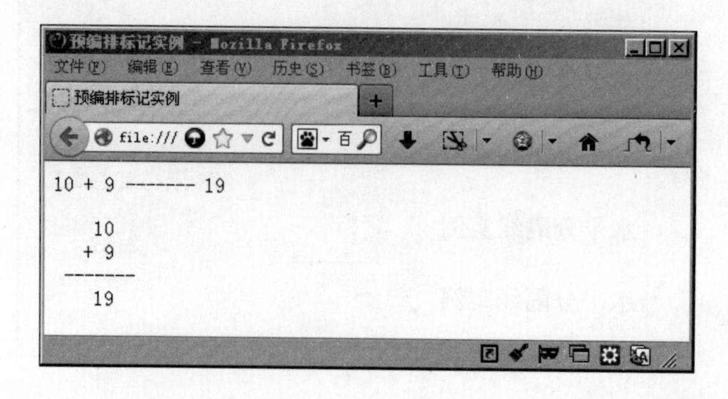

3.3 建立无序的列表

本节视频教学录像：6 分钟

无序列表标记 <ul> 用项目符号来表示一个没有特定顺序的相关条目的集合。无序列表的各个列表项之间没有顺序级之分。通常会在每个列表项前添加一个项目符号，并且每行会针对左边界缩进一定距离。

无序列表使用一对标记 <ul></ul>，并且每个列表项要使用 <li></li> 标记进行定义，例如，代码清单 3-3-1 定义了一个无序列表。

【范例 3.9】 定义无序列表（代码清单 3-3-1）

```
01    <!DOCTYPE HTML PUBLIC "-//W3C//DTD HTML 4.01 Transitional//EN"  “http://
www.w3.org/TR/ html4/loose.dtd">
02    <html>
03    <head>
04    <meta http-equiv="Content-Type" content="text/html; charset=utf-8">
05    <title> 建立无序的列表 </title>
06    </head>
07    <body>
08    <ul>
09    <li> 第一个列表项 </li>
10    <li> 第二个列表项 </li>
11    <li> 第三个列表项 </li>
12    </ul>
13    </body>
14    </html>
```

【运行结果】

在浏览器中打开该网页，显示效果如下图所示。

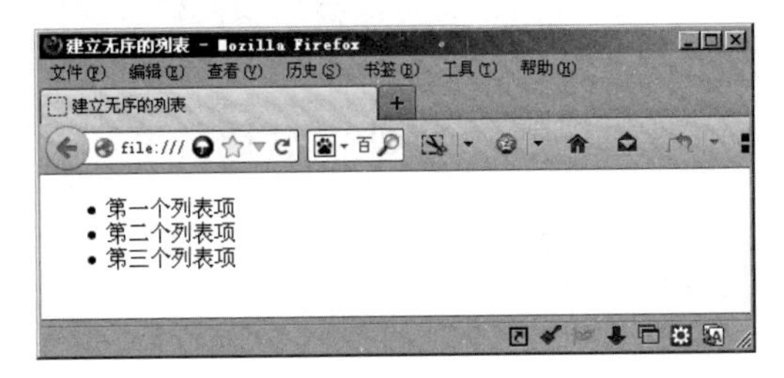

提示

列表项 <li> 标签可以不使用对应的闭合标签 </li>，但是推荐使用闭合标签。

使用 type 属性可以定制无序列表项目符号，无序列表标记 <ul> 的 type 属性用来设置每个列表项目符号的样式，type 属性可以设置为 disk（实心圆）、circle（空心圆）或者 square（实心方块），默认值为 disk（实心圆）。例如，代码清单 3-3-1-1 设置列表项目符号为 disc，在浏览器中显示为实心的圆。

【范例 3.10】 设置列表项目符号为 disc（代码清单 3-3-1-1）

```
01    <!DOCTYPE HTML PUBLIC "-//W3C//DTD HTML 4.01 Transitional//EN" "http://
www.w3.org/TR/ html4/loose.dtd">
02    <html>
03    <head>
04    <meta http-equiv="Content-Type" content="text/html; charset=utf-8">
05    <title> 使用 type 属性定制无序列表项目符号为实心圆 </title>
06    </head>
07    <body>
08    <ul type="disc">
09    <li> 第一个列表项 </li>
10    <li> 第二个列表项 </li>
11    <li> 第三个列表项 </li>
12    </ul>
13    </body>
14    </html>
```

【运行结果】

在浏览器中打开该网页，显示效果如下图所示。

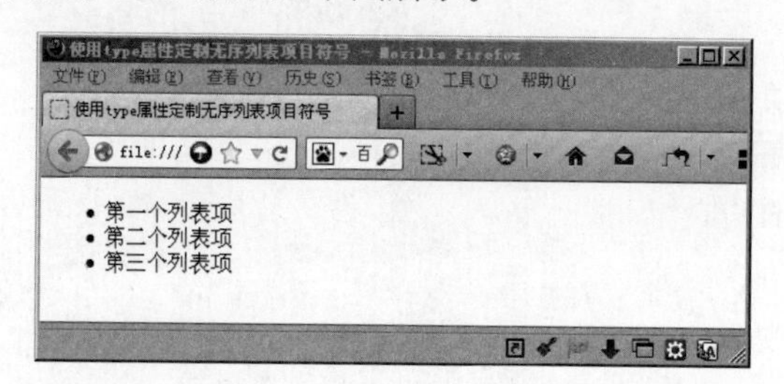

在这里可以发现，本例的显示效果（上图）和范例 3.9 的显示效果相同，这是因为在无序列表中，type="disc" 是默认设置，编写时可以省略不写。

当把 type 属性设置为 circle 时，浏览器会把项目列表解析为空心圆。例如，代码清单 3-3-2 将 type 属性设置为 circle。

【范例 3.11】 将 type 属性设置为 circle（代码清单 3-3-2）

```
01    <!DOCTYPE HTML PUBLIC "-//W3C//DTD HTML 4.01 Transitional//EN"  “http://
www.w3.org/TR/ html4/loose.dtd">
02    <html>
03    <head>
04    <meta http-equiv="Content-Type" content="text/html; charset=utf-8">
05    <title> 使用 type 属性定制无序列表项目符号为实心圆 </title>
06    </head>
07    <body>
08    <ul type="circle">
09    <li> 第一个列表项 </li>
```

```
10      <li> 第二个列表项 </li>
11      <li> 第三个列表项 </li>
12      </ul>
13      </body>
14      </html>
```

【运行结果】

在浏览器中打开该网页，显示效果如下图所示。

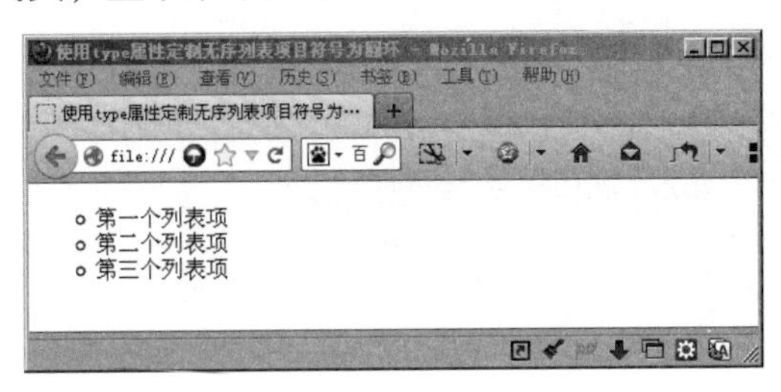

把 type 属性设置为 square 时，浏览器在解析 HTML 文档时会把项目列表显示为实心方框。代码清单 3-3-3 将 type 属性设置为 square。

【范例 3.12】 将 type 属性设置为 square（代码清单 3-3-3）

```
01      <!DOCTYPE HTML PUBLIC "-//W3C//DTD HTML 4.01 Transitional//EN"  "http://
www.w3.org/TR/ html4/loose.dtd">
02      <html>
03      <head>
04      <meta http-equiv="Content-Type" content="text/html; charset=utf-8">
05      <title> 使用 type 属性定制无序列表项目符号为实心方框 </title>
06      </head>
07      <body>
08      <ul type="square">
09      <li> 第一个列表项 </li>
10      <li> 第二个列表项 </li>
11      <li> 第三个列表项 </li>
12      </ul>
13      </body>
14      </html>
```

【运行结果】

在浏览器中打开该网页，显示效果如下图所示。

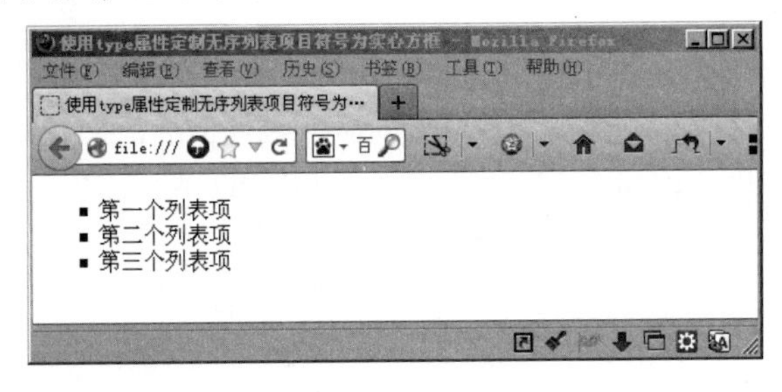

不仅可以在 <ul> 标签中定义 type 属性，而且还可以在每一个 <li> 标签中定义该属性，从而为每个列表项定义列表符号。例如，代码清单 3-3-4 在一个列表中同时使用了本节介绍的 3 种项目符号。

【范例 3.13】 定义列表符号（代码清单 3-3-4）

```
01    <!DOCTYPE HTML PUBLIC "-//W3C//DTD HTML 4.01 Transitional//EN"  "http://
www.w3.org/TR/ html4/loose.dtd">
02    <html>
03    <head>
04    <meta http-equiv="Content-Type" content="text/html; charset=utf-8">
05    <title> 为每一个列表项定义项目符号 </title>
06    </head>
07    <body>
08    <ul>
09    <li type="disc"> 第一个列表项 </li>
10    <li type="circle"> 第二个列表项 </li>
11    <li type="square"> 第三个列表项 </li>
12    </ul>
13    </body>
14    </html>
```

【运行结果】

在浏览器中打开该网页，显示效果如下图所示。

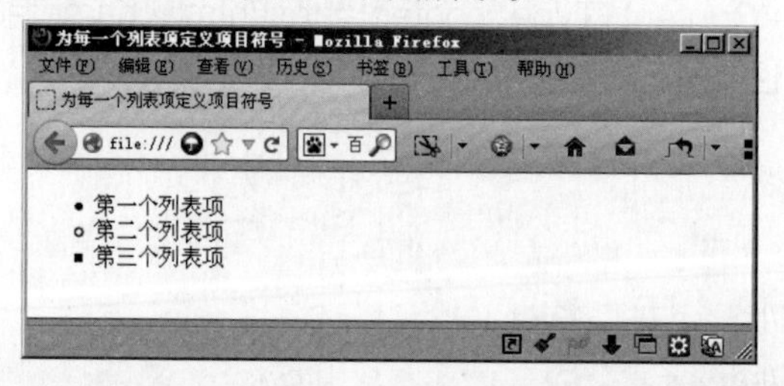

3.4 建立有序的列表

本节视频教学录像：6 分钟

有序列表标记 <ol> 在列表项目前添加的是编号而不是项目符号，编号从第一列表项目开始向后递增。当需要给列表项目排列顺序时，就可以使用有序列表。例如，代码清单 3-4-1 定义了一个有序的列表。

【范例 3.14】 建立有序的列表（代码清单 3-4-1）

```
01    <!DOCTYPE HTML PUBLIC "-//W3C//DTD HTML 4.01 Transitional//EN"  "http://
www.w3.org/TR/ html4/loose.dtd">
02    <html>
03    <head>
04    <meta http-equiv="Content-Type" content="text/html; charset=utf-8">
```

```
05      <title> 创建有序列表 </title>
06      </head>
07      <body>
08      <ol>
09      <li> 第一个列表项 </li>
10      <li> 第一个列表项 </li>
11      <li> 第一个列表项 </li>
12      </ol>
13      </body>
14      </html>
```

【运行结果】

在浏览器中打开该网页，显示效果如下图所示。

3.4.1 使用 type 属性定制有序列表项目符号

有序列表标记 <ol> 的 type 属性用来设置列表编号类型，type 属性可以设置为 1（数字序号）、a（小写字母）、A（大写字母）、i（小写罗马字母）或者 I（大写罗马字母），默认值为 1（数字符号）。例如，代码清单 3-4-1-1 将 3 组 <ol></ol> 标签的 type 属性分别设置为数字序号 1、大写字母 A、小写罗马字母 i，分别表示使用数字、英文大写字母、罗马小写字母作为序号。

【范例 3.15】 使用 type 属性定制有序列表项目符号（代码清单 3-4-1-1）

```
01      <!DOCTYPE HTML PUBLIC "-//W3C//DTD HTML 4.01 Transitional//EN"  "http://
www.w3.org/TR/ html4/loose.dtd">
02      <html>
03      <head>
04      <meta http-equiv="Content-Type" content="text/html; charset=utf-8">
05      <title> 使用 type 属性定制有序列表项目符号 </title>
06      </head>
07      <body>
08      <ol type="1">
09      <li> 第一个列表项 </li>
10      <li> 第一个列表项 </li>
11      <li> 第一个列表项 </li>
12      </ol>
13      <ol type="A">
```

```
14      <li> 第一个列表项 </li>
15      <li> 第一个列表项 </li>
16      <li> 第一个列表项 </li>
17      </ol>
18      <ol type="i">
19      <li> 第一个列表项 </li>
20      <li> 第一个列表项 </li>
21      <li> 第一个列表项 </li>
22      </ol>
23      </body>
24      </html>
```

【运行结果】

在浏览器中打开该网页，显示效果如下图所示。

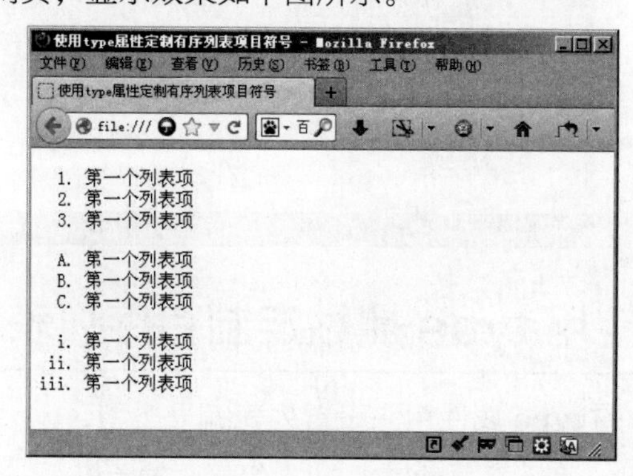

3.4.2 使用 start 属性定制有序列表中的列表项的起始数

有序列表标记 <ol> 的 start 属性用来设置列表编号的起始值。在默认的情况下，有序列表的项目编号从 1 开始。例如，代码清单 3-4-2-1 设置 type=“i”、start=“5”，有序列表的第一个项目符号将从 v 开始。

【范例 3.16】 使用 start 属性定制有序列表中的列表项的起始数（代码清单 3-4-2-1）

```
01      <!DOCTYPE HTML PUBLIC "-//W3C//DTD HTML 4.01 Transitional//EN" “http://
www.w3.org/TR/ html4/loose.dtd">
02      <html>
03      <head>
04      <meta http-equiv="Content-Type" content="text/html; charset=utf-8">
05      <title> 使用 start 属性定制有序列表中的列表项的起始数 </title>
06      </head>
07      <body>
08      <ol type="i" start="5">
09      <li> 第一个列表项 </li>
10      <li> 第一个列表项 </li>
```

```
11      <li> 第一个列表项 </li>
12      </ol>
13      </body>
14      </html>
```

【运行结果】

在浏览器中打开该网页，显示效果如下图所示。

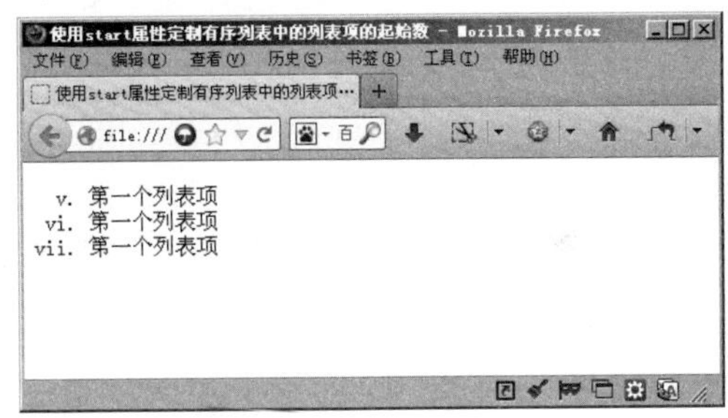

3.4.3 使用 value 属性定制有序列表中的列表项序号的数值

在有序列表中，不可能从一个先前的列表来继续列表编号或者隐藏一些列表项的编号。但可以通过设置 value 属性来对列表项的编号复位，编号以新的起始值来继续后来的列表项。

value 属性仅适用于 li 元素，其属性值用来指定当前列表项的序号。代码清单 3-4-3-1 设置第 2 个 li 元素的 value 属性值为 5，则该项目的序号值为 5，并且接下来的项目序号值为 6。

【范例 3.17】 使用 value 属性定制有序列表中的列表项序号的数值（代码清单 3-4-3-1）

```
01      <!DOCTYPE HTML PUBLIC "-//W3C//DTD HTML 4.01 Transitional//EN"  "http://
www.w3.org/TR/ html4/loose.dtd">
02      <html>
03      <head>
04      <meta http-equiv="Content-Type" content="text/html; charset=utf-8">
05      <title> 使用 value 属性定制有序列表中的列表项序号的数值 </title>
06      </head>
07      <body>
08      <ol type="1">
09      <li> 第一个列表项 </li>
10      <li value="5"> 第五个列表项 </li>
11      <li> 第六个列表项 </li>
12      </ol>
13      </body>
14      </html>
```

【运行结果】

在浏览器中打开该网页，显示效果如下图所示。

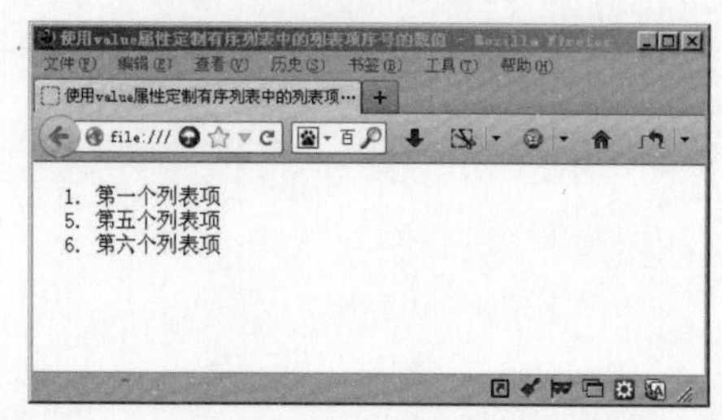

3.5 网页超链接

本节视频教学录像：11 分钟

在网页中创建超链接，可以使网站中的各个网页之间相互关联起来。

3.5.1 超链接的概念

超链接在本质上属于一个网页的一部分，它是一种允许同其他网站或站点之间进行链接的元素。互联网上的各个网页链接在一起后，才能真正构成一个网站。例如，下图显示的是搜狐网站 (http://www.sohu.com/) 的主页。

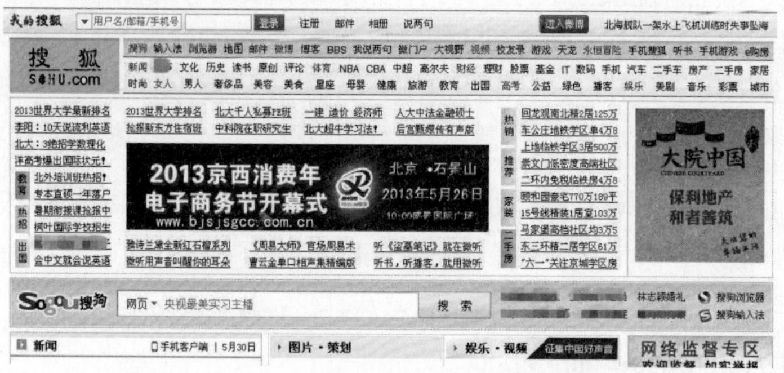

认真观察上图，可以发现超链接的文本都是蓝色的，文字下方有一条下划线，当把鼠标指针放在超链接文本上方时，鼠标指针会变成一只手的形状。如果现在单击鼠标左键，就可以直接跳到与这个超链接相连接的网页或者互联网网站上。

> **提示** 并不是所有网页的超链接文本下方都显示下划线。例如，下图的百度新闻（http://news.baidu.com/）的互联网栏目。而且现在大部分网页中的超链接并没有显示下划线，这种效果可以通过为 a 元素设置 style="text-decoration: NONE" 样式实现，不过这属于 CSS 技术，将在 CSS 部分进行介绍。

通过元素 a 来实现在网页中添加超链接，a 元素只能出现于文档的主体（body 元素）部分，它定义了当前文档中某个区域与另一个资源之间的联系。a 元素的内容（文本、图像等）将被浏览器呈现，并且浏览器通常会突出显示这个内容来指出链接存在。例如，代码清单 3-5-1-1 使用了一个超链接元素，定义链接指向百度的官方网址：http://www.baidu.com，<a>…</a> 标签的文本设置为“百度一下”，当点击该文本链接时跳转到百度主页。

【范例 3.18】 添加超链接（代码清单 3-5-1-1）

```
01    <!DOCTYPE HTML PUBLIC "-//W3C//DTD HTML 4.01 Transitional//EN" "http://
www.w3.org/TR/ html4/loose.dtd">
02    <html>
03    <head>
04    <meta http-equiv="Content-Type" content="text/html; charset=utf-8">
05    <title> 超链接的概念 </title>
06    </head>
07    <body>
08    <a href="http://www.baidu.com"> 百度一下 </a>
09    </body>
10    </html>
```

【运行结果】

在浏览器中打开该网页，显示效果如下图所示。

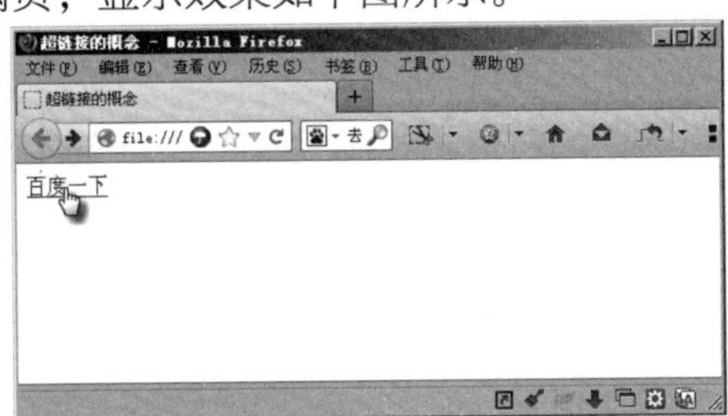

【范例分析】

其中 href 属性设置了单击链接文本时打开的网页地址，在该例中设置为 http:// www.baidu.com。

3.5.2 设置链接的目标地址

在 a 元素内添加 href 属性之后，则该元素起始标签与结束标签之间的文本就会成为网页中的超文本内容。在浏览器窗口，如果单击这些超文本，就会切换至链接文本的目标 URL。目标 URL 既可以是另一个文档，也可能是本文档的其他位置。例如，下面的链接：<a href="http://www.baidu.com"> 百度一下 </a> 单击文本链接“百度一下”，表示当前网页将跳转到百度的主页。

按照连接是否被访问将链接状态划分为 3 种。

(1) 未访问的链接。

这是在浏览器窗口打开网页文件时，用户看到的超文本的原始状态。在默认的情况下，浏览器内未访问的超文本显示为蓝色。

(2) 已选择的链接。

当准备访问链接目标时，首先会移动鼠标指针单击链接，此时的超文本就处于已选择状态。

(3) 已访问的链接。

当单击链接源之后，就会跳转到链接目标所在的网页，返回链接源所在的网页窗口时，超文本的下画线仍然存在，但链接源处于已访问状态。在默认情况下，浏览器内已访问的链接文本显示为紫色。

当使用绝对 URL 时，读者可能知道，在大多数浏览器上输入地址时可以省略前面的协议 http://，但在网页上的 <a href> 链接中输入地址时不能省略，即只能使用下面的格式。

```
<a href="http://www.baidu.com"> 百度一下 </a>
```

而不能使用下面的错误格式。

```
<a href="www.baidu.com"> 百度一下 </a>
```

提示 通常，浏览器地址栏中可以省略要访问的网页文件名称，Internet 上的大多数计算机都自动为特定地址或目录文件夹返回主页。也就是说，当访问 http://www.baidu.com 时，其实访问的是 http://www.baidu.com/index.php。当然，这只能发生在主页存在的情况下，否则还是要输入完整的网页名称。

3.5.3 设置链接的目标窗口

使用 target 属性可以定义链接打开的目标窗口或框架。例如，可以指定打开一个新的浏览器窗口打开链接，或者就在当前窗口打开链接。例如，下面的定义将打开一个新窗口导航到百度的网站。

```
<a href="http://www.baidu.com" target="_blank"> 百度一下 </a>
```

如果在网页内定义了框架，就可以为框架窗口命名，这样可以要求链接目标在指定的框架窗口内打开。关于框架的内容，将在后续章节中介绍。

下表列出了 target 属性的适用属性值及其功能说明。

属性值	功能描述
_blank	将链接的文档载入一个新的、未命名的浏览器窗口
_parent	将链接的文档载入包含该链接的框架的父框架集或窗口。如果包含链接的框架没有嵌套，则相当于 _top，链接的文档就载入整个浏览器窗口
_self	将链接的文档载入链接所在的同一框架或窗口。此目标是默认的，所以通常不需要指定
_top	将链接的文档载入整个浏览器窗口，从而删除所有框架

除了上面列出的保留名称可以使用下划线开头，其他的自定义目标名称必须以字母开始（a~z 或者 A~Z），并且遵循 id 属性和 name 属性的属性值定义规定，否则，浏览器会忽略该目标名称。

3.5.4 设置链接的提示信息

使用属性 title 可以指明该链接的信息，当鼠标指针指向链接时，就会出现一个提示框显示该链接的说明，或者如果用户配备有屏幕阅读程序，那么当聚焦到该链接时，屏幕阅读程序就会读出该链接的说明。例如，代码清单 3-5-4-1 定义了 title 属性，当将鼠标指针移到链接文本上方时会显示“前往百度搜索”。

【范例 3.19】 设置链接的提示信息（代码清单 3-5-4-1）

```
01    <!DOCTYPE HTML PUBLIC "-//W3C//DTD HTML 4.01 Transitional//EN" “http://
www.w3.org/TR/ html4/loose.dtd">
02    <html>
03    <head>
04    <meta http-equiv="Content-Type" content="text/html; charset=utf-8">
05    <title> 设置链接的提示信息 </title>
06    </head>
07    <body>
08    <a href="http://www.baidu.com" target="_blank" title=" 前往百度搜索 "> 百度一下 </a>
09    </body>
10    </html>
```

【运行结果】

在浏览器中打开该网页，显示效果如下图所示。

3.5.5 使用锚链接到同一个网页的不同部分

在制作网页时，可能会出现网页内容比较长的情况，这样浏览网页时就会很不方便。要解决这个问题，可以使用超链接定义锚点在网页开头的地方制作一个向导链接，当点击这些向导链接时，网页会滚动到特定的目标。例如，代码清单 3-5-5-1 描述了一个用来介绍 HTML、CSS 3 及 JavaScript 概述的网页。

【范例 3.20】 使用锚链接到同一个网页的不同部分（代码清单 3-5-5-1）

```
01    <!DOCTYPE HTML PUBLIC "-//W3C//DTD HTML 4.01 Transitional//EN" “http://
www.w3.org/TR/ html4/loose.dtd">
02    <html>
03    <head>
04    <meta http-equiv="Content-Type" content="text/html; charset=utf-8">
05    <title> 使用锚链接到同一个网页的不同部分 </title>
06    </head>
07    <body>
08    <h1 style="text-align:center"> 网页设计技术 </h1>
```

```
09    <a href="#html">HTML 概念 </a><br/>
10    <a href="#css3">CSS3 概念 </a><br/>
11    <a href="#javascript">JavaScript 概念 </a>
12    <hr/>
13    <a id="html"></a>
14    <h3>HTML</h3>
15    <p>
16    <!--这里是 HTML 介绍的文本 -->
17    </p>
18    <a id="css3"></a>
19    <h3>CSS3</h3>
20    <p>
21    <!--这里是 CSS3 介绍的文本 -->
22    </p>
23    <a id="javascript"></a>
24    <h3>Javascript</h3>
25    <p>
26    <!--这里是 javascript 介绍的文本 -->
27    </p>
28    </body>
29    </html>
```

【运行结果】

在浏览器中打开该网页，显示效果如下图（左）所示。当单击“JavaScript 介绍”时，网页浏览器会滚动到 <a id="javascript"> 所在的网页位置，如下图（右）所示。

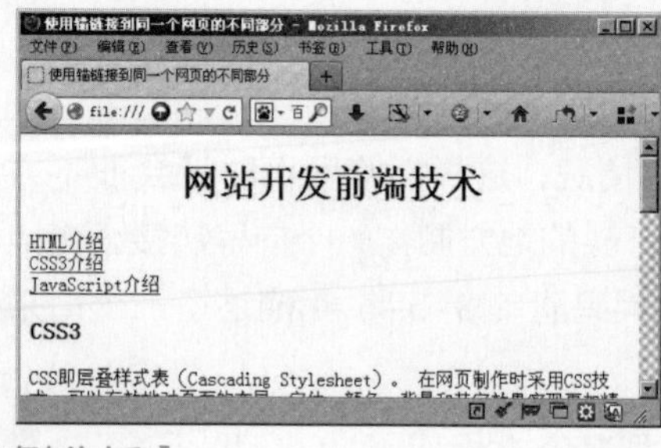

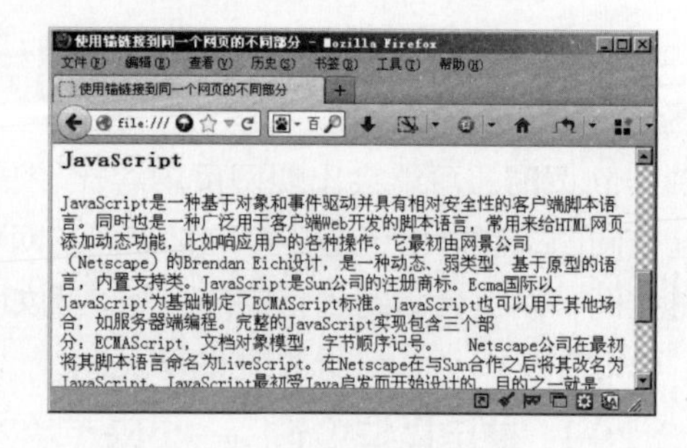

【范例分析】

上面这段代码用 3 个 <a> 标签定义了 3 个锚点，分别为 <a id="html"></a>、<a id="css3"></a>、<a id="javascript"></a>。这里，<a> 标签为其在网页中的位置指定了一个名称，且 <a/ 标签的 id 属性必须有唯一的名称，但 <a> 和 </a> 标签之间不一定需要文本。

同时使用 3 个 <a> 标签定义了指向这 3 个锚点的链接，分别为 <a href="#html">HTML</a>、<a href="#css3">CSS3</a>、<a href="#javascript">Javascript</a>。这里，符号 # 指出 javascript（或者 html 或者 css3）是当前文档中的一个锚点的名称，而不是另一个页面。

3.5.6 使用锚链接到另一个网页的特定部分

被链接的锚点并不局限于同一个页面，可以链接到另一个网页中的锚点，为此只需要指定网页的地址或文件名，再加上 # 和锚点名。例如，代码清单 3-5-6-1 和代码清单 3-5-6-2 分别显示了 page3.html 和 page4.html 文档的部分代码，在 page4.html 中定义了一个锚点名称 javascript，在 page3.html 文档中创建链接，并且链接到 page4.html 文档中的 javascript 锚点。

【范例 3.21】 page3.html 文档的部分代码（代码清单 3-5-6-1）

```
01	<!DOCTYPE HTML PUBLIC "-//W3C//DTD HTML 4.01 Transitional//EN"  "http://
www.w3.org/TR/ html4/loose.dtd">
02	<html>
03	<head>
04	<meta http-equiv="Content-Type" content="text/html; charset=utf-8">
05	<title> 使用锚链接到另一个网页的特定部分 </title>
06	</head>
07	<body>
08	<h1 style="text-align:center"> 网站开发前端技术 </h1>
09	<a href="page4.html#html">HTML 介绍 </a><br/>
10	<a href="page4.html#css3">CSS3 介绍 </a><br/>
11	<a href="page4.html#javascript">JavaScript 介绍 </a>
12	</body>
13	</html>
```

【范例 3.22】 page4.html 文档的部分代码（代码清单 3-5-6-2）

```
01	<!DOCTYPE HTML PUBLIC "-//W3C//DTD HTML 4.01 Transitional//EN"  "http://
www.w3.org/TR/ html4/loose.dtd">
02	<html>
03	<head>
04	<meta http-equiv="Content-Type" content="text/html; charset=utf-8">
05	<title> 使用锚链接到另一个网页的特定部分 </title>
06	</head>
07	<body>
08	<a id="html"></a>
09	<h3>HTML</h3>
10	<p>
11	<!--这里是 HTML 介绍的文本 -->
12	</p>
13	<a id="css3"></a>
14	<h3>CSS3</h3>
15	<p>
16	<!--这里是 CSS3 介绍的文本 -->
```

```
17      </p>
18      <a id="javascript"></a>
19      <h3>JavaScript</h3>
20      <p>
21      <!--这里是 javascript 介绍的文本 -->
22      </p>
23      </body>
24      </html>
```

【运行结果】

在网页浏览器中打开 page3.html，显示效果如左下图所示，当点击文本链接“JavaScript 介绍”时，当前窗口将跳转到 page4.html 中锚点名称为 javascript 的位置，如右下图所示。

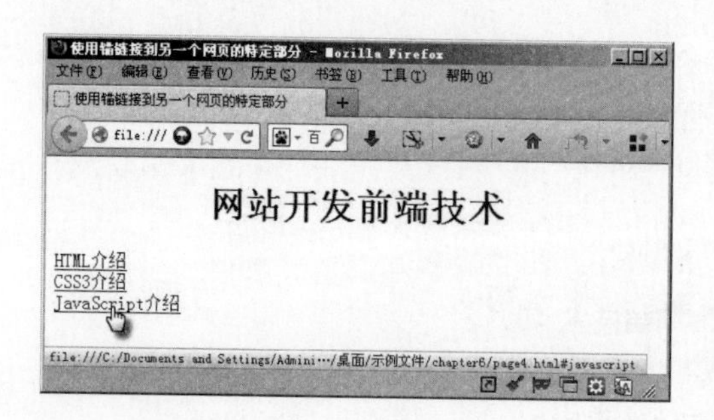

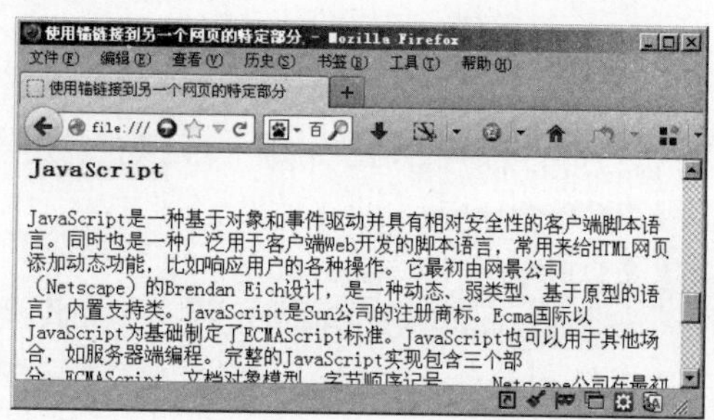

高手私房菜

本节视频教学录像：2 分钟

技巧 1：一级标题 h1 的使用

h1 元素用来表明顶级标题——页面上最重要的标题。因为逻辑上只能有一个“最重要的”标题，所以习惯上一个文档中 h1 只出现一次，通常用于作为网站的名称或者所浏览网页的标题。

技巧 2：元素属性的默认值

在设计网页文本对齐方式时，需要知道在 HTML 中的每个属性和样式规则都具有默认值，当没有设置属性时，浏览器就假定使用默认值。例如，<p> 标签的 text- align 样式规则的默认值是 left，因此使用空的 <p> 标签将具有与使用 <p style="text- align:left"> 相同的效果。了解常用样式规则的默认值是成为优秀 Web 页面开发人员的一个重要前提。

第

章

网页色彩和图片设计

本章视频教学录像：32 分钟

高手指引

在网页中使用图片，不仅能够增强网页的视觉效果，使网页充满生机，而且能直观、巧妙地表达出网页的主题，这是仅靠文字很难达到的效果。一个精美的网页不但能引起浏览者浏览网页的兴趣，而且在很多时候需要通过图片及相关颜色的配合来体现出网站的风格。

重点导读

- 掌握图像基础知识
- 在网页中使用图像
- 用图像代替文本作为超链接
- 使用图像映射
- 使用 Dreamweaver 创建图像映射

4.1 图像基础知识

本节视频教学录像：8 分钟

掌握图像的基础知识对于创建出漂亮的图片有很大的帮助。本章先介绍这些基础知识，包括图像的分辨率、网页中的图片格式及如何创建图片。

4.1.1 图像的分辨率

图像的分辨率是组成图像的点或像素。高分辨率的大型图像通常比低分辨率的小型图像需要更长的传输时间和显示时间。分辨率通常以图像的宽乘以高表示，单位是像素。例如，300×200 的图像宽 300 像素，高 200 像素。

分辨率不是图像文件大小和传输时间最主要的决定因素。这是因为网页上使用的图像总是以压缩格式存储和传输。图像压缩是一种数学运算，其基本原理是重复模式或相同颜色的大块区域在图像储存到磁盘上时可以马上删除。这使图像文件变得小得多，在 Internet 上传输也更快。网页浏览器在显示图像时再恢复图像原来的样子。

4.1.2 网页中的图片格式

网页中使用的图像可以是 GIF、JPEG、BMP、TIFF 和 PNG 等格式。虽然图像文件的格式相当多，但目前网页中最常用的是 GIP 和 JPEG 格式图像，所有可查看图像的浏览器均支持这两种格式。

但是如果在网页中过多地使用图像文件会直接影响浏览器打开网页的速度，从而导致用户失去耐心而离开页面，因此正确使用各种格式的图像文件就显得非常重要。下面就对网页中经常会用到的图像格式 GIF 和 JPEG 以及可能会用到的 PNG 格式进行介绍。

1. GIF 格式

网页中最常用的图像格式是 GIF（Graphical Interchange Format，可交换的图像格式），经过多次修改和扩充，其功能有了很大改进。

GIF 是由 Compuserve 公司提出的与设备无关的图像储存标准，也是 Web 上使用最早，应用最广泛的图像格式之一。其目的是作为网络上图片文件交换的标准，属于 256 色、采用无损压缩的图片文件格式。这意味着在压缩过程中原始的图像数据并没有减少，图像质量也不会有任何损失，进行图像格式转换时也不会有失真发生。

GIF 格式可以储存动画图片，这是它最突出的特点。用户在图像处理软件中制作好 GIF 动画中的每一幅单帧画面，然后把这些静止的画面连在一起，设定好帧与帧之间的时间间隔，保存成 GIF 格式，即可完成一个动画的制作。GIF 动画经常用作 Web 网页的广告。

使用 GIF 格式的图像最多可以使用 256 种颜色。此格式的特点是图像文件占用磁盘空间小、支持透明背景、支持动画和交织下载。

2. JPEG 格式

另一种经常使用的图像格式是 JPEG（Joint Photographic Experts Group，联合图像

专家组）格式。JPEG 文件的扩展名为 .jpg 和 .jpeg。JPEG 格式使用有损压缩的方式去除冗余的图像和彩色数据，在获取极高压缩率的同时又能展现图像的生动效果，特别适合在网上发布照片。

下面是 JPEG 格式的特性。

(1) 支持大约 1670 万种颜色，可以极好地再现摄影图像，尤其是色彩丰富的大自然照片。

(2) JPEG 格式支持很高的压缩率，文件占用磁盘空间小。

(3) 有损压缩的 JPEG 格式可能会造成图像质量上的损失。

3. PNG 格式

GIF 格式允许在图片中添加透明效果，但最多只允许使用 256 种颜色。JPEG 格式虽然允许使用 256 种以上的颜色，但不允许实现透明效果。PNG 格式综合了这两种文件格式的优点，它可以包含 256 种以上的颜色，可以具有透明的背景，还可以有效地降低文件大小。

PNG（Portable Network Graphics）的中文意思是“可移植网络图形”，它是一种代替 GIF 格式的无专利权限制格式，它包括对索引色、灰度、真彩色图像以及 Alpha 通道透明的支持。PNG 文件可保留所有原始层、矢量、颜色和效果信息（如阴影），并且在任何时候所有元素都是可以完全编辑的。PNG 文件的扩展名为 .png。

了解了这 3 种图像格式，读者可能会疑问怎样选择使用正确的图像格式呢?

目前，GIF 和 JPEG 格式的支持情况最好，大多数浏览器都可以查看它们。由于 PNG 文件具有较大的灵活性，而且文件大小较小，所以它对于几乎任何类型的 Web 图片都是最适合的。

但是 Microsoft Internet Explorer(4.0 和更高版本）和 Netscape Navigator(4.04 和更高版本）只能部分支持 PNG 图片的显示。因此，除非是正在为使用支持 PNG 格式的浏览器的特定目标用户进行设计，否则请使用 GIF 或 JPEG 以迎合更多人的需求。

当然，如果要使用透明的图像，就只能选择使用 GIF 或者 PNG 格式的图像了。

4.1.3 怎样创建图片

图像编辑软件允许选择并修改图片中的各个像素，每一幅图片都是由一个个的像素组成的。像素是指显示中单独绘制的一个点，图像便是由数千个、数万个这样的点组成的。

不同格式的图片虽然最终呈现“可以”相同，也就是呈现出来的像素相同，但是，图片一般都是经过压缩的，其压缩方法不同，大小也不同。

使用图像编辑软件可以将各种格式的图片打开，进行编辑、修改，最终都是修改图片中的各个像素，并可以将它们重新转换并保存为不同格式的图片。目前，有很多种图像编辑软件，如 Photoshop 和 Fireworks 等，另外，也可以使用 Windows 操作系统附带的画图程序（选择【开始】➤【所有程序】➤【附件】➤【画图】命令就可以启动）。

例如，使用 Fireworks 作为图像编辑软件来展示编辑图片的工作流程。首先获取各种格式的图片，这些图片被称为素材图片。可以从很多渠道获取这些图片：网站上下载、购买素材光盘、从扫描仪和数码相机获取。

❶ 打开 Fireworks 软件，选择【文件】➤【打开】，选择所要编辑的图片，并打开该图片。

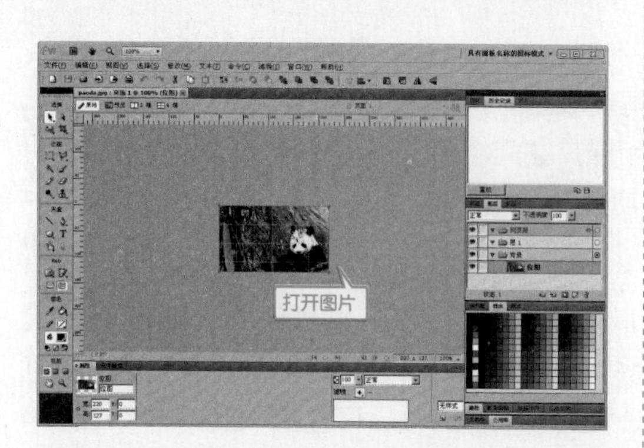

❷ 根据需要进行编辑，编辑好图片后需要将图片导出或保存为 jpeg、png 或其他格式的图片，然后就可以在编辑网页时使用这些图像了，如下图所示。

4.2 在网页中使用图像

本节视频教学录像：7 分钟

了解了图像的基础知识后，下面介绍如何在网页中插入图像。在网页中插入图像是通过在 HTML 中添加到图片的路径链接来实现的。

4.2.1 在网页中插入图像标记

使用 <img> 标签可以实现在网页插入图像的功能，并且可以使用该标签设置图片的位置、幅面大小、边框、与文本混合排版等功能。代码清单 4-2-1-1 显示了一个只包含 src 和 alt 属性的 img 元素，并且这两个属性是保证 img 有效性的最起码要求。

【范例 4.1】 在网页中插入图像标记（代码清单 4-2-1-1）

```
01    <!DOCTYPE HTML PUBLIC "-//W3C//DTD HTML 4.01 Transitional//EN" “http://
www.w3.org/TR/ html4/loose.dtd">
02    <html>
03    <head>
04    <meta http-equiv="Content-Type" content="text/html; charset=utf-8">
05    <title> 在网页中插入图像标记 </title>
06    </head>
07    <body>
08    <img src=” panda.jpg” alt=” 这是一只熊猫” />
09    </body>
10    </html>
```

【运行结果】

在浏览器中打开该网页，显示效果如下图所示。

4.2.2 设置图像源文件

只需要使用 <img> 标签的 src 属性，即可将图片链入 HTML 文档。src 属性指定图片文件的 URL 地址，可以是绝对地址，也可以是相对地址。例如，在代码清单 4-2-1-1 中使用 src 属性引用了 panda.jpg 图片。在浏览器中查看网页时，浏览器就会下载图片并在浏览器中显示出来。

4.2.3 设置图像在网页中显示的宽度和高度

img 元素的 width 属性和 height 属性分别表示图片宽度和高度的像素值（注意，不能使用相对值），当没有指定这两个属性时，图片将以原始大小显示，指定了宽度和高度后，图片的幅面就以指定值为准，图片按照既定的尺寸扩展或缩小。

也可以单独指定 width 属性和 height 属性中的任意一个，宽度或高度其中一边保持不变，而另一边可能发生变化，这样就有可能拉伸图片。例如，代码清单 4-2-3-1 使用了 3 个 img 元素，但是这 3 个 img 元素引用的是同一个图像资源 panda.jpg，将这 3 组 width 及 height 属性设置为不同值，在浏览器中查看显示效果。

【范例 4.2】 设置图像在网页中显示的宽度和高度（代码清单 4-2-3-1）

```
01	<!DOCTYPE HTML PUBLIC "-//W3C//DTD HTML 4.01 Transitional//EN" “http://
www.w3.org/TR/ html4/loose.dtd">
02	<html>
03	<head>
04	<meta http-equiv="Content-Type" content="text/html; charset=utf-8">
05	<title> 设置图像在网页中显示的宽度和高度 </title>
06	</head>
07	<body>
08	<img src="panda.jpg" width="220" height="127" />
09	<hr />
10	<img src="panda.jpg" width="300" height="127" />
11	<hr />
12	<img src="panda.jpg" width="110" height="63" />
13	</body>
14	</html>
```

【运行结果】

在网页中浏览，就可以看到如下图所示的效果。

第一行代码实际是使用默认的图片大小，width 属性和 height 属性完全可以省略；第二行代码改变 width 属性值，实际上是横向拉伸图片，并且 height 属性使用的是默认图片大小，因此也可以省略。这行代码与下面一行代码的效果完全相同。

```
<img src="panda.jpg" width="300" />
```

第三行代码将图片幅面等比例缩放，注意，由于是像素值，不能使用浮点数（小数），所以可能会出现不是完全等比例缩放的情况。

提示 即使图像按原尺寸显示，也要在 HTML 中指明高度和宽度，这样会加快网页显示速度。为图像指定的 width 和 height 不一定要与图像实际的宽和高相等。不相等时，网页浏览器将图像自动缩小或拉伸到指定大小。通常不建议这样做，因为浏览器在调整图像大小方面做得并不好，最好在图像编辑器中调整好图像的大小。

4.2.4 设置图像的替换文字

由于一些原因，如网络速度太慢、浏览器版本过低、用户可能关闭了浏览器的自动下载功能等，图像可能无法正常显示，因此应该为图像设置一个替换文本，用于图像无法显示时告诉浏览者该图片的内容。

这里需要使用“alt”属性来实现，alt 表示“alternate”（替换文本）。例如，代码清单 4-2-4-1（为方便演示效果，这里将 src 属性值设置为一个不存在的图像资源）设置 alt 的属性值为“这是一只熊猫”，当浏览器无法显示图片时，显示该文字。

【范例 4.3】 设置图像的替换文字（代码清单 4-2-4-1）

```
01    <!DOCTYPE HTML PUBLIC "-//W3C//DTD HTML 4.01 Transitional//EN" "http://
www.w3.org/TR/ html4/loose.dtd">
02    <html>
03    <head>
04    <meta http-equiv="Content-Type" content="text/html; charset=utf-8">
05    <title> 设置图像的替换文字 </title>
06    </head>
```

```
07	<body>
08	<img src="no-panda.jpg" width="220" height="127" alt=" 这是一只熊猫 " />
09	</body>
10	</html>
```

【运行结果】

在浏览器中打开该网页，可以看到如下图所示的显示效果。

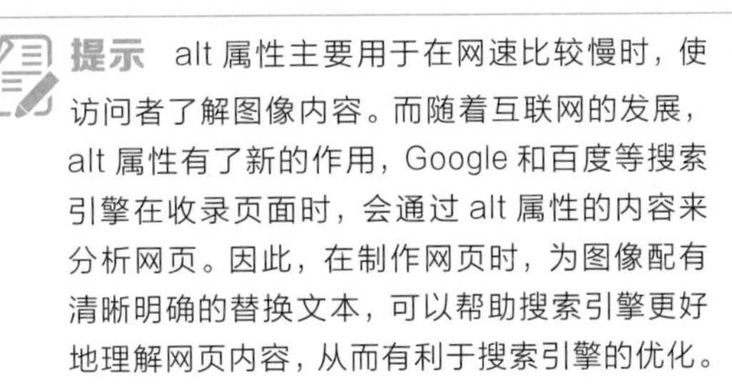
提示　alt 属性主要用于在网速比较慢时，使访问者了解图像内容。而随着互联网的发展，alt 属性有了新的作用，Google 和百度等搜索引擎在收录页面时，会通过 alt 属性的内容来分析网页。因此，在制作网页时，为图像配有清晰明确的替换文本，可以帮助搜索引擎更好地理解网页内容，从而有利于搜索引擎的优化。

4.2.5 设置图像的提示文字

平时浏览某个网站时是不是会发现一个很特别的现象，当把鼠标指针停留某些网站的图片上时，会在鼠标指针上方显示一个工具性提示，这个提示对图像进行了简单的描述。

例如，代码清单 4-2-5-1，设置 title 的属性值为“熊猫”，当把鼠标指针停留在图片上方时，便会出现一个工具性提示，显示“熊猫”文字。

【范例 4.4】 设置图像的提示文字（代码清单 4-2-5-1）

```
01	<!DOCTYPE HTML PUBLIC "-//W3C//DTD HTML 4.01 Transitional//EN" “http://
www.w3.org/TR/ html4/loose.dtd">
02	<html>
03	<head>
04	<meta http-equiv="Content-Type" content="text/html; charset=utf-8">
05	<title> 设置图像的提示文字 </title>
06	</head>
07	<body>
08	<img src="panda.jpg" width="220" height="127" alt=" 这是一只熊猫 " title=" 熊猫 " />
09	</body>
10	</html>
```

【运行结果】

在浏览器中打开该网页，可以看到如下图所示的显示效果。

4.2.6 设置图像的边框

border 属性用于定义图像边框的宽度（粗细程度），以像素为单位，默认值为 0（表示无边框）。例如，代码清单 4-2-6-1 将图像的边框宽度设置为 3 像素。

【范例 4.5】 设置图像的边框（代码清单 4-2-6-1）

```
01	<!DOCTYPE HTML PUBLIC "-//W3C//DTD HTML 4.01 Transitional//EN" "http://www.w3.org/TR/ html4/loose.dtd">
02	<html>
03	<head>
04	<meta http-equiv="Content-Type" content="text/html; charset=utf-8">
05	<title> 设置图像的边框 </title>
06	</head>
07	<body>
08	<img src="panda.jpg" alt=" 这是一只熊猫 " title=" 熊猫 " border="3" />
09	</body>
10	</html>
```

【运行结果】

在浏览器中打开该网页，可以看到下图所示的显示效果。

4.3 用图像代替文本作为超链接

本节视频教学录像：3 分钟

由于 img 元素是行内级元素，所以，可以使用 a 元素为图片定义超链接。单击该图片就会跳转到所指向的文档。例如，代码清单 4-3-1 使用 img 元素代替开始标签 <a> 与结束标签 </a> 之间的文本。

【范例 4.6】 用图像代替文本作为超链接（代码清单 4-3-1）

```
01	<!DOCTYPE HTML PUBLIC "-//W3C//DTD HTML 4.01 Transitional//EN" "http://www.w3.org/TR/ html4/loose.dtd">
02	<html>
03	<head>
04	<meta http-equiv="Content-Type" content="text/html; charset=utf-8">
05	<title> 用图像代替文本作为超链接 </title>
```

```
06      </head>
07      <body>
08      <a href="other.html"><img src="panda.jpg" /></a>
09      </body>
10      </html>
```

【运行结果】

在浏览器中打开该网页，可以看到左下图所示的显示效果。

观察效果图，可以发现当把鼠标指针放在图片上方时，浏览器下方出现了单击鼠标时将会链接到的网页路径。读者做测试时，单击网页将会链接到 other.html。

这里需要注意的是，在某些浏览器中图片周围会出现蓝色的边框，比如在 IE 浏览器中，如右下图所示。

如果不想让蓝色边框出现，就必须为 img 元素定义 border 属性值为 0，即设置 img 的属性如下。

```
<a href="other.html"><img src="panda.jpg" border="0"/></a>
```

4.4 使用图像映射

本节视频教学录像：12 分钟

上一节介绍了使用图片可以替换文本作为超链接，其实图片的超链接还有一种方式，那就是图像映射（或者称为图像热点区域）。

4.4.1 选定文本

所谓图像映射，就是将一幅图片划分出若干链接区域，单击不同的区域会链接到不同的目标网页。例如，代码清单 4-4-1-1 创建了一个图像映射（由于篇幅限制，此处代码省略，读者可以参考随书光盘中的“代码清单 \4-4-1-1.html”文件）。

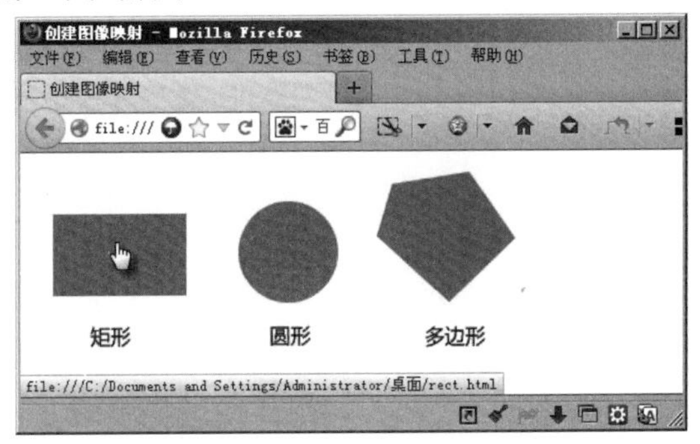

认真观察上图可以发现，凡是绘制了映射的区域，鼠标指针移上去时都会变成手形，并且状态栏显示单击鼠标后该映射区域将要链接到的网址。

下面对代码清单 4-4-1-1 进行详细解释。如代码清单 4-4-1-1 所示，在 <img> 标签的后面是热点区域的相关代码，它是通过 <map> 标签的 <area> 标签来定义的。这个 <area> 标签可以这样理解：在图片上画出一个区域来，就像画出一个地图一样，并为这个区域命名，然后在 <img> 标签中插入图片并使用该地图的名称。

(1) <map> 标签只有一个属性，即 name 属性，其作用就是为区域命名，其值可以随意设置。

(2) <img> 标签除起到插入图片的作用外，还需要引用区域名称，这就要加入一个 usemap 属性，其值为 <map> 标签中 name 属性值再加上井号“#”。例如，设置了“<map name=“pic”>”，则“<img usemap=”#pic”>”。

(3) <area> 标签有 5 个属性。

第 1 个为 shape 属性，控制划分区域的形状，其值有 3 个，分别是 rect（矩形）、circle（圆形）和 poly（多边形）。

第 2 个为 coords 属性，控制区域的划分坐标。

如果前面设置的是“shape=rect”，那么 coords=“x1,y1,x2,y2”，第一个坐标是矩形一个角的顶点坐标，另一对坐标是对角的顶点坐标，"0,0" 是图像左上角的坐标。请注意，定义矩形实际上是定义带有 4 个顶点的多边形的一种简化方法。

如果前面设置的是“shape=circle”，那么 coords=“x,y,r”，这里的 x 和 y 定义了圆心的位置（"0,0" 是图像左上角的坐标），r 是以像素为单位的圆形半径。

如果前面设置的是“shape=poly”，那么 coords=“x1,y1,x2,y2,x3,y3,…”，每一对 "x,y" 坐标都定义了多边形的一个顶点（"0,0" 是图像左上角的坐标）。定义三角形至少需要 3 组坐标，多边形的边数越多，需要的顶点数就越多。

> **提示** 热点区域的坐标是相对于热点区域所在的图片来设置的，而不是以浏览器窗口为参考进行设置。这样如果设置的坐标值超出了图片的长宽范围，就不能显示出热点区域了。

第 3 个为 href 属性，用于设置超链接的目标。

第 4 个为 target 属性，决定链接页面弹出方式，这里如果设置为“_blank”，那么矩形映射区域链接到的页面将在浏览器的新窗口打开。如果不设置该属性，就表示在原来的浏览器窗口中显示链接到的目标页面。

第 5 个为 alt 属性，用于设置与给区域形状相关联的一小段文字。当将鼠标指针指向该区域时，大多数浏览器（除 Firefox）将显示一个小窗口，显示文字提示，这个窗口虽然小，却很重要。Firefox 在提示时，使用的是 title 属性而不是 alt 属性，这也就是为什么应尽量为图像同时提供 alt 和 title 两个属性的原因。

4.4.2 使用 Dreamweaver 创建图像映射

前面介绍了图片热点区域的制作方法。计算区域的坐标值是很麻烦的，怎么才能方便地设置自己想要的热点区域的位置呢？使用 Dreamweaver 就可以很方便地实现。请看下面的案例。

❶ 创建一个新文档，然后在文档中插入一张有 3 个形状的图像，如下图所示。

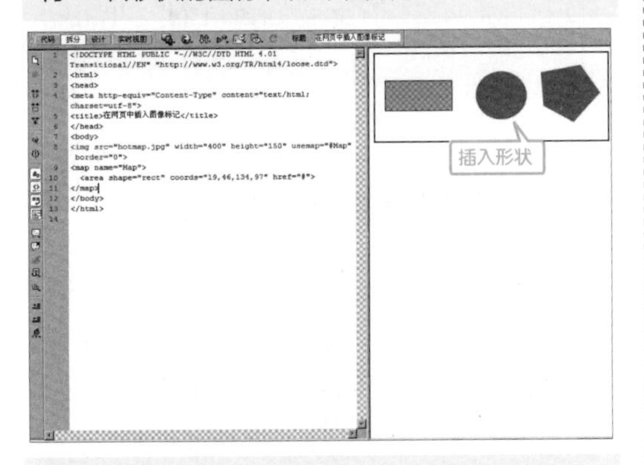

❷ 保持图片的选中状态，在 Dreamweaver 中打开“属性”面板。面板左下角有 3 个蓝色图标按钮，依次代表矩形、圆形和多边形热点区域。单击左边的“矩形热点”工具图标，如下图所示。

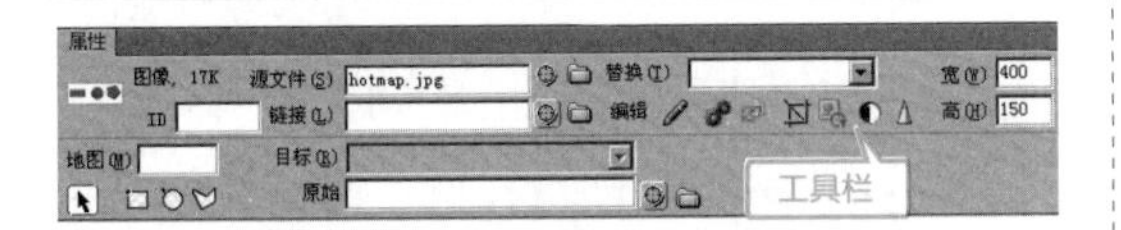

❸ 将鼠标指针移动到被选中图片的矩形左上角，然后通过拖曳鼠标，得到一个与矩形大小差不多的矩形热点区域，如下图所示。

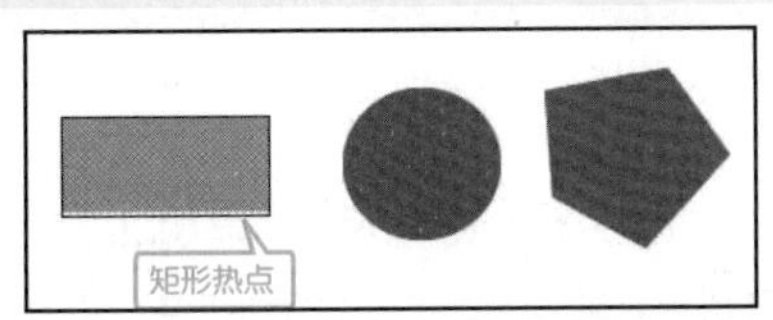

❹ 绘制出来的热点区域呈现出半透明状态，效果如下图所示。

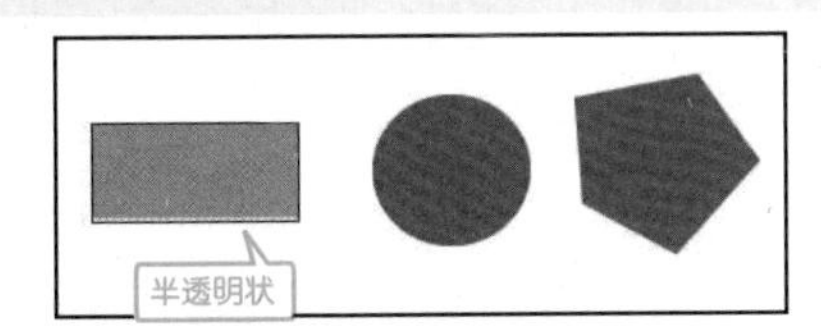

❺ 如果绘制出来的矩形热点区域有误差，可以通过“属性”面板中的“指针热点”工具进行编辑，如下图所示。

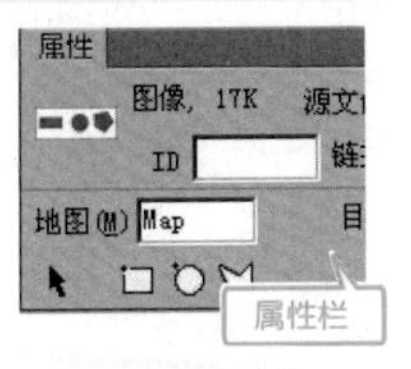

❻ 完成上述操作后，保持矩形热点区域的选中状态，在“属性”面板中的“链接”文本框中输入该热点区域链接对应的跳转目标页面，如下图所示。

❼ 在“目标”下拉列表框中有 4 个选项，它们决定链接页面的弹出方式，选择“_blank”，表示矩形热点区域的链接页面将在新的窗口中弹出，如果“目标”选项保持空白，就表示仍在原来的浏览器窗口中显示链接的目标页面。这样，矩形热点区域就设置好了，如下图所示。

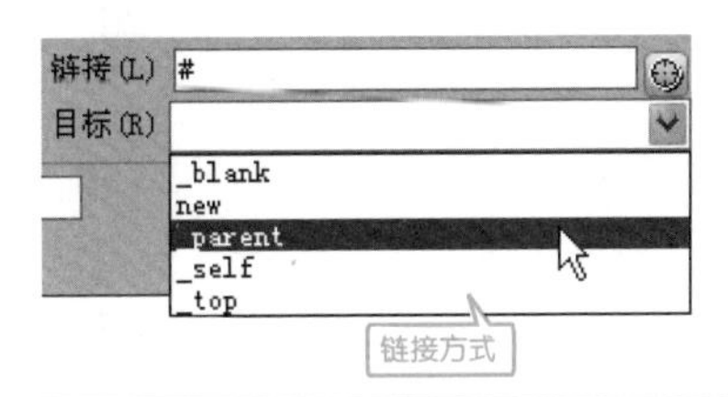

提示 选择“_parent”表示在当前窗口的父窗口中显示被链接的页面；选择“_self”表示在当前窗口中显示被链接的页面；选择“_top”表示在最顶端的窗口中显示被链接的页面。

❽ 继续选中文档窗口中的图片，选择“属性”面板中的“圆形热点”工具，在圆形附近拖曳鼠标，为图片中的圆形绘制一个热区。同理，使用“属性”面板中的“多边形热点”工具，依次单击多边形的各个顶点，为图片中的多边形绘制一个不规则热区，这时在 Dreamweaver 的设计图如下图所示。

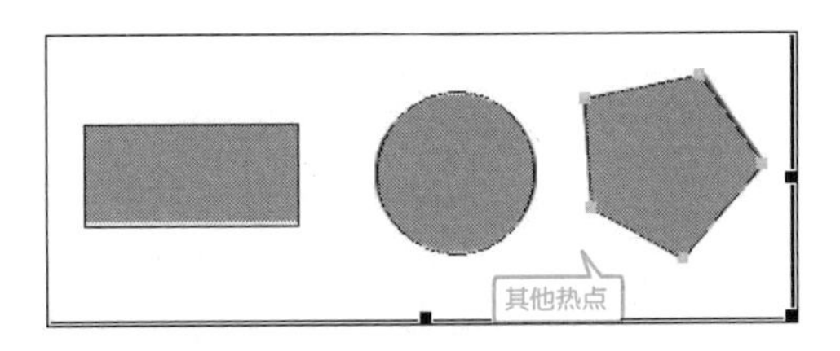

❾ 完成后保存并预览页面，可以发现，将鼠标指针移动到热区上方时，鼠标指针会变成手形，单击就会跳转到相应的页面。

此时页面相应的 HTML 源代码如下。

```
01    <!DOCTYPE HTML PUBLIC "-//W3C//DTD HTML 4.01 Transitional//EN" "http://www.w3.org/TR/ html4/loose.dtd">
02    <html>
03    <head>
04    <meta http-equiv="Content-Type" content="text/html; charset=utf-8">
05    <title> 辅助：利用 Dreamweaver 创建图像映射 </title>
06    </head>
07    <body>
08    <img src="hotmap.jpg" width="400" height="150" usemap="#Map" border="0">
09    <map name="Map">
10     <area shape="rect" coords="20,46,134,99" href="#">
11     <area shape="circle" coords="217,72,42" href="#">
12     <area shape="poly" coords="285,34,347,22,381,68,338,116,288,90" href="#">
13    </map>
14    </body>
15    </html>
```

可以看到，Dreamweaver 自动生成的 HTML 代码结构和前面介绍的相同，但所有的坐标都是自动计算出来的，这正是 Dreamweaver 等网页设计软件的优秀之处，使用这些工具本质上和手工编写 HTML 代码没有区别，但可以提高工作效率。

高手私房菜

本节视频教学录像：2 分钟

技巧 1：关于浏览器安全色的问题

浏览器安全色是指：有 231 种颜色在使用 256 色（8 位）视频模式的计算机上显示得不那么模糊（其他 25 种颜色用于菜单等元素），有些网页制作者坚持使用这些颜色。但现在，因为真彩色或者高彩色计算机显示器已经是标准配置，它们能以同样的清晰度显示所有颜色，所以，如果图像程序能够显示使用十六进制数表示的颜色值，可在网页中使用十六进制数自定义颜色。也就是说，必须使用“浏览器安全色”的时代已经过去了。

技巧 2：关于图像映射

现代浏览器，如 Mozilla Firefox 和 Microsoft Internet Explorer，都支持两种实现图像映射的方法：客户端图像映射、服务器端图像映射。但现在，所有的图像映射都应该使用最新的方法实现，这就是客户端图像映射。没有理由再使用老式的服务器图像映射，因为网页浏览器对客户端图像映射的支持已经有很多年了。另外，关于图像映射还要说明的一点是，除非在很特殊的情况下，否则不需要使用图像映射。通常使用多幅图像，将它们摆列在一起，每幅图像作为一个单独链接指向不同的页面，这样比较简单，也更高效。

第5章

网页表格设计

本章视频教学录像：30 分钟

本章导读

在网页中使用表格可以使网页中的数据更加清晰明了，为网页浏览者提供人性化的服务，吸引更多的人访问网站。不过，需要明确表格在网页设计中的最主要作用是组织数据。这一点非常重要，因为至今为止，还有不少网页设计者使用表格来布局，这违背了表格的使用原则。

重点导读

- 了解表格的基本结构
- 掌握设置表格的方法
- 掌握合并单元格的方法
- 掌握使用 cellpadding 属性和 cellspacing 属性设定距离的方法
- 掌握为表格添加视觉效果的方法

5.1 表格的基本结构

本节视频教学录像：2 分钟

建立一个基本的表格，必须包含一组 <table></table> 标签、一组 <tr></tr> 标签以及一组 <td></td> 标签，这也是最简单的单元格表格。<table></table> 标签的作用是定义一个表格，<tr></tr> 标签的作用是定义表格中的一行，而 <td></td> 标签的作用是定义一个单元格。例如，代码清单 5-1-1 定义了一个 3 行 4 列的表格，使用 <table> 标签的 border 属性设置表格边框宽度为 1 像素，使用 <table> 标签的 align 属性使表格在网页中居中显示。

【范例 5.1】 表格的基本结构（代码清单 5-1-1）

```
01    <!DOCTYPE HTML PUBLIC "-//W3C//DTD HTML 4.01 Transitional//EN"  "http://www.w3.org/TR/ html4/loose.dtd">
02    <html>
03    <head>
04    <meta http-equiv="Content-Type" content="text/html; charset=utf-8">
05    <title> 表格的基本结构 </title>
06    </head>
07    <body>
08      <table border="1" align="center">
09    <tr>
10      <td>A1</td><td>A2</td><td>A3</td><td>A4</td>
11      </tr>
12      <tr>
13      <td>B1</td><td>B2</td><td>B3</td><td>B4</td>
14      </tr>
15      <tr>
16      <td>C1</td><td>C2</td><td>C3</td><td>C4</td>
17      </tr>
18    </table>
19    </body>
20    </html>
```

【运行效果】

在浏览器中打开该网页，显示效果如下图所示。

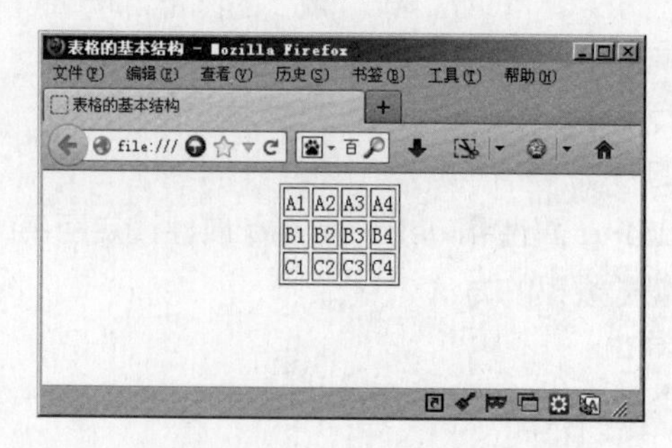

代码清单 5-1-1 定义了一个只有 3 行 4 列的基本表格，下面对该代码清单使用的表格标签进行讲解。

<table> 标签：用于标识一个表格。就如同 <body> 标签一样，告诉浏览器这是一个表格。<table> 标签中设置了一个 border 属性 <border=1>，它的作用是将表格的边框宽度设置为 1 像素。<table> 标签的 align 属性的作用是使整个表格在网页中居中显示。

<tr> 标签：用于标识表格的一行，也就是建立一行表格。代码中有多少个 <tr></tr> 标签对，就表示表格有多少行。

<td> 标签：用于标识表格的一列，也就是建立一个单元格。它必须放在 <tr></tr> 标签对里使用，一个 <tr></tr> 标签对内有多少对 <td></td> 标签就表示这行有多少列或者有多少个单元格。

提示 创建表格时还设计一个基本的标签：<th>，它与 <td> 标签类似，但表示的单元格是表头的一部分，大多数浏览器将 <th> 单元格中的文本居中对齐并显示为粗体。

5.2 控制表格的大小和边框的宽度

本节视频教学录像：4 分钟

可以通过设置 <table> 标签的 width 和 height 属性来控制表格的显示宽度和高度，使表格可以更好地适应网页大小。另外，还可以通过设置 <table> 标签的 border 属性来控制表格边框的显示宽度，这在想要隐藏表格边框时非常有用。

5.2.1 设置表格的宽度和高度

通常，表格及其单元格的大小会自动扩展，以适应其中包含的数据。可以在 <table> 标签中指定 width 和 height 属性来控制整个表格的大小，也可以在每个 <td> 标签里指定 width 和 height 属性来控制每个单元格的大小。width 和 height 可用像素或百分比来指定。

例如，代码清单 5-2-1-1 使用像素和百分比定义了一个 3 行 4 列的表格，设置表格的总宽度为 400px，总高度为 100px，其中在第二行中定义前 3 个单元格宽度分别占表格的宽度 30%，最后一个单元格宽度占表格宽度的 10%。

【范例 5.2】 设置表格的宽度和高度（代码清单 5-2-1-1）

```
01    <!DOCTYPE HTML PUBLIC "-//W3C//DTD HTML 4.01 Transitional//EN"  "http://
www.w3.org/TR/ html4/loose.dtd">
02    <html>
03    <head>
04    <meta http-equiv="Content-Type" content="text/html; charset=utf-8">
05    <title> 设置表格的宽度和高度 </title>
06    </head>
07    <body>
08    <table width="400px" height="100" border="1" align="center">
09    <tr>
```

```
10          <td>A1</td><td>A2</td><td>A3</td><td>A4</td>
11          </tr>
12          <tr>
13          <td width="30%">B1</td><td width="30%">B2</td><td width="30%">B3</td>
14      <td width="10%">B4</td>
15          </tr>
16          <tr>
17          <td>C1</td><td>C2</td><td>C3</td><td>C4</td>
18          </tr>
19      </table>
20      </body>
21      </html>
```

【运行效果】

在浏览器中查看该网页，显示效果如下图所示。

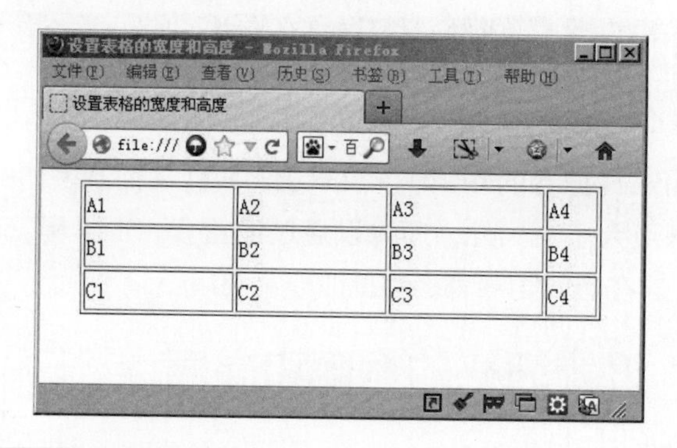

5.2.2 设置表格边框的宽度

使用 table 元素的 bordor 属性可以为表格定义边框宽度，默认情况下不定义 table 元素的 border 属性，表示表格不带边框。

例如，代码清单5-2-2-1定义两个3行4列的表格，定义边框宽度分别为0像素和4像素。

【范例 5.3】 设置表格边框的宽度（代码清单 5-2-2-1）

```
01      <!DOCTYPE HTML PUBLIC "-//W3C//DTD HTML 4.01 Transitional//EN" “http://
www.w3.org/TR/ html4/loose.dtd">
02      <html>
03      <head>
04      <meta http-equiv="Content-Type" content="text/html; charset=utf-8">
05      <title> 设置表格边框的宽度 </title>
06      </head>
07      <body>
08      <table width="400px" height="100" border="0" align="center">
09      <tr>
10          <td>A1</td><td>A2</td><td>A3</td><td>A4</td>
```

```
11        </tr>
12        <tr>
13        <td>B1</td><td>B2</td><td>B3</td><td>B4</td>
14        </tr>
15        <tr>
16        <td>C1</td><td>C2</td><td>C3</td><td>C4</td>
17        </tr>
18      </table>
19      <hr>
20      <table width="400px" height="100" border="4" align="center">
21      <tr>
22        <td>A1</td><td>A2</td><td>A3</td><td>A4</td>
23        </tr>
24        <tr>
25        <td>B1</td><td>B2</td><td>B3</td><td>B4</td>
26        </tr>
27        <tr>
28        <td>C1</td><td>C2</td><td>C3</td><td>C4</td>
29        </tr>
30      </table>
31      </body>
32      </html>
```

【运行效果】

在浏览器中查看该网页，显示效果如下图所示。

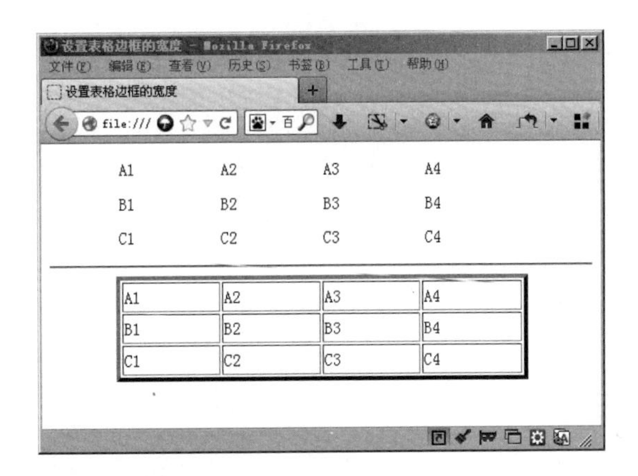

5.3 设置表格及表格单元格的对齐方式

本节视频教学录像：8 分钟

学会了怎样创建表格，还要知道如何控制表格在网页中的显示位置，以及如何控制表格中每一个单元格内文本的对齐方式，这些都是通过 <table> 标签的 align 属性以及 <tr> 或者 <td> 标签的 align 和 valign 属性实现的。

5.3.1 控制表格在网页中的对齐方式

在默认情况下，表格在网页的左侧对齐，但许多人喜欢将对齐方式改为网页居中对齐。使用 table 元素的 align 属性，也可以轻松实现。

align 属性值包括 left、center 和 right，分别表示左对齐、居中对齐和右对齐。

例如，代码清单 5-3-1-1 定义了 2 个表格，分别通过将 <table> 标签的 align 属性设置为 left 和 right 来控制表格在网页中左对齐和右对齐。

【范例 5.4】 控制表格在网页中的对齐方式（代码清单 5-3-1-1）

```
01    <!DOCTYPE HTML PUBLIC "-//W3C//DTD HTML 4.01 Transitional//EN"  "http://
www.w3.org/TR/ html4/loose.dtd">
02    <html>
03    <head>
04    <meta http-equiv="Content-Type" content="text/html; charset=utf-8">
05    <title> 控制表格在网页中的对齐 </title>
06    </head>
07    <body>
08      <table width="200" border="1" align="left">
09     <tr>
10       <td>A1</td><td>A2</td><td>A3</td>
11      </tr>
12      <tr>
13       <td>B1</td><td>B2</td><td>B3</td>
14      </tr>
15      <tr>
16       <td>C1</td><td>C2</td><td>C3</td>
17      </tr>
18    </table>
19    <table width="200" border="1" align="right">
20      <tr>
21       <td>A1</td><td>A2</td><td>A3</td>
22      </tr>
23      <tr>
24       <td>B1</td><td>B2</td><td>B3</td>
25      </tr>
26      <tr>
27       <td>C1</td><td>C2</td><td>C3</td>
28      </tr>
29    </table>
30    </body>
31    </html>
```

【运行效果】

在浏览器中查看该网页，显示效果如下图所示。

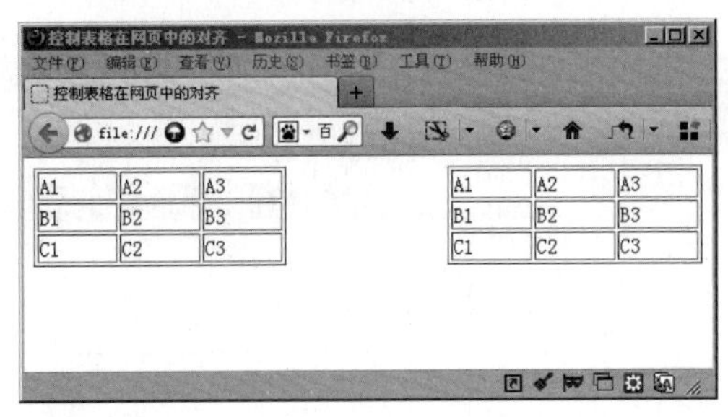

5.3.2　控制表格单元格的水平对齐

有时希望单元格中的文本居中对齐或者右对齐，因为单元格中的文本默认左对齐，可以通过为每一个 <td> 或者 <th> 标签设置 align 属性来实现这种效果。像 <table> 标签的 align 属性一样，<td> 标签的 align 属性也有 3 种值：left、center 和 right，分别控制单元格中的文本左对齐、居中对齐和右对齐。

例如，代码清单 5-3-2-1 定义了一个 3 行 3 列的表格，同时设置第一列单元格的 align 属性分别为 right、center 和 left，从而控制相应单元格中的文本右对齐、居中对齐和左对齐显示。

【范例 5.5】 控制表格单元格的水平对齐（代码清单 5-3-2-1）

```
01    <!DOCTYPE HTML PUBLIC "-//W3C//DTD HTML 4.01 Transitional//EN"  “http://
www.w3.org/TR/ html4/loose.dtd">
02    <html>
03    <head>
04    <meta http-equiv="Content-Type" content="text/html; charset=utf-8">
05    <title> 控制表格单元格的水平对齐 </title>
06    </head>
07    <body>
08    <table width="400" border="1" align="center">
09      <tr>
10        <td align="right"> 该文本右对齐 </td><td>A2</td><td>A3</td>
11      </tr>
12      <tr>
13        <td align="center"> 该文本居中对齐 </td><td>B2</td><td>B3</td>
14      </tr>
15      <tr>
16        <td align="left"> 该文本左对齐 </td><td>C2</td><td>C3</td>
17      </tr>
18    </table>
19    </body>
20    </html>
```

【运行效果】

在浏览器中查看该网页，显示效果如下图所示。

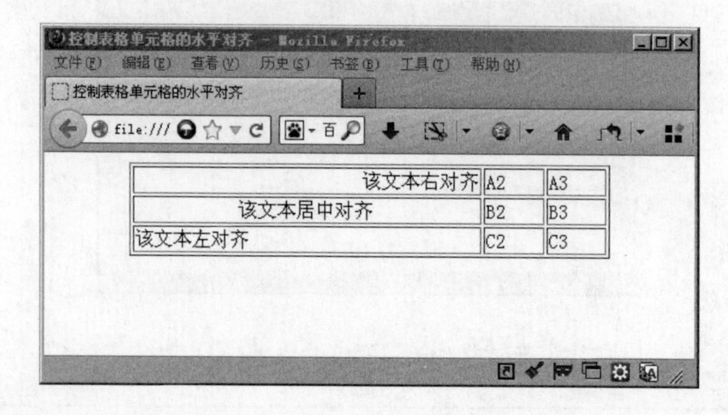

另外，当需要同一行中的所有文本都用同一种对齐方式显示时，只需要为该行的 <tr> 标签设置 align 属性即可，不需要为同一行中所有 <td> 标签的 align 属性设置值。

5.3.3 控制表格单元格的上下对齐

除了可以在水平方向控制表格文本的对齐方式外，还可以在垂直方向控制表格文本的对齐方式，这是通过<td>或者<tr>标签的valign属性来实现的。valign属性可以设置为“top”、“middle”和“bottom”，分别表示竖直靠上、竖直居中和竖直靠下对齐，默认是竖直居中对齐。

例如，代码清单 5-3-3-1 定义了一个 3 行 3 列的表格，其中第一行的 <td> 标签的 valign 属性分别设置为 top、middle 和 bottom。

【范例 5.6】 控制表格单元格的上下对齐（代码清单 5-3-3-1）

```
01    !DOCTYPE HTML PUBLIC "-//W3C//DTD HTML 4.01 Transitional//EN" “http://
www.w3.org/TR/ html4/loose.dtd">
02    <html>
03    <head>
04    <meta http-equiv="Content-Type" content="text/html; charset=utf-8">
05    <title> 控制表格单元格的上下对齐 </title>
06    </head>
07    <body>
08    <table width="400px" height="200px" border="1" align="left">
09      <tr>
10        <td valign="top">A1</td><td valign="middle">A2</td><td valign="bottom">A3</
td>
11      </tr>
12      <tr>
13       <td>B1</td><td>B2</td><td>B3</td>
14      </tr>
15      <tr>
```

```
16          <td>C1</td><td>C2</td><td>C3</td>
17        </tr>
18      </table>
19      </body>
20      </html>
```

【运行效果】

在浏览器中查看该网页，显示效果如下图所示。

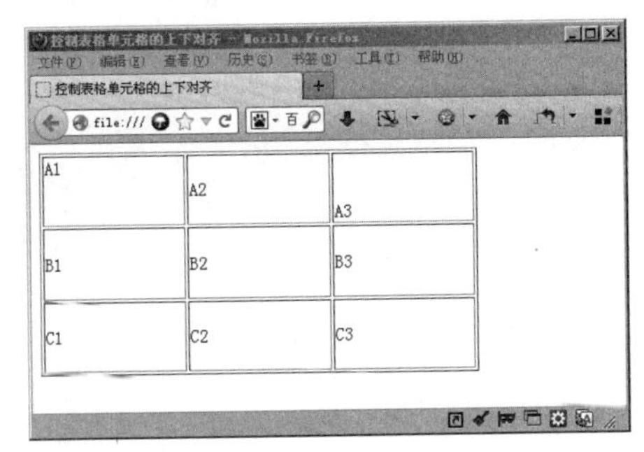

另外，当希望为同一行中的所有单元格文本指定相同的对齐方式时，并不需要为该行中的所有 <td> 标签分别指定 valign 属性，而只需为该行的 <tr> 标签设置 valign 属性即可，这样可以节约很多时间。

5.4 合并单元格

本节视频教学录像：4 分钟

并非所有的表格都只有几行几列，有时候还需要“合并单元格”，以符合某种内容上的需要。在 HTML 中，合并单元格的方向有两种，一种是上下合并，一种是左右合并，这两种合并方式各有不同的属性设定方法。

5.4.1 用 colspan 属性左右合并单元格

首先介绍如何左右合并单元格，所谓左右合并单元格，即为把原来相邻的两个或者多个单元格合并成一个单元格。这是通过为 <td> 标签设置 colspan 属性实现的，其中 colspan 属性值为要合并单元格的数量。

例如，代码清单 5-4-1-1 定义了一个 3 行 4 列的表格，并在第一组 <tr> 标签内的第二组 <td> 标签上设置 colspan 属性值为 2，以合并 2 个单元格。

【范例 5.7】 用 colspan 属性左右合并单元格（代码清单 5-4-1-1）

```
01      <!DOCTYPE HTML PUBLIC "-//W3C//DTD HTML 4.01 Transitional//EN"  "http://
www.w3.org/TR/ html4/loose.dtd">
02      <html>
03      <head>
04      <meta http-equiv="Content-Type" content="text/html; charset=utf-8">
05      <title> 用 colspan 属性左右合并单元格 </title>
```

```
06      </head>
07      <body>
08      <table width="400px" border="1" align="center">
09        <tr valign="top">
10          <td>A1</td><td colspan="2">A2A2</td><td>A4</td>
11        </tr>
12        <tr>
13          <td>B1</td><td>B2</td><td>B3</td><td>B4</td>
14        </tr>
15        <tr>
16          <td>C1</td><td>C2</td><td>C3</td><td>C4</td>
17        </tr>
18      </table>
19      </body>
20      </html>
```

【运行效果】

在浏览器中查看该网页，显示效果如下图所示。

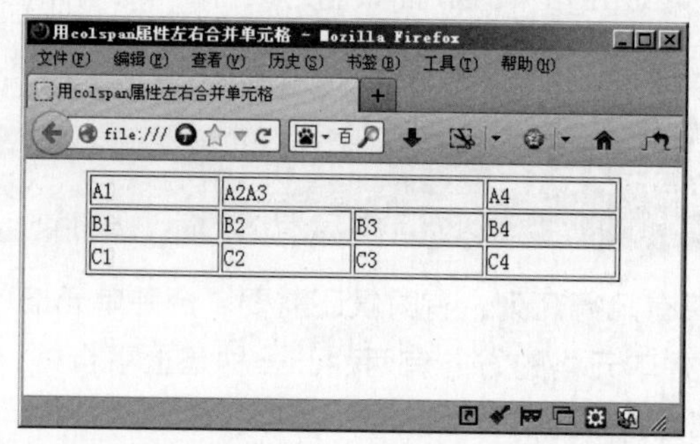

观察上图，可以看到在 <td> 标签中，将 colspan 属性设置为“2”，使单元格横跨两列。这样它后面的 A4 单元格仍然在原来的位置。

5.4.2 用 rowspan 属性上下合并单元格

除了左右相邻的单元格可以合并外，上下相邻的单元格也可以合并，这是通过为某一列的 <td> 标签指定 rowspan 属性值来实现的。类似于 colspan，rowspan 属性值为要上下合并单元格的数量。

例如，代码清单 5-4-2-1 定义了一个 4 行 3 列的表格，其中在第一列的第一组 <td></td> 标签指定 rowspan 属性，并设置其值为 2。

【范例 5.8】 用 rowspan 属性上下合并单元格（代码清单 5-4-2-1）

```
01      <!DOCTYPE HTML PUBLIC "-//W3C//DTD HTML 4.01 Transitional//EN" “http://
www.w3.org/TR/ html4/loose.dtd">
02      <html>
03      <head>
```

```
04      <meta http-equiv="Content-Type" content="text/html; charset=utf-8">
05      <title> 用 rowspan 属性上下合并单元格 </title>
06      </head>
07      <body>
08      <table width="400px" border="1" align="center">
09        <tr valign="top">
10          <td rowspan="2">A1<br>B1</td><td>A2</td><td>A3</td>
11        </tr>
12        <tr>
13          <td>B2</td><td>B3</td>
14        </tr>
15        <tr>
16          <td>C1</td><td>C2</td><td>C3</td>
17        </tr>
18      </table>
19      </body>
20      </html>
```

【运行效果】

在浏览器中查看该网页，显示效果如下图所示。

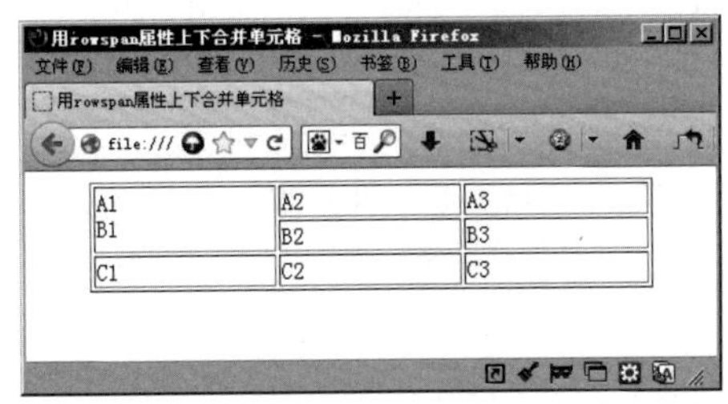

观察上图可以看到，A1 和 B1 单元格已经合并成一个单元格， 合并后的单元格跨越了两行来显示。

提示　同 colspan 的使用一样，使用 rowspan 合并单元格后，该列相应的单元格标签（<td></td>）就会减少。例如，这里原来的 B1 单元格的 <td> 和 </td> 标记就要被去掉，即合并 2 个单元格需要去掉 1 个 <td></td>，合并 n 个单元格就需要去掉 n-1 个 <td></td>。

5.5 用 cellpadding 属性和 cellspacing 属性设定距离

本节视频教学录像：3 分钟

首先需要说明的是，这里所说的距离是指相邻单元格边线之间的距离 (cellspacing)，以及单元格边线与内容之间的距离 (cellpadding)。通过在 <table> 标签中指定 cellspacing 和 cellpadding 属性，可以分别控制相邻单元格之间的距离及每一个单元格内文本等内容与该单元格边线的距离。

学会为 cellpadding 和 cellspacing 设置正确的值，就需要知道什么是内容到单元格边线的距离和单元格间距。

⑴ 内容到单元格边线距离是指单元格内容周围与单元格四边的间隔，可以认为这是单元格和其他内容的缓冲间隔。

⑵ 单元格间距是指表格中单元格间的间隔量，单元格间距好比两间屋子间墙壁的厚度。

例如，代码清单 5-5-1 定义了表格内容与单元格边线的间距为 6。

【范例 5.9】 定义表格内容与单元格边线的间距（代码清单 5-5-1）

```
01    <!DOCTYPE HTML PUBLIC "-//W3C//DTD HTML 4.01 Transitional//EN" “http://
www.w3.org/TR/ html4/loose.dtd">
02    <html>
03    <head>
04    <meta http-equiv="Content-Type" content="text/html; charset=utf-8">
05    <title> 设置内容到单元格边线间距 </title>
06    </head>
07    <body>
08    <table border="2" width="200px" height="200px" cellpadding="6" align="center">
09      <tr>
10        <td>A1</td><td>A2</td><td>A3</td><td>A4</td>
11      </tr>
12      <tr>
13       <td>B1</td><td>B2</td><td>B3</td><td>B4</td>
14      </tr>
15      <tr>
16        <td>C1</td><td>C2</td><td>C3</td><td>C4</td>
17      </tr>
18       <tr>
19       <td>D1</td><td>D2</td><td>D3</td><td>D4</td>
20      </tr>
21    </table>
22    </body>
23    </html>
```

【运行效果】

在浏览器中查看该网页，显示效果如下图所示。

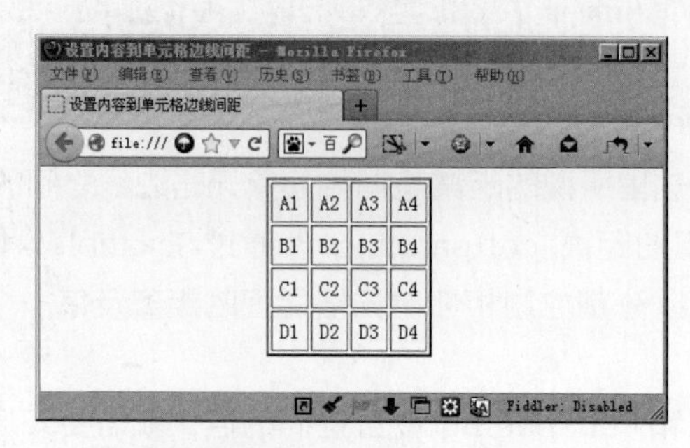

例如，代码清单 5-5-2 设置单元格间距为 6。

【范例 5.10】 设置单元格间距为 6（代码清单 5-5-2）

```
01	<!DOCTYPE HTML PUBLIC "-//W3C//DTD HTML 4.01 Transitional//EN" "http://www.w3.org/TR/ html4/loose.dtd">
02	<html>
03	<head>
04	<meta http-equiv="Content-Type" content="text/html; charset=utf-8">
05	<title> 设置单元格边距 </title>
06	</head>
07	<body>
08	<table border="2" width="200px" height="200px" cellspacing="6" align="center">
09	  <tr>
10	    <td>A1</td><td>A2</td><td>A3</td><td>A4</td>
11	  </tr>
12	  <tr>
13	   <td>B1</td><td>B2</td><td>B3</td><td>B4</td>
14	  </tr>
15	  <tr>
16	    <td>C1</td><td>C2</td><td>C3</td><td>C4</td>
17	  </tr>
18	   <tr>
19	    <td>D1</td><td>D2</td><td>D3</td><td>D4</td>
20	  </tr>
21	</table>
22	</body>
23	</html>
```

【运行效果】

在浏览器中查看该网页，显示效果如下图所示。

5.6 为表格添加视觉效果

本节视频教学录像：4 分钟

到目前为止，在本章中所看到的所有表格颜色都是浏览器的默认颜色，这些表格千篇一律、缺乏活力。本节将介绍如何设置表格或者表格单元格的背景颜色，以及如何设置表格或者单元格的背景图像，这样设计出来的表格才更加美观。

5.6.1 设置表格和单元格的背景颜色

设置表格的背景颜色是通过有关表格标签的 bgcolor 属性来完成的，指定为 table 标签时，对表格整体 <table> 应用背景颜色；指定为 <tr> 标签时，对所有指定的一行应用背景颜色；如果指定为 <th> 或者 <td> 标签，则对该单元格应用背景颜色。

例如，代码清单 5-6-1-1 定义了一个 3 行 4 列的表格，其中每行的 <tr> 标签分别设置 bgcolor 值为 red（红）、绿（green）、蓝（blue）。

【范例 5.11】 设置表格和单元格的背景颜色（代码清单 5-6-1-1）

```
01    <!DOCTYPE HTML PUBLIC "-//W3C//DTD HTML 4.01 Transitional//EN" "http://www.w3.org/TR/ html4/loose.dtd">
02    <html>
03    <head>
04    <meta http-equiv="Content-Type" content="text/html; charset=utf-8">
05    <title> 设置表格和单元格的背景颜色 </title>
06    </head>
07    <body>
08    <table border="1" width="200px" height="200px" cellpadding="6" align="center">
09      <tr bgcolor="red">
10        <td>A1</td><td>A2</td><td>A3</td><td>A4</td>
11      </tr>
12      <tr bgcolor="green">
13        <td>B1</td><td>B2</td><td>B3</td><td>B4</td>
14      </tr>
15      <tr bgcolor="blue">
16        <td>C1</td><td>C2</td><td>C3</td><td>C4</td>
17      </tr>
18    </table>
19    </body>
20    </html>
```

【运行效果】

在浏览器中查看该网页，显示效果如下图所示。

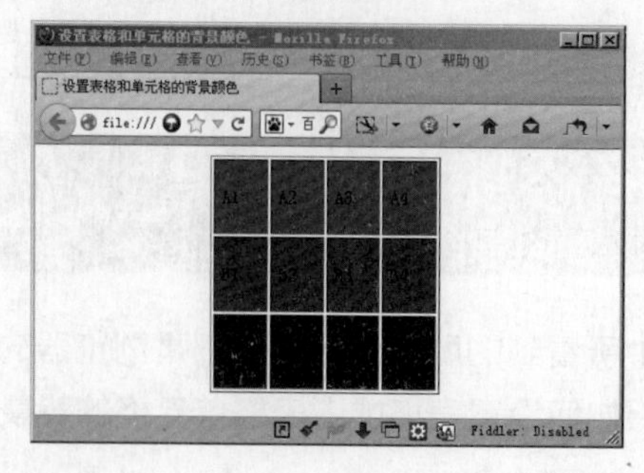

观察上图，可以看到表格中的 3 行分别以不同的颜色显示，当然可以只为 <table> 标签设置 bgcolor 属性值，甚至为每一个 <td> 或者 <th> 标签设置 bgcolor 属性值，读者可以自己尝试编写代码，并在浏览器中查看显示效果。

提示 bgcolor 的属性值可以为颜色字符（如 red、green、blue 等），也可以是十六进制的颜色值（如 #FF0000=red、#008000=green、#0000FF=blue 等）。
bgcolor 属性不推荐使用，如果要指定背景颜色，请尽可能地使用样式定义，例如，<tr bgcolor="red"> 要换成 <tr style="background-color:red;">。

5.6.2 设置表格和单元格的背景图像

除了可以使用 bgcolor 属性为表格指定背景颜色外，还可以使用 background 属性为表格指定背景图像。如果指定为 table 标签，则对表格整体 <table> 应用背景图像；如果指定为 <tr> 标签，则对所有指定的一行应用背景图像；如果指定为 <th> 或者 <td> 标签，则对该单元格应用背景图像。

例如，代码清单 5-6-2-1 定义了一个 3 行 4 列的表格，并为 <table> 标签设置了 background ="panda.jpg"，从而使表格的背景图像是一张熊猫图片。

【范例 5.12】 设置表格和单元格的背景图像（代码清单 5-6-2-1）

```
01    <!DOCTYPE HTML PUBLIC "-//W3C//DTD HTML 4.01 Transitional//EN"  "http://
www.w3.org/TR/ html4/loose.dtd">
02    <html>
03    <head>
04    <meta http-equiv="Content-Type" content="text/html; charset=utf-8">
05    <title> 设置表格和单元格的背景图像 </title>
06    </head>
07    <body>
08    <table background="panda.jpg" border="1" width="200px" height="200px"
align="center">
09      <tr>
10        <td>A1</td><td>A2</td><td>A3</td><td>A4</td>
11      </tr>
12      <tr>
13       <td>B1</td><td>B2</td><td>B3</td><td>B4</td>
14      </tr>
15      <tr>
16        <td>C1</td><td>C2</td><td>C3</td><td>C4</td>
17      </tr>
18    </table>
19    </body>
20    </html>
```

【运行效果】

在浏览器中查看该网页，显示效果如下图所示。

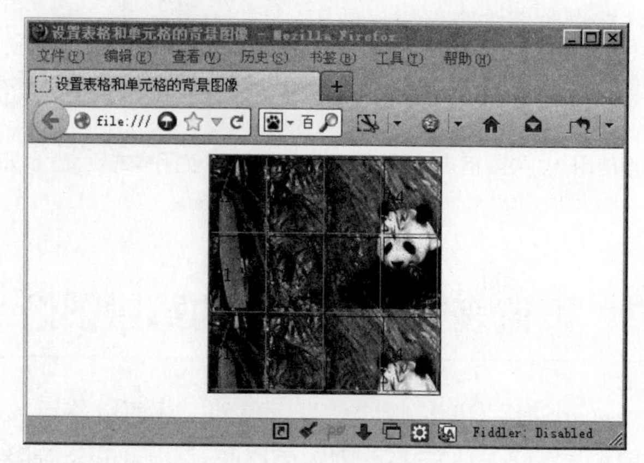

观看上图可以发现，表格中出现了背景图像。正如前面所说的，也可以为每一行或者每一个单元格设置个性的背景图像。

提示 该属性只有一部分浏览器兼容，并不是说只要设置了该属性，就在所有的浏览器中都能正确显示背景图像，有时甚至不显示图像。因此，在指定背景图像时，尽量要使用样式表。

5.7 表格的按行分组显示

本节视频教学录像：3 分钟

前面所有的表格都仅用了 3 个最基本的标记 <table>、<tr> 和 <td>，使用它们可以构建出最简单的表格。在实际生活中遇到的表格经常还会有表头、脚注等部分，在 HTML 中也有相应的设置。

当然这些内容更多地侧重在结构含义上，而不是表现形式上。因为即使仅仅使用上面这 3 个基本标记，配合适当的形式，同样也可以制作出任何形式的表格。

从表格结构的角度来说，可以把表格的行分组，称为“行组”。不同的行组具有不同的意义。行组分为三类：“表头”、“主体”和“脚注”。三者相应的 HTML 标记依次为 <thead>，<tbody> 和 <tfoot>。

此外，在一行中，除了 <td> 标记表示一个单元格以外，还可以使用 <th> 表示该单元格是这一行的“行头”。

【范例 5.13】 表格的按行分组显示（代码清单 5-7-1）

```
01    <!DOCTYPE HTML PUBLIC "-//W3C//DTD HTML 4.01 Transitional//EN" "http://
www.w3.org/TR/ html4/loose.dtd">
02    <html>
03    <head>
04    <meta http-equiv="Content-Type" content="text/html; charset=utf-8">
05    <title> 表格的按行分组显示 </title>
06    </head>
```

```
07    <body>
08    <table border="1" width="400px" align="center">
09    <thead>
10      <tr>
11        <th> 第一季度 </th><th> 第二季度 </th><th> 第三季度 </th><th> 第四季度 </th>
12      </tr>
13    </thead>
14    <tfoot>
15      <tr>
16        <th> 第一季度 </th><th> 第二季度 </th><th> 第三季度 </th><th> 第四季度 </th>
17      </tr>
18    </tfoot>
19    <tbody>
20      <tr>
21       <td>32.2</td><td>33.4</td><td>33.3</td><td>35</td>
22      </tr>
23    </tbody>
24    </table>
25    </body>
26    </html>
```

【运行效果】

在浏览器中查看该网页，显示效果如下图所示。

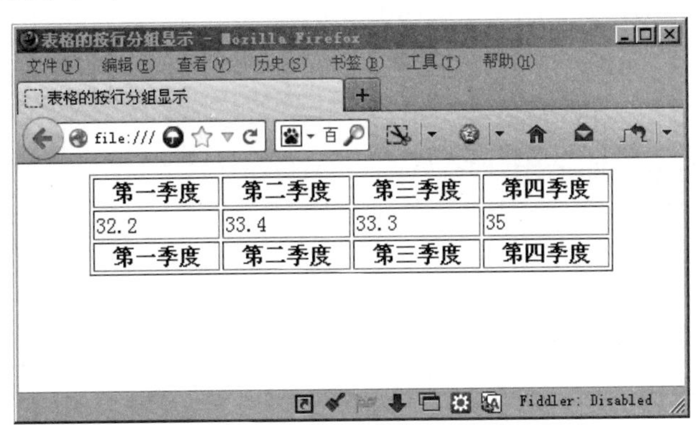

在呈现时，每个 thead、tfoot 和 tbody 元素必须包含一行或多行。并且，thead、tfoot和tbody元素必须包括相同数量的列。同时使用<th>标记定义单元格，其内容会以粗体、居中显示。

设置<thead>、<tbody>和<tfoot>这样的行组有什么作用呢？前面已经多次提到过，HTML 的用途是定义网页的结构，因此使用严格的标记可以更准确地表达网页内容，搜索引擎或者其他系统可以更好地理解网页内容。此外，把一个表格的各个部分区分开，虽然在浏览器默认的情况下并没有特殊的格式出现，但是使用 CSS 可以方便地按照结构进行表格样式设定。

例如，可以在代码清单 5-7-1 所在的文档中加入如下 CSS 样式表规则。

```
01    <style type="text/css">
02    thead{
03    background-color:red;
04    color:white;
05    }
06    tfoot{
07    background-color:green;
08    }
09    </style>
```

【运行效果】

在浏览器中查看该网页，显示效果如下图所示。

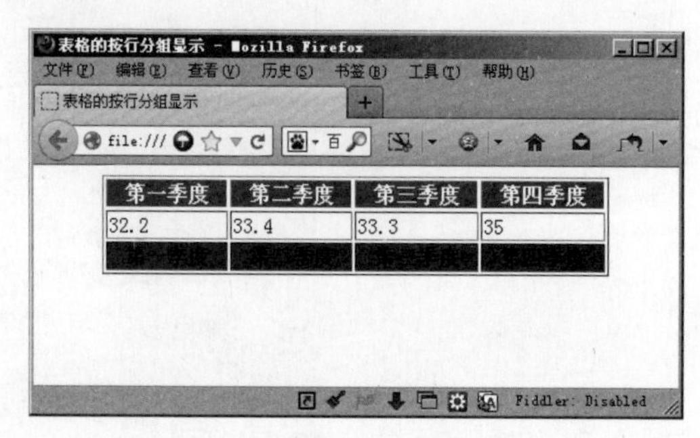

可以看到，这些行组的标记给 CSS 设置带来了很大的便利。如果不设置行组，就需要额外设置类别或者 ID 选择符来选中特殊设置的行或单元格了。

另外需要说明的是，还可以使用 <caption></caption> 为表格添加标题。例如，代码清单 5-7-2 定义的表格添加了一个标题。

【范例 5.14】 定义的表格添加了一个标题（代码清单 5-7-2）

```
01    <!DOCTYPE HTML PUBLIC "-//W3C//DTD HTML 4.01 Transitional//EN" "http://
www.w3.org/TR/ html4/loose.dtd">
02    <html>
03    <head>
04    <meta http-equiv="Content-Type" content="text/html; charset=utf-8">
05    <title> 为表格添加标题 </title>
06    <style type="text/css">thead{
07      background-color:red;
08      color:white;
09    }
10    tfoot{
11      background-color:green;
12    }
13    </style>
14    </head>
15    <body>
```

```
16	<table border="1" width="400px" align="center">
17	<caption> 季度收入（万元）</caption>
18	<thead>
19	  <tr>
20	    <th> 第一季度 </th><th> 第二季度 </th><th> 第三季度 </th><th> 第四季度 </th>
21	  </tr>
22	</thead>
23	<tfoot>
24	  <tr>
25	    <th> 第一季度 </th><th> 第二季度 </th><th> 第三季度 </th><th> 第四季度 </th>
26	  </tr>
27	</tfoot>
28	<tbody>
29	  <tr>
30	   <td>32.2</td><td>33.4</td><td>33.3</td><td>35</td>
31	 </tr>
32	</tbody>
33	</table>
34	</body>
35	</html>
```

【运行效果】

在浏览器中查看该网页，显示效果如下图所示。

高手私房菜

本节视频教学录像：2 分钟

技巧 1：禁止单元格内的文本自动换行

通常，单元格的显示大小会随着窗口的大小自动调整，如果单元格的文本内容过长，就会在中间换行。通过使用 nowrap 属性可以禁止换行。

例如，<td nowrap> 文本内容文本内容文本内容 </td>

技巧 2：用 colspan 和 rowspan 属性上下、左右合并单元格

可以同时使用 colspan 和 rowspan 属性合并左右和上下若干单元格。例如，如下代码定义了一个 4 行 4 列的表格，其中在第一个单元格标签 <td> 同时设置 colspan=2 和 rowspan=2。

```
01    <!DOCTYPE HTML PUBLIC "-//W3C//DTD HTML 4.01 Transitional//EN" "http://
www.w3.org/TR/ html4/loose.dtd">
02    <html>
03    <head>
04    <meta http-equiv="Content-Type" content="text/html; charset=utf-8">
05    <title> 用 colspan 和 rowspan 属性上下左右合并单元格 </title>
06    </head>
07    <body>
08    <table width="400px" border="1" align="center">
09      <tr valign="top">
10        <td colspan="2" rowspan="2">A1A2<br>B1B2</td><td>A3</td><td>A4</td>
11      </tr>
12      <tr>
13        <td>B3</td><td>B4</td>
14      </tr>
15      <tr>
16        <td>C1</td><td>C2</td><td>C3</td><td>C4</td>
17      </tr>
18      <tr>
19        <td>D1</td><td>D2</td><td>D3</td><td>D4</td>
20      </tr>
21    </table>
22    </body>
23    </html>
```

在浏览器中查看该网页，显示效果如下图所示。

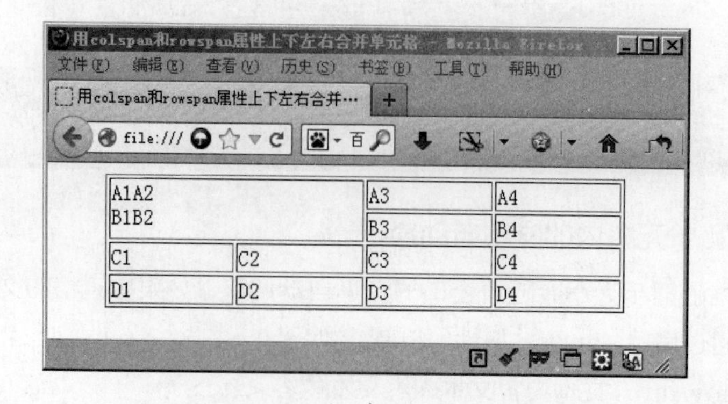

网页表单设计

本章视频教学录像：37 分钟

高手指引

使用网页表单可以接收访问 Web 页面的用户的反馈、商品订单或其他信息。如果使用过诸如百度、谷歌之类的搜索引擎，就会熟悉网页表单，那些带有一个文本框和一个按钮的表单，当单击该按钮时，表单数据就被提交到服务器，经服务器处理后，提供给用户需要的信息。本章将介绍如何创建表单。

重点导读

- 了解和创建 HTML 表单
- 使用 <input> 标签创建表单控件
- 使用 <textarea> 标签创建多行文本框
- 使用 <select> 和 <option> 标签创建选择列表
- 掌握表单的提交方法

6.1 了解和创建网页表单

本节视频教学录像：5 分钟

平常所说的表单多半是指网页表单，网页表单是 HTML 文档的一部分。HTML 文档内可以包含一般的内容，如标题、文字、列表、表格等，也可以包含一些特殊的元素，这些元素被称为控件或者控件标签（如 <input> 标签）。这些控件常常表现为显示文本框或者密码框、单选按钮或者复选按钮、隐藏文本框、文件夹选择框、重置按钮或者提交按钮、多行文本框、选择列表等。

可以改变控件的状态（如键入文本、选择菜单选项等）来完成一个表单，然后通过单击提交按钮将表单提交给服务器处理。例如，通过下图某个网站的注册页面来认识含有表单的网页。

6.1.1 网页表单的工作原理

网页表单是 Web 页面的一部分，它包括一些输入选择区域，用于收集用户的信息，同时包括一个提交按钮，当单击提交按钮时，收集到的用户信息便会发送到服务器。服务器端脚本负责处理用户提交的表单数据。

6.1.2 创建表单

每个表单都必须以 <form> 标签开始，该标签可放在 HTML 文档主体的任何位置。<form> 标签通常有两个属性，即 method 和 action，例如：

```
<form name="form1" action="somepage.php" method="get" >
```

下面对 <form> 标签中经常使用的 3 个属性进行介绍，读者现在只需要了解这 3 个属性即可。

(1) name 属性。

属性 name 用于设定表单的名称，但正如前面提到的，W3C 建议使用 id 属性，但目前服务端应用程序对 id 属性的支持还不好，所以 name 属性目前仍是最佳的选择。

(2) action 属性。

action 属性指定要将表单数据发送到的地址，其属性值有两种选择。

输入 Web 服务器中表单处理程序或脚本的地址，表单数据将发送给该程序。

例如，http://localhost/somepage.php

输入 mailto 和电子邮件地址，表单数据将直接发送到相应的电子邮件地址。但这种方法完全依赖于用户计算机正确配置了电子邮件客户端程序。从公共计算机访问网站而没有电子邮件客户端程序的用户将无法提交表单数据。

例如，mailto:xxx@126.com

(3) method 属性。

可以设置的值有 get 和 post 两种。当 method="get" 时，将输入数据加在 action 指定的地址后面传送到服务器；当 method="post" 时，将输入数据按照 HTTP 传输协议中的 POST 传输方式传入服务器，用电子邮件接收用户信息采用这种方式。

> **提示** <form> 标签的属性很多，如用来指定输入数据结果显示窗口的 target 属性、用来设定表单类型的 enctype 属性等。但是，读者现在只需要了解本节介绍的几个属性即可，随着以后的学习和工作，可以很容易从相关资料上查到更多属性。

介绍了这么多关于表单的概要信息，在详细学习 HTML 表单之前，先看一个比较简单表单的 HTML 源代码。

【范例 6.1】 创建表单（代码清单 6-1-2-1）

```
01    <!DOCTYPE HTML PUBLIC "-//W3C//DTD HTML 4.01 Transitional//EN" “http://
www.w3.org/TR/ html4/loose.dtd">
02    <html>
03    <head>
04    <meta http-equiv="Content-Type" content="text/html; charset=utf-8">
05    <title> 创建表单 </title>
06    </head>
07    <body>
08    <table border="1" width="500" align="center">
09    <form name="form1" method="post" action="register.php">
10    <caption> 学生基本信息 </caption>
11      <tr>
12       <th> 姓名：</th>
13       <td><input type="text" value="" name="username"/></td>
14    ……<!--此处有代码省略，详细代码见随书光盘中的“示例文件 \ch06\ 代码清单 6-1-2-1.
html”文件 -->
15    </table>
16    </body>
```

```
17      </html>
```

【运行结果】

在浏览器中打开该网页，显示效果如下图所示。

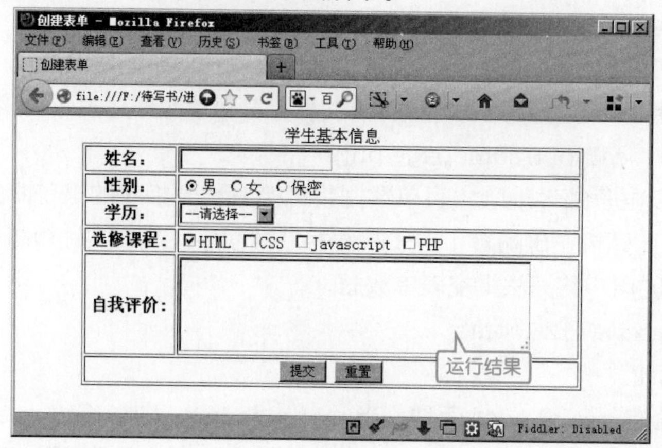

6.1.3 了解控件的概念

在使用表单前，首先需要知道什么是控件，用户与表单交互是通过控件进行的，控件通过 name 属性标识，该属性的作用范围是控件所在的 form 元素内。每一个控件都有一个初始值和一个当前值，值的类型都是字符串。一般情况下，控件的初始值都可以通过属性 value 设定，但是 textarea 元素定义的多行文本框控件的初始值由键入的内容本身决定。

需要注意的是，控件的当前值一开始就是初始值，此后当前值可以通过用户的操作或者使用脚本代码来修改。同时，控件的初始值不会改变，当表单重置时，每个控件的当前值被重新设置为初始值。

6.2 使用 <input> 标签创建表单控件

本节视频教学录像：17 分钟

通过 <input> 标签的 type 属性可以定义不同的控件类型，不同的值对应不同的表单控件。需要注意的是，如果不指定 type 属性，则默认类型为 type="text"，即为文本框控件。下表列出了不同 type 属性值对应的表单控件。

type 属性的值	对应的表单控件
text	表示单行文本框
textarea	表示多行文本框
password	表示单行文本框，但是输入的数据用星号表示
checkbox	表示复选框
radio	表示单选按钮
submit	表示提交按钮，将把数据发送到服务器
submit	表示重置按钮，将重置表单数据，以便于重新输入

续表

type 属性的值	对应的表单控件
file	表示插入文件，由一个单行文本框和一个【浏览】按钮组成
hidden	表示隐藏文本框
image	表示插入一个图像，作为图形按钮

另外，为避免重复介绍表单的一些属性，需要先介绍表单控件的通用属性。

name 属性为控件定义一个名称标识。这个名称将与控件的当前值形成“名称 / 值”对一同随表单提交。

value 属性用于设定初始值，它是可选的。如果不设置该属性值，就采用此默认值。这个属性非常重要，因为该属性值将会被发送到服务器。

checked 属性针对复选框和单选按钮，它是一个逻辑值，这个逻辑值指定了单选按钮或复选框默认被选中的状态。checked 表示此项被选中；该属性值为其他或者不使用该属性时，表示此项没有被选中。

size 属性告诉浏览器当前控件的初始宽度，这个宽度以像素为单位。另外，如果控件类型是“text”和“password”，则宽度是整数值，表示字符数。

maxlength 属性仅适用于当控件类型为“text”和“password”时，该属性指定可以键入字符的最大量。这个数值可以超过 size 属性指定的值，这时浏览器会提供一个滚动条。该属性的默认值是对数量没有限制。

src 属性针对控件类型是 image 的情况，用来设定图像文件的地址，该属性指定用来装饰提交按钮的图片的位置。

6.2.1 创建普通文本框和密码文本框

使用 <input> 标签既可以创建一个普通文本框，也可以创建一个隐藏用户输入文本的密码文本框。文本框接受任何类型的字符输入内容，文本可以单行或多行显示，也可以以密码框的方式显示。在密码文本框中输入的文本将替换为星号（*）或项目符号（●），以避免旁观者看到这些文本。下面分别介绍这两种文本框。

1. 普通文本框

将 input 元素的 type 属性值设置为 text，可以创建一个普通文本框，然后就可以在这个文本框中键入文字了。另外，也可以使用 value 属性为文本框赋初值，当打开该网页时，value 属性值就会出现在文本框中。例如，代码清单 6-2-1-1 所示。

【范例 6.2】 创建文本框（代码清单 6-2-1-1）

```
01	<!DOCTYPE HTML PUBLIC "-//W3C//DTD HTML 4.01 Transitional//EN" “http://
www.w3.org/TR/ html4/loose.dtd">
02	<html>
03	<head>
04	<meta http-equiv="Content-Type" content="text/html; charset=utf-8">
05	<title> 创建普通文本框 </title>
```

```
06    </head>
07    <body>
08    <form name="form1" action="somepage.php" method="post">
09    <input name="name1" type="text" value=" 请输入文本内容 " />
10    </form>
11    </body>
12    </html>
```

【运行结果】

在浏览器中查看该网页，显示效果如下图所示。

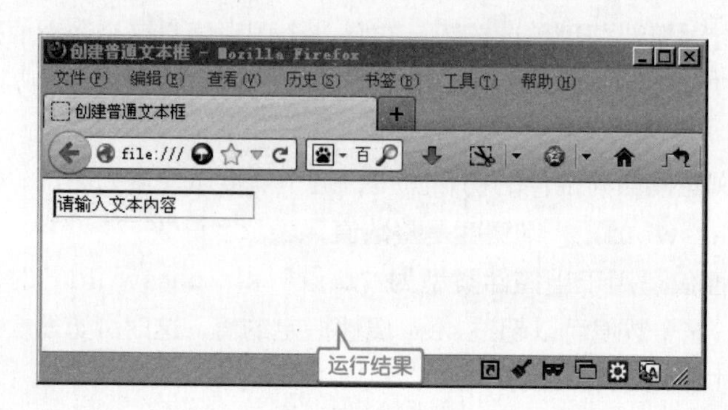

2. 密码文本框

将 input 元素的 type 属性值设置为 password 时，会创建一个密码文本框。例如，代码清单 6-2-1-2 所示。

【范例 6.3】 创建密码文本框（代码清单 6-2-1-2）

```
01    <!DOCTYPE HTML PUBLIC "-//W3C//DTD HTML 4.01 Transitional//EN"  "http://
www.w3.org/TR/ html4/loose.dtd">
02    <html>
03    <head>
04    <meta http-equiv="Content-Type" content="text/html; charset=utf-8">
05    <title> 创建密码文本框 </title>
06    </head>
07    <body>
08    <form name="form1" action="somepage.php" method="post">
09    <input name="name1" type="password" />
10    </form>
11    </body>
12    </html>
```

【运行结果】

在浏览器中查看该网页，显示效果如下图所示。

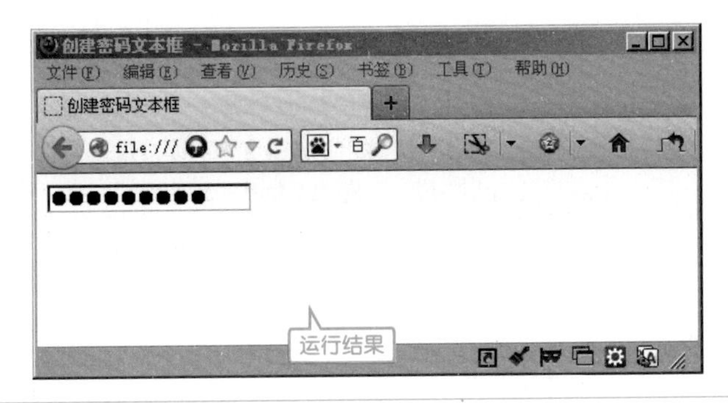

提示　使用密码框发送到服务器的密码及其他信息并未进行加密处理，所传输的数据可能会以字母数字或者文本形式被截获并被读取。

6.2.2 创建单选按钮

单选按钮只能允许从一组选项中选择一个选项，通常成组使用，而且同一组中的所有按钮必须具有相同的名称，即具有相同的 name 属性值。通过将 <input> 标签的 type 属性设置为 radio，可以创建单选按钮。

单选按钮代表互相排斥的选择。在单选按钮组（name 属性值相同）中选择一个按钮，就会取消选择该组中的所有其他按钮。提交表单时，只会把选中的单选按钮值提交给服务器。

另外单选按钮也是使用 checked 属性为其赋初始值，默认情况下不定义该属性值，如果定义该属性，就必须将该属性定义为 checked，这是唯一可用的属性值。

例如，代码清单 6-2-2-1 定义了一组单选按钮，其中通过 checked 属性设置选项 1 为默认选项。

【范例 6.4】 定义一组单选按钮（代码清单 6-2-2-1）

```
01	<!DOCTYPE HTML PUBLIC "-//W3C//DTD HTML 4.01 Transitional//EN"  "http://
www.w3.org/TR/ html4/loose.dtd">
02	<html>
03	<head>
04	<meta http-equiv="Content-Type" content="text/html; charset=utf-8">
05	<title> 创建单选按钮 </title>
06	</head>
07	<body>
08	<form name="form1" action="somepage.php" method="post">
09	<input type="radio" name="name1" value="r1" checked /> 选项一
10	<input type="radio" name="name1" value="r2" /> 选项二
11	<input type="radio" name="name1" value="r3" /> 选项三
12	</form>
13	</body>
14	</html>
```

【运行结果】

在浏览器中打开该网页，显示效果如下图所示。

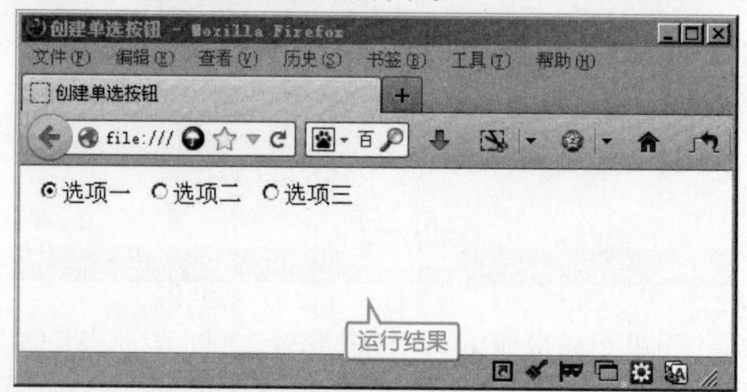

6.2.3 创建复选框

所谓复选框，就是允许在一组选项中选择多个选项，用户可以选择任意多个要选择的选项。将input元素的type属性设置为checkbox，可以创建一个复选框。例如，下面的代码。

```
<input type="checkbox" name="name1" value="r1" />
```

复选框有打开、关闭两种状态。当打开时，复选框的值是active；当关闭时，这个值则没有激活。复选框的值只有在复选框被选中时提交。在同一表单中的多个复选框可以使用同一个名称标识(name属性相同)，在提交时，每一个处于选中状态的复选框都会形成一个“名称/值”对，当有多个具有相同名称的复选框处于选中状态时，就会形成多个“名称/值”对，这些“名称/值”对都会被提交给服务器。

另外，可以使用checked属性设置某一个复选框为默认选中状态，如果定义该属性，则必须设置该属性值为checked，这是唯一可用的值。例如，代码清单6-2-3-1定义了一组复选框，设置第一个复选框为默认选中状态。

【范例6.5】 定义一组复选框(代码清单6-2-3-1)

```
01    <!DOCTYPE HTML PUBLIC "-//W3C//DTD HTML 4.01 Transitional//EN" “http://
www.w3.org/TR/ html4/loose.dtd">
02    <html>
03    <head>
04    <meta http-equiv="Content-Type" content="text/html; charset=utf-8">
05    <title> 创建复选框 </title>
06    </head>
07    <body>
08    <form name="form1" action="somepage.php" method="post">
09    <input type="checkbox" name="name1" value="r1" checked /> 选项一
10    <input type="checkbox" name="name1" value="r2" /> 选项二
11    <input type="checkbox" name="name1" value="r3" /> 选项三
12    </form>
13    </body>
14    </html>
```

【运行结果】

打开该网页后，取消第一个默认选项，并选中组中的后两个复选框，显示效果如下图所示。

6.2.4 创建隐藏控件

有一种特殊类型的控件——隐藏控件。隐藏控件用来存储用户输入的信息，如姓名、电子邮件地址或浏览方式等，并可以在该用户下次访问此站点时使用这些数据。并且，这些数据对用户是隐藏的。将 input 元素的 type 属性设置为 hidden，可以创建一个隐藏控件。例如：

```
<input type="hidden" name="hiddenData" value="data1"/>
```

提示 隐藏控件在浏览器中是不可见的，但是，隐藏控件的“名称 / 值”还是与表单一起提交。这种类型的控件一般和客户端脚本代码一起使用，因为客户端脚本代码可以动态改变隐藏控件的值。

6.2.5 创建文件选择框

文件选择框使用户可以浏览其计算机上的某个文件（如 word 文档或图片文件），并将该文件作为表单数据上传。将 input 元素的 type 属性值设置为 file，可以创建一个文件选择框。

文件选择框的外观与其他文本框类似，只是文件框还包含一个【浏览】按钮。用户可以手动输入要上传的文件的路径，也可以使用【浏览】按钮定位并选择该文件。例如，代码清单 6-2-5-1 创建了一个文件选择框。

【范例 6.6】 创建文件选择框（代码清单 6-2-5-1）

```
01	<!DOCTYPE HTML PUBLIC "-//W3C//DTD HTML 4.01 Transitional//EN" “http://www.w3.org/TR/ html4/loose.dtd">
02	<html>
03	<head>
04	<meta http-equiv="Content-Type" content="text/html; charset=utf-8">
05	<title> 创建文件选择框 </title>
06	</head>
07	<body>
08	<form name="form1" action="somepage.php" method="post">
09	请选择上传文件：<input type="file" name="somefile" />
```

```
10    </form>
11    </body>
12    </html>
```

【运行结果】

在浏览器中打开该网页，显示效果如下图所示。

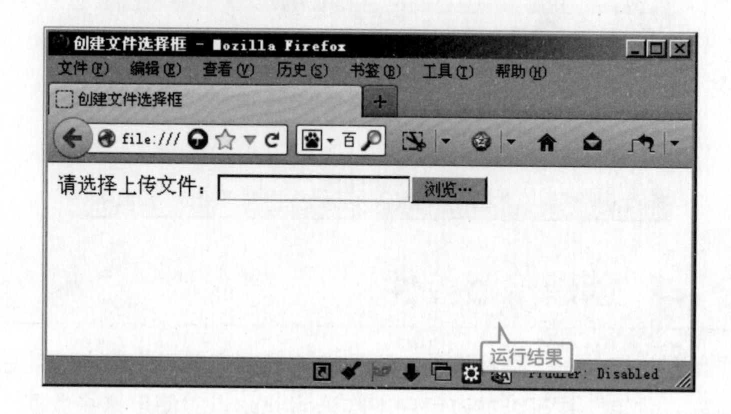

提示 创建文件选择框时，必须把 <form> 标签的 method 属性设置为 post。另外还需要把 enctype 属性设置为 "multipart/form-data"，让服务器知道，将传递一个文件，并带有常规的表单信息。

6.2.6 创建重置按钮

将 input 元素的 type 属性设置为 reset，可以创建一个重置按钮。当单击重置按钮时，表单中的所有控件被重新设为通过 value 属性定义的初始值。例如，代码清单 6-2-6-1 定义了一个重置按钮。

【范例 6.7】 创建重置按钮（代码清单 6-2-6-1）

```
01    <!DOCTYPE HTML PUBLIC "-//W3C//DTD HTML 4.01 Transitional//EN" “http://
www.w3.org/TR/ html4/loose.dtd">
02    <html>
03    <head>
04    <meta http-equiv="Content-Type" content="text/html; charset=utf-8">
05    <title> 创建重置按钮 </title>
06    </head>
07    <body>
08    <form name="form1" action="somepage.php" method="post">
09    <input type="reset" name="myReset" />
10    </form>
11    </body>
12    </html>
```

【运行结果】

在浏览器中打开该网页，显示效果如下图所示。

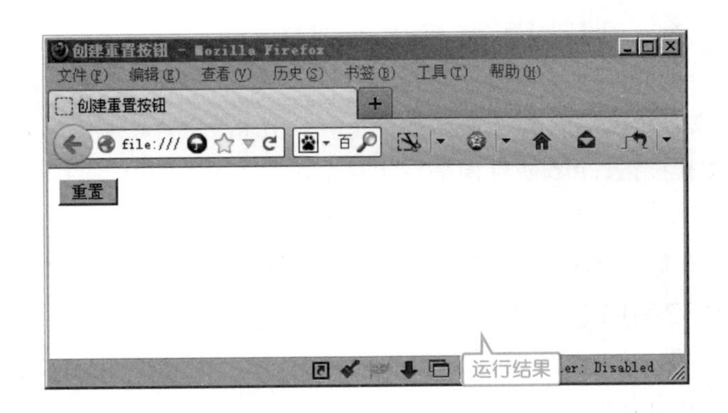

6.2.7 创建提交按钮

将 input 元素的 type 属性设置为 submit，可以创建一个提交按钮。当单击提交按钮时，表单中所有控件的“名称 / 值”被提交，提交的目标是 form 元素的 action 属性所定义的 URL 地址。

例如，代码清单 6-2-7-1 创建了一个提交按钮。

【范例 6.8】 创建提交按钮（代码清单 6-2-7-1）

```
01    <!DOCTYPE HTML PUBLIC "-//W3C//DTD HTML 4.01 Transitional//EN"  "http://
www.w3.org/TR/ html4/loose.dtd">
02    <html>
03    <head>
04    <meta http-equiv="Content-Type" content="text/html; charset=utf-8">
05    <title> 创建提交按钮 </title>
06    </head>
07    <body>
08    <form name="form1" action="somepage.php" method="post">
09    <input type="submit" name="mySubmit" />
10    </form>
11    </body>
12    </html>
```

【运行结果】

在浏览器中打开该网页，显示效果如下图所示。

6.2.8 创建图形提交按钮

可以使用图像作为按钮的表现形式，将 input 元素的 type 属性设置为 image，可以创建一个图像化的提交按钮，src 属性值指定了将呈现为按钮的图像的 URL，可能某些用户无法看到这些图像，因此使用 alt 属性值来提供替换文字。

代码清单 6-2-8-1 创建了一个图形提交按钮，设置 src="submit.jpg"、alt=" 点击提交 "。

【范例 6.9】 创建图形提交按钮（代码清单 6-2-8-1）

```
01      <!DOCTYPE HTML PUBLIC "-//W3C//DTD HTML 4.01 Transitional//EN"  “http://
www.w3.org/TR/ html4/loose.dtd">
02      <html>
03      <head>
04      <meta http-equiv="Content-Type" content="text/html; charset=utf-8">
05      <title> 创建图形提交按钮 </title>
06      </head>
07      <body>
08      <form name="form1" action="somepage.php" method="post">
09      <input type="image" src="submit.jpg" alt=" 点击提交 " name="myImage" />
10      </form>
11      </body>
12      </html>
```

【运行结果】

在浏览器中打开该网页，显示效果如下图所示。

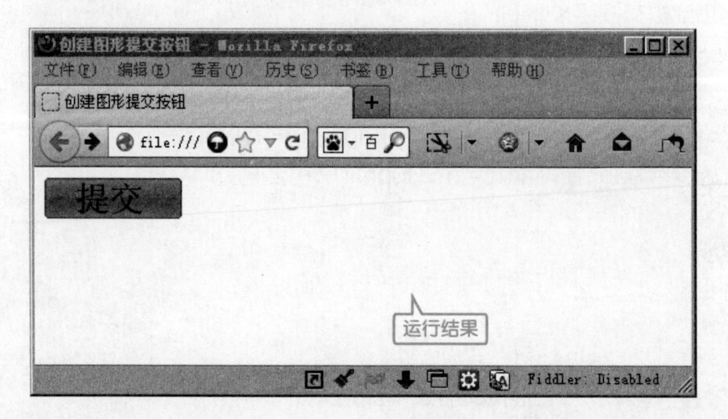

6.3 使用 <textarea> 标签创建多行文本框

本节视频教学录像：2 分钟

不仅可以创建单行文本框，还可以使用 <textarea> 标签创建一个多行文本框，可以在标签中定义初始文本。使用 <textarea> 标签创建多行文本框的格式如下。

```
01    <textarea name="myTextarea" cols="n" rows="n" wrap="off|hard|soft">
02       文本内容
03    </textarea>
```

下面介绍该标签的特有属性 cols、rows 及 wrap。

rows 属性用来定义可视文本的行数，属性值是一个正整数。但是不限制实际输入的文本行数，用户可以在其中键入超过这个数量的文本行，一般这时该控件会出现垂直滚动条。

cols 属性用来定义可视字符的宽度，宽度以平均字符宽度计量，属性值是一个正整数。同样该属性不限制实际输入字符的数量，用户可以在一行中键入超过这个数的字符，一般这时该控件会出现水平滚动条。用户也可以使用自动换行来避免出现水平滚动条。

warp 属性用来定义是否自动换行。off 表示不自动换行；hard 表示自动硬回车换行；换行元素一同被传送到服务器中；soft 表示自动软回车换行，换行元素不会传送到服务器中。

代码清单 6-3-1 创建了一个多行文本框，分别设置 cols="20" 及 rows="10"，并为其添加提交按钮和重置按钮。

【范例 6.10】 创建一个多行文本框（代码清单 6-3-1）

```
01    <!DOCTYPE HTML PUBLIC "-//W3C//DTD HTML 4.01 Transitional//EN"  "http://
www.w3.org/TR/ html4/loose.dtd">
02    <html>
03    <head>
04    <meta http-equiv="Content-Type" content="text/html; charset=utf-8">
05    <title> 创建多行文本框 </title>
06    </head>
07    <body>
08    <form name="form1" action="somepage.php" method="post">
09    <textarea name="myTextarea" cols="20" rows="10">
10       第一行文本内容
11          第二行文本内容
12          第三行文本内容
13       </textarea>
14       <input type="submit" value=" 提交 " />
15       <input type="reset" value=" 重置 " />
16    </form>
17    </body>
18    </html>
```

【运行结果】

在浏览器中打开该网页，显示效果如下图所示。

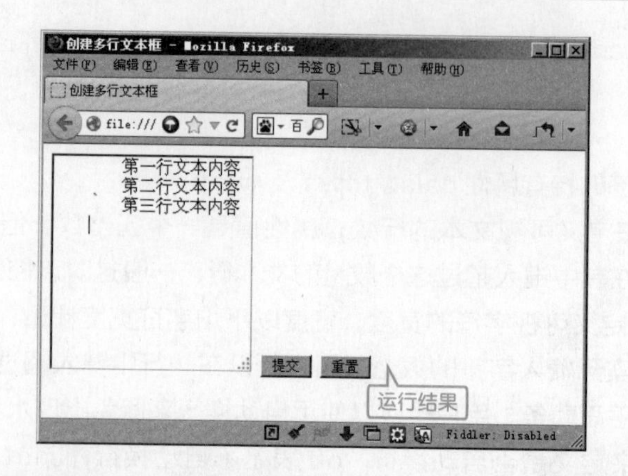

6.4 使用 <select> 和 <option> 标签创建选择列表

本节视频教学录像：10 分钟

下拉列表和滚动列表都是由 <select> 标签和 <option> 标签共同创建，这些列表统称为选择列表。虽然这两种标签必须同时使用，但是它们却有不同的作用，而且它们所具有的属性也各不相同。下面分别介绍这两种标签。

1. <select> 标签

<select> 标签用来创建列表框，它有 name、size 和 multiple3 种属性。

(1) name 属性。

该属性用来为该控件定义一个名称标识。

(2) size 属性。

如果 select 元素被呈现为列表框，size 属性用来指定列表框中的选项行数。如果选项多于这个数量，就会出现垂直滚动条。如果没有定义该属性，select 元素就被呈现为下拉列表菜单。

(3) multiple 属性。

设定该属性时，select 元素允许同时选择多个项。而没有设定该属性时，select 元素只允许选择单个项。一般用户浏览器以列表框渲染多选元素，而以下拉框渲染单选元素。

> **提示** 使用 <select> 标签可以创建一个可选择的选项列表，每个 <select> 标签必须包含至少一个选项，一个选项通过一个 <option> 标签来指定。

2. <option> 标签

<option> 标签为选择列表创建一个选项，它有 value 和 selected 两个属性值，分别定义选择项的初始值和表示该选择项被默认选中。

> **提示** 如果为 <option> 标签设置 value 属性值，那么当该选项被选中时，提交给服务器的是 value 属性值，而不是 <option></option> 标签对内的值。如果没有定义 value 属性，则提交到服务器的是 <option></option> 标签对内的内容。

例如，代码清单 6-4-1 创建了一个滚动列表，设置 <select> 的 size 属性为 3，使滚动列表可以同时显示 3 个选项。

【范例 6.11】 创建一个滚动列表（代码清单 6-4-1）

```
01    <!DOCTYPE HTML PUBLIC "-//W3C//DTD HTML 4.01 Transitional//EN" "http://
www.w3.org/TR/ html4/loose.dtd">
02    <html>
03    <head>
04    <meta http-equiv="Content-Type" content="text/html; charset=utf-8">
05    <title> 创建选择列表 </title>
06    </head>
07    <body>
08    <form name="form1" action="somepage.php" method="post">
09    <select name="select1" size="3" multiple="multiple">
10       <option value="kehuan" selected> 科幻片 </option>
11          <option value="maoxian"> 冒险片 </option>
12          <option value="wuda"> 武打片 </option>
13          <option value="love"> 爱情片 </option>
14       </select>
15    </form>
16    </body>
17    </html>
```

【运行结果】

在浏览器中打开该网页，显示效果如下图所示。

6.5 表单的提交方法

本节视频教学录像：1 分钟

form 元素的 method 属性用来定义表单提交所使用的方法，可选值包括 get 和 post。在数据传输过程中分别对应 HTTP 中的 GET 和 POST 方法，其默认传递方式为 get。二者的主要区别如下。

首先从理论上说，GET 是从服务器上请求数据，POST 是向服务器上传递数据。GET 将表单中的数据按照“名称 = 值”的形式，添加到 action 所指向的 URL 后面，并且两者使用“?”链接，而各个变量之间使用“&”连接，特殊的符号转换成十六进制的代码。

例如，下面的 URL 便是一个 GET 方法的例子。

http://localhost/register.php?name=aaa&password=111111

POST 是将表单中的数据放在 HTTP 协议头中，按照变量和值相应的方式，传递到

action 属性所指向的 URL。

在很多情况下，GET 是不安全的，因为在传输过程，数据被放在请求的 URL 中，而现有的很多服务器、代理服务器或者用户代理都会将请求 URL 记录到浏览器记录中，然后存放在某个地方，这样就可能会有一些隐私的信息被其他人看到。

另外，使用 GET 提交方式，用户也可以在浏览器上或者缓存内直接看到提交的数据，一些系统内部消息将会一同显示在用户面前。而 POST 的所有操作对用户来说都是不可见的。

GET 传输的数据量小，这主要是因为受 URL 长度限制（2048KB），而 POST 可以传输大量的数据，所以在上传文件时使用 POST 方式。

GET 限制表单数据集的值必须为 ASCII 字符，而 POST 支持整个 ISO10646 字符集。

高手私房菜

本节视频教学录像：2 分钟

技巧：禁用表单控件

为某个控件元素设置 disabled 属性时，就将该控件设置为禁止了。button 元素、input 元素、option 元素、select 元素和 textarea 元素都支持 disabled 属性，disabled 是一个逻辑属性，它禁止控件被用户输入。例如，下面代码的第一个 input 元素被禁用，无法收到用户输入的值，并且不能与表单一起提交。

```
01    <!DOCTYPE HTML PUBLIC "-//W3C//DTD HTML 4.01 Transitional//EN" "http://www.w3.org/TR/ html4/loose.dtd">
02    <html>
03    <head>
04    <meta http-equiv="Content-Type" content="text/html; charset=utf-8">
05    <title> 禁用表单控件 </title>
06    </head>
07    <body>
08    <form method="post" action="login.php">
09    姓名：<input type="text" value=" 某某人 " disabled />
10    <br><br>
11    姓名：<input type="text" value=" 某某人 " />
12    </form>
13    </body>
14    </html>
```

在浏览器中查看显示效果如下图所示。禁止元素如何被渲染取决于用户浏览器。例如，某些浏览器通过将某些条目“变灰”来禁止下拉框条目、按钮标签等。

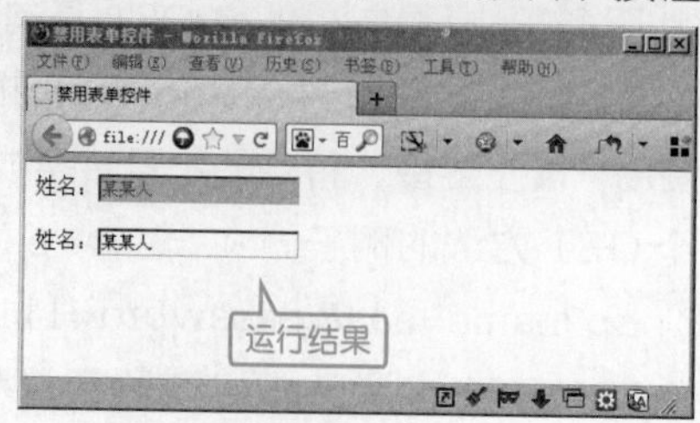

第 7

网页框架设计

本章视频教学录像：32 分钟

高手指引

框架与表格类似，它们都能够将文本和图像排列成列或者行。但与表格单元格不同的是，框架可包含链接来修改其他框架（或者本身）的内容。例如，一框架显示目录，根据用户单击的链接改变在另一个框架中显示的内容。

重点导读

- 什么是框架
- 使用 <frameset> 和 <frame> 标签创建框架
- 设置窗口框架的内容和外观
- 设置框架之间的链接
- 使用 <iframe></iframe> 标签对创建嵌入式框架

7.1 什么是框架

本节视频教学录像：5 分钟

观察下图的网页，你可能会发现与普通的网页没什么不同，但实际上是两个不同的 HTML 页面显示在同一个网页浏览器窗口中。每个网页都显示在自己的框架中，两个框架上下相邻，由一条水平线分隔。

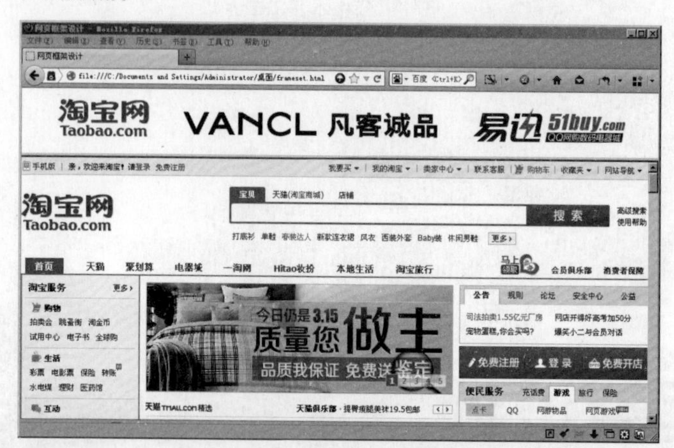

框架是浏览器窗口中的一个矩形区域，每个框架显示一个网页，与其他网页的框架相邻。

如果单击上图中上面框架内的导航链接图标（如凡客诚品图标），使用框架的主要优点将显示出来。在这个例子中，上面框架中的网页内容保持不变，而下面的框架将加载并显示凡客诚品的主页，如下图所示。

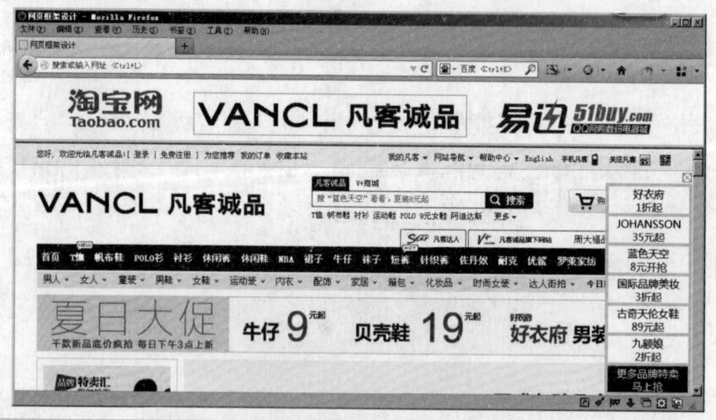

提示 本示例的源代码可以参考附带光盘 chapter10 中的 frameset.html 和 topframe.html。框架很有用，但是不能滥用。框架太多且包含大量交叉链接的框架，用户在操作时可能会感到困惑。在设计网页时，如果有必要使用框架，最好只包含两三个框架。

7.2 使用 <frameset> 和 <frame> 标签创建框架

本节视频教学录像：10 分钟

在一个 HTML 文档中创建框架很简单，但与前面介绍的不使用框架的 HTML 文档稍有不同，标准的 HTML 文档基本架构由 4 部分组成。

(1) 文档类型声明。

(2) html 元素。

(3) head 元素。

(4) body 元素。

而使用框架的 HTML 文档也由 4 部分组成。

(1) 文档类型声明。

(2) html 元素。

(3) head 元素。

(4) frameset 元素。

可以看到，使用框架的 HTML 文档使用 frameset 元素替换了 body 元素，但还不止这些，两个文档声明也不相同，这一点将在后面的小节中说明。

frameset 元素定义了浏览器中主窗口的视图布局，另外也可以包含一个 noframe 元素，用于设置浏览器不支持框架时的操作。

原来可以放置在 body 元素中的内容不能放置在 frameset 元素中，否则浏览器会忽略这些内容，不予以考虑，这是由文档声明决定的。

frameset 元素定义了一个框架集，而 frame 元素用来定义框架集中的某个框架，它可以定义该框架所要加载的 HTML 文档。

代码清单 7-2-1 定义了嵌套的框架集文档。

【范例 7.1】 嵌套框架集文档（代码清单 7-2-1）

```
01    <!DOCTYPE HTML PUBLIC "-//W3C//DTD HTML 4.01 Frameset//EN" “http://www.
w3.org/TR/ html4/frameset.dtd">
02    <html>
03    <head>
04    <meta http-equiv="Content-Type" content="text/html; charset=utf-8">
05    <title> 创建框架 </title>
06    </head>
07    <frameset cols="30%,70%">
08       <frameset rows="100,200">
09         <frame src="frame1.html">
10         <frame src="frame2.html">
11       </frameset>
12       <frame src="frame3.html">
13    <noframes>
14    <body>
15    <p> 你的浏览器不支持框架集显示
16    <ul>
17    <li><a href="frame1.html"> 前往网页一 </a></li>
18       <li><a href="frame2.html"> 前往网页二 </a></li>
19       <li><a href="frame3.html"> 前往网页三 </a></li>
```

```
20    </ul>
21    </body>
22    </noframes>
23    </frameset>
24    </html>
```

【运行结果】

在浏览器中打开网页，显示效果如下图所示。

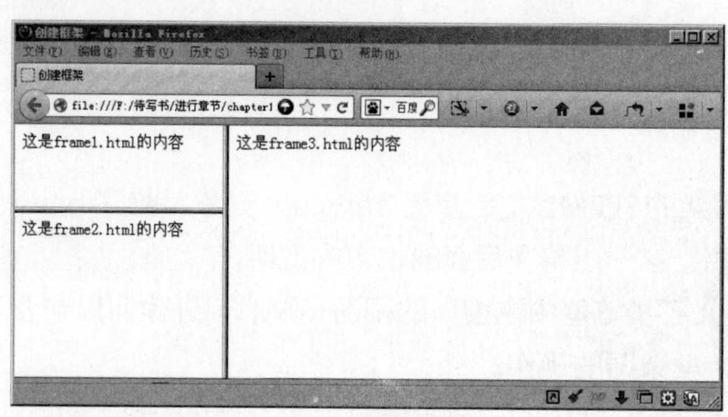

每个框架必须定义相应的 HTML 文档，也就是 frame1.html、frame2.html 和 frame3.html。如果用户浏览器不支持框架，就会呈现 noframes 元素内的内容。

7.2.1 框架的文档声明

在本书前面已经介绍过，HTML 文档有 3 种文档类型声明，下面的文档类型声明必须用于框架集文档中。

```
<!DOCTYPE HTML PUBLIC "-//W3C//DTD HTML 4.01 Frameset//EN" “http://www.w3.org/TR/ html4/frameset.dtd">
```

7.2.2 用 cols 属性将窗口分为左右两部分

框架的分割方式有两种，一种是水平分割，另一种是垂直分割。<frameset> 标记中的 cols 属性和 rows 属性用来控制窗口的分割方式。

cols 属性可以将一个框架集分割成若干列，其基本语法结构是：

```
<frameset cols="n1,n2,……,*">
```

n1 表示框架 1 的宽度，以像素或者百分比为单位。

n2 表示框架 2 的宽度，以像素或者百分比为单位。

星号“*”表示分配给前面所有窗口后剩下的宽度，如 <frameset cols="20%,30%,*"> 中的“*”代表 50% 的宽度。

代码清单 7-2-2-1 创建了一个垂直分割成 2 个框架的框架集文档。

【范例 7.2】 用 cols 属性将窗口分为左右两部分（代码清单 7-2-2-1）

```
01    <!DOCTYPE HTML PUBLIC "-//W3C//DTD HTML 4.01 Frameset//EN" “http://www.w3.org/TR/ html4/frameset.dtd">
02    <html>
```

```
03    <head>
04    <meta http-equiv="Content-Type" content="text/html; charset=utf-8">
05    <title> 用 cols 属性将窗口分为左右两部分 </title>
06    </head>
07    <frameset cols="30%,*">
08    <frame src="frame1.html">
09       <frame src="frame2.html">
10    </frameset>
11    </html>
```

【运行结果】

在浏览器中打开网页，显示效果如下图所示。

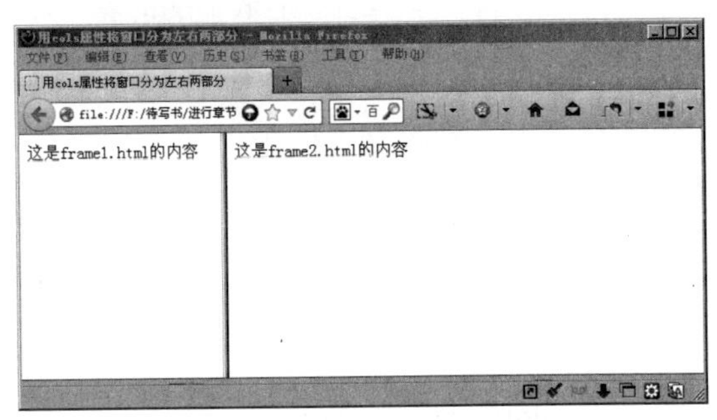

7.2.3 用 rows 属性将窗口分为上、中、下 3 部分

rows 属性的使用方法和 cols 属性基本相同，只是在分割方向上有所不同而已，该属性用来控制水平方向上的分割方式。代码清单 7-2-3-1 创建了一个水平分割成 3 个框架的框架集文档。

【范例 7.3】 用 rows 属性将窗口分为上中下三部分（代码清单 7-2-3-1）

```
01    <!DOCTYPE HTML PUBLIC "-//W3C//DTD HTML 4.01 Frameset//EN" "http://www.
w3.org/TR/ html4/frameset.dtd">
02    <html>
03    <head>
04    <meta http-equiv="Content-Type" content="text/html; charset=utf-8">
05    <title> 用 rows 属性将窗口分为上中下三部分 </title>
06    </head>
07    <frameset rows="30%,40%,*">
08    <frame src="frame1.html">
09       <frame src="frame2.html">
10       <frame src="frame3.html">
11    </frameset>
12    </html>
```

【运行结果】

在浏览器中打开网页，显示效果如下图所示。

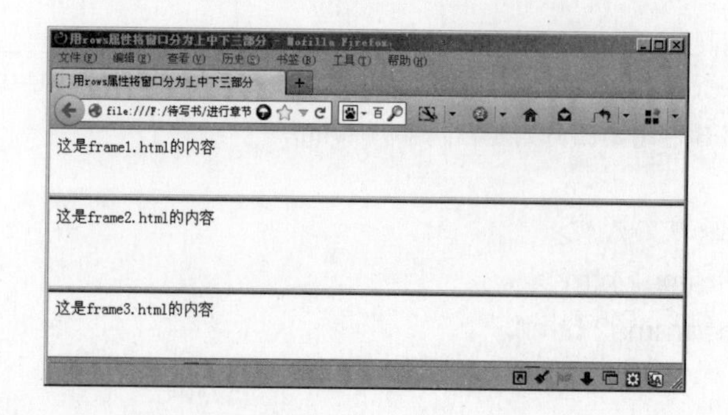

7.2.4 框架的嵌套

row 属性和 cols 属性也可以混合使用来实现框架的嵌套。代码清单 7-2-4-1 创建了一个框架集文档，先分割成了两个垂直的框架，然后在第二个框架中进行水平分割。

【范例 7.4】 框架的嵌套（代码清单 7-2-4-1）

```
01      <!DOCTYPE HTML PUBLIC "-//W3C//DTD HTML 4.01 Frameset//EN" “http://www.
w3.org/TR/ html4/frameset.dtd">
02      <html>
03      <head>
04      <meta http-equiv="Content-Type" content="text/html; charset=utf-8">
05      <title> 框架的嵌套 </title>
06      </head>
07      <frameset cols="30%,*">
08      <frame src="frame1.html">
09         <frameset rows="60%,*">
10            <frame src="frame2.html">
11            <frame src="frame3.html">
12         </frameset>
13      </frameset>
14      </html>
```

【运行结果】

在浏览器中打开网页，显示效果如下图所示。

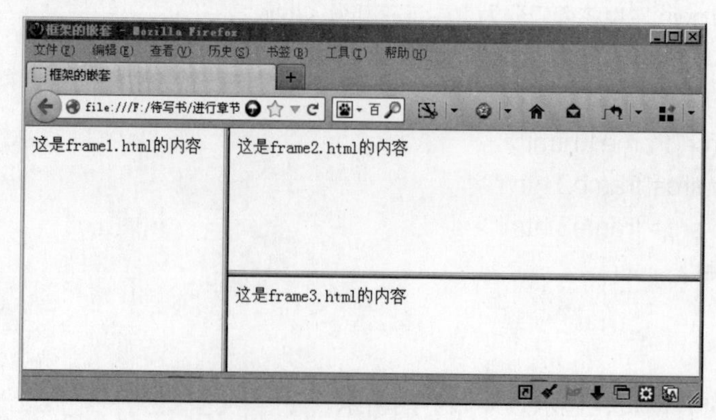

7.2.5 不显示框架

当使用不支持框架的浏览器，或者在把框架功能关闭等不能显示框架的环境下，可以使用 <noframes> 标签来指定显示内容。

要在 <frameset></frameset> 范围的最开始或者最后处放置一个 <noframes> 标签。在 <noframe></noframe> 范围内要先放置 <body> 标签，并在其中填写想要显示的内容。在这个内容中不仅要有“不匹配框架的浏览器请看这里”的字样，而且还要添加代替框架版本的内容以及各个网页的说明和链接等内容。

代码清单 7-2-5-1 创建了一个框架集，并在后面定义了 <noframe> 标签，用于设置浏览器不支持框架时显示的内容。

【范例 7.5】 不显示框架（代码清单 7-2-5-1）

```
01    <!DOCTYPE HTML PUBLIC "-//W3C//DTD HTML 4.01 Frameset//EN" “http://www.w3.org/TR/ html4/frameset.dtd">
02    <html>
03    <head>
04    <meta http-equiv="Content-Type" content="text/html; charset=utf-8">
05    <title> 不显示框架时 </title>
06    </head>
07    <frameset cols="30%,*">
08    <frame src="frame1.html">
09    <frame src="frame2.html">
10    <noframes>
11    <body>
12    <strong> 注意，你的浏览器不支持框架显示！ </strong>
13    <a href="frame1.html"> 链接到页面一 </a>
14    <a href="frame2.html"> 链接到页面二 </a>
15    </body>
16    </noframes>
17    </frameset>
18    </html>
```

【运行结果】

在浏览器中打开该网页，当浏览器不支持框架时，显示效果如下图所示。

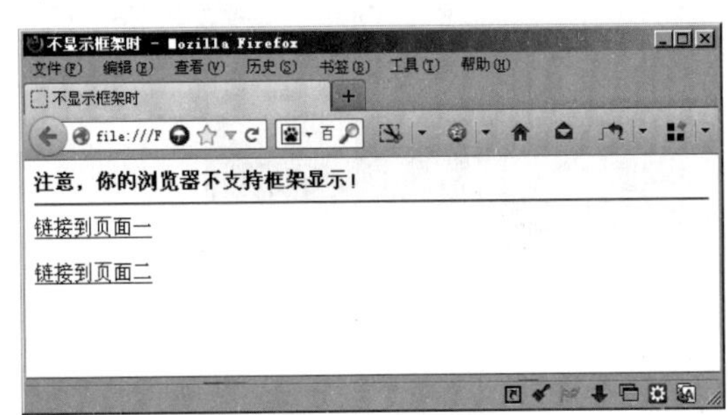

提示 现在不支持框架的浏览器已经非常少了，这里的显示仅是一个假设，读者在学习框架时只需要注意即可。

7.3 设置窗口框架的内容和外观

本节视频教学录像：7 分钟

可以为 <frame> 标签设置属性来控制框架在浏览器中的显示外观，以及指定框架在初始化时的显示内容。

7.3.1 用 src 属性设置框架的初始内容

使用 frame 元素的 src 属性可以定义某个框架所指向的文档资源，这是框架窗口的初始内容，可以是一个 HTML 文档，也可以是一个图片。当浏览器加载框架集文档完成时，就会加载框架窗口的初始文档。

代码清单 7-3-1-1 在第二个框架中加载一幅图片。

【范例 7.6】 用 src 属性设置框架的初始内容（代码清单 7-3-1-1）

```
01    <!DOCTYPE HTML PUBLIC "-//W3C//DTD HTML 4.01 Frameset//EN" "http://www.w3.org/TR/ html4/frameset.dtd">
02    <html>
03    <head>
04    <meta http-equiv="Content-Type" content="text/html; charset=utf-8">
05    <title> 用 src 属性设置框架的初始内容 </title>
06    </head>
07    <frameset cols="30%,*">
08    <frame src="frame1.html">
09      <frame src="panda.jpg">
10    </frameset>
11    </html>
```

【运行结果】

在浏览器中打开网页，显示效果如下图所示。

虽然 src 属性引用的是一个 URL 地址，但框架内容的 URL 地址不能是该框架所在的框架文档。否则就会出现一个循环包含，使浏览器出错。例如，假如当前的框架集文档为 main.html。

```
01    <!DOCTYPE HTML PUBLIC "-//W3C//DTD HTML 4.01 Frameset//EN" “http://www.w3.org/TR/ html4/frameset.dtd">
02    <html>
03    <head>
04    <meta http-equiv="Content-Type" content="text/html; charset=utf-8">
05    <title> 循环包含 </title>
06    </head>
07    <frameset cols="30%,*">
08    <frame src="frame1.html">
09       <frame src="main.html">
10    </frameset>
11    </html>
```

第二个框架视图是框架集文档本身，形成了循环包含，这有可能导致浏览器出错，不过很多浏览器对这种情况做了处理，不会导致浏览器崩溃。

7.3.2 设置框架的边框

frame 元素的 frameborder 属性可以设置框架窗口周围是否出现边框线（分隔线），可选值包括以下几个。

(1) 0：表示浏览器不在当前框架及其相邻之间画一条分隔线。注意，如果其他框架的 frameborder 属性指定了画分隔线，这个分隔线还是会被画上去。

(2) 1：表示浏览器在当前框架及其相邻框架之间画一条分隔线。该值是默认值。

代码清单 7-3-2-1 创建了一个框架集，其中设置在框架 frame1 及其相邻的框架间有分隔线，但框架 frame2 和 frame3 之间没有分隔线。

【范例 7.7】 框架窗口边框的设置（代码清单 7-3-2-1）

```
01    <!DOCTYPE HTML PUBLIC "-//W3C//DTD HTML 4.01 Frameset//EN" “http://www.w3.org/TR/ html4/frameset.dtd">
02    <html>
03    <head>
04    <meta http-equiv="Content-Type" content="text/html; charset=utf-8">
05    <title> 框架窗口边框的设置 </title>
06    </head>
07    <frameset cols="30%,*">
08    <frame src="frame1.html" name="frame1" frameborder="1">
09       <frameset rows="50%,*">
10       <frame src="frame2.html" name="frame2" frameborder="0">
11          <frame src="frame3.html" name="frame3" frameborder="0">
```

```
12      </frameset>
13    </frameset>
14    </html>
```

【运行结果】

在浏览器中打开网页，显示效果如下图所示。

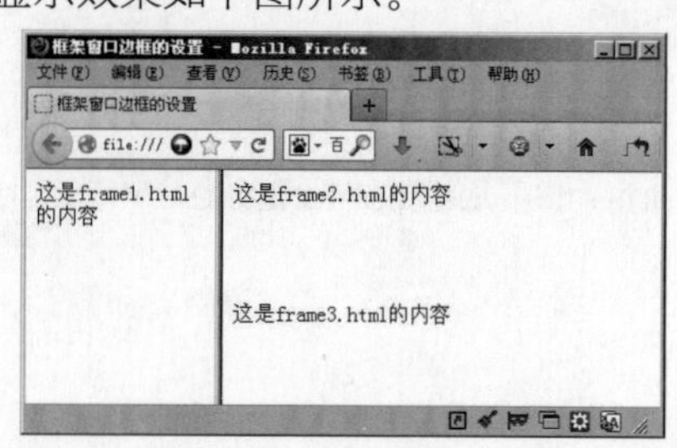

提示 <frameset>标签也可以指定frameborder属性，但在HTML4.01中，只能针对<frame>标签进行设置。

7.3.3 控制框架的边距

框架的边界和框架的内容之间可以出现空白，marginwidth属性和marginheight属性用来定义空白的大小。

marginwidth属性用来定义左右边界和框架内容之间的空白大小；marginheight属性用来定义上下边界和框架内容之间的空白大小。这两个属性都有默认值，但是默认值根据每个浏览器的具体情况不同，因此，为了保持一致的呈现，最好为这两个属性定义明确的值。这两个属性值都必须大于0，而且最好是像素值。

代码清单7-3-3-1将3个框架的空白都设置为50px，但是特意分别做了设置，一个框架仅有marginwidth属性，另一个框架仅有marginheight属性。

【范例7.8】控制框架的边距（代码清单7-3-3-1）

```
01    <!DOCTYPE HTML PUBLIC "-//W3C//DTD HTML 4.01 Frameset//EN" “http://www.w3.org/TR/ html4/frameset.dtd">
02    <html>
03    <head>
04    <meta http-equiv="Content-Type" content="text/html; charset=utf-8">
05    <title> 控制框架的边距 </title>
06    </head>
07    <frameset cols="30%,*">
08    <frame src="frame1.html" name="frame1" marginwidth="50" marginheight="50">
09      <frameset rows="50%,*">
10      <frame src="frame2.html" name="frame2" marginwidth="50">
11         <frame src="frame3.html" name="frame3" marginheight="50">
12      </frameset>
13    </frameset>
14    </html>
```

【运行结果】

在浏览器中打开网页，显示效果如下图所示。

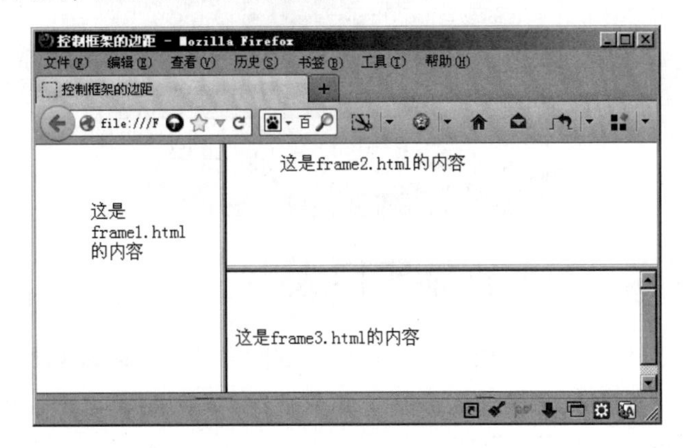

7.3.4 设置框架的滚动条

可以使用 scrolling 属性设置框架视窗的滚动条显示与否，可选的值包括以下几个。

(1) auto：表示浏览器在必要时提供滚动条，这是默认值。

(2) yes：表示浏览器始终为框架视窗提供滚动条。

(3) no：表示浏览器始终不为框架视窗提供滚动条。

代码清单 7-3-4-1 定义框架 frame1 不允许显示和使用滚动条，而定义 frame2 和 frame3 始终使用滚动条。

【范例 7.9】 框架的滚动条设置（代码清单 7-3-4-1）

```
01    <!DOCTYPE HTML PUBLIC "-//W3C//DTD HTML 4.01 Frameset//EN" “http://www.
w3.org/TR/ html4/frameset.dtd">
02    <html>
03    <head>
04    <meta http-equiv="Content-Type" content="text/html; charset=utf-8">
05    <title> 框架的滚动条设置 </title>
06    </head>
07    <frameset cols="30%,*">
08    <frame src="frame1.html" name="frame1" scrolling="no">
09      <frameset rows="50%,*">
10      <frame src="frame2.html" name="frame2" scrolling="yes">
11        <frame src="frame3.html" name="frame3" scrolling="yes">
12      </frameset>
13    </frameset>
14    </html>
```

【运行结果】

在浏览器中打开网页，显示效果如下图所示。

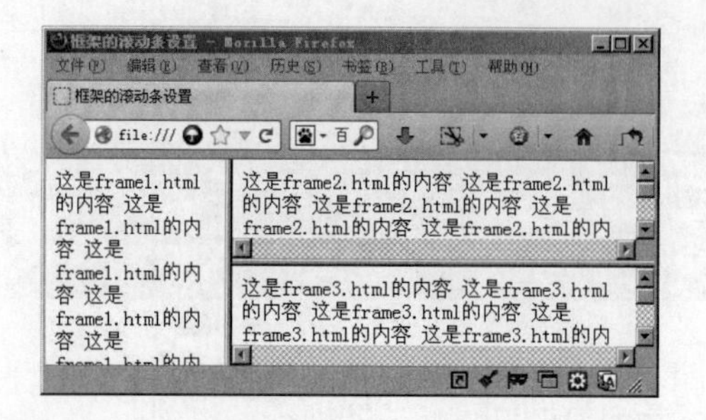

7.3.5 改变框架窗口大小

有时移动鼠标指针到框架边框时，可能出现双向箭头，可以拖动框架边框线来改变各框架视窗的大小。默认设置允许改变各框架视窗的大小。如果设置了 noresize 属性，就不允许拖动改变各框架视窗的大小了，例如：

```
<frame src="frame2.html" name="frame2" noresize>
```

提示 noresize 属性是一个逻辑值，可以不为该属性定义值，即上面的代码相当于：<frame src=” frame2.html” name=” frame2” noresize=” noresize “ >。<frame src=” frame2.html” name=” frame2” noresize=” noresize “ >。

7.4 设置框架之间的链接

本节视频教学录像：6 分钟

在框架集文档中，可以为每个框架（<frame> 标签）定义一个 name 属性，从而为框架指定一个名称，便于在其他框架文档中通过其他元素将该框架作为指向“目标”。在其他框架文档中，target 属性可以被其他元素用来建立链接（使用 a 元素等），也可以建立图像映射（area 元素）及表单（form 元素）。

代码清单 7-4-1 说明了如何使用 name 属性和 target 属性动态调整框架的内容，先在代码清单 7-4-1 所在的文档中定义一个框架，并为每一个框架定义 name 属性。

【范例 7.10】 设置框架之间的链接（代码清单 7-4-1）

```
01    <!DOCTYPE HTML PUBLIC "-//W3C//DTD HTML 4.01 Frameset//EN" “http://www.w3.org/TR/ html4/frameset.dtd">
02    <html>
03    <head>
04    <meta http-equiv="Content-Type" content="text/html; charset=utf-8">
05    <title> 设置框架之间的链接 </title>
06    </head>
07    <frameset cols="30%,*">
08    <frame src="frame4.html" name="mainFrame">
09       <frameset rows="50%,*">
10          <frame src="frame1.html" name="frame1">
11          <frame src="frame2.html" name="frame2">
```

```
12        </frameset>
13      </frameset>
14      </html>
```

然后在 frame4.html 文档中定义链接使用 target 属性，如代码清单 7-4-2 所示。

【范例 7.11】 定义链接使用 target 属性（代码清单 7-4-2）

```
01      <!DOCTYPE HTML PUBLIC "-//W3C//DTD HTML 4.01 Frameset//EN" "http://www.
w3.org/TR/ html4/frameset.dtd">
02      <html>
03      <head>
04      <meta http-equiv="Content-Type" content="text/html; charset=utf-8">
05      <title> 设置框架之间的链接 </title>
06      </head>
07      <a href="myPage1.html" target="frame1"> 前往 myPage1 页面 </a><br><br>
08      <a href="myPage2.html" target="frame2"> 前往 myPage2 页面 </a>
09      </html>
```

【运行结果】

在浏览器中打开网页，初始化的显示效果如下图（左）所示。在框架 mainFrame 中单击链接文本“前往 myPage1 页面”，在框架 frame1 中会显示 myPage1.html 网页的内容，如下图（右）所示。

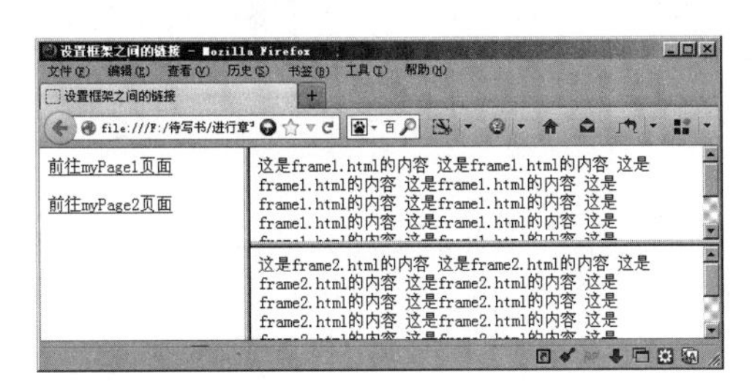

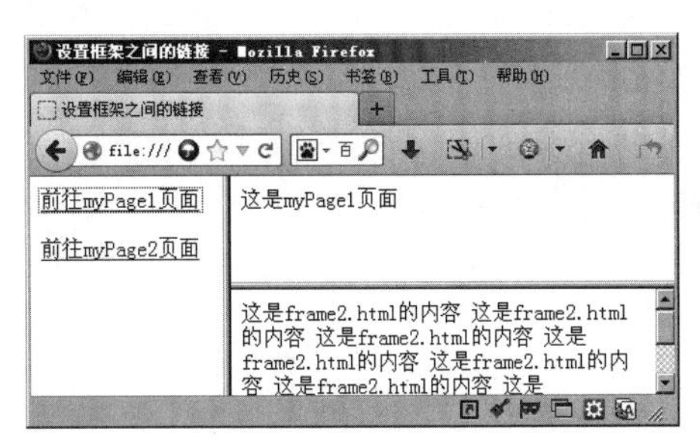

同样，单击“前往 myPage2 页面”链接文本时，在框架 frame2 中会显示 myPage2.html 网页的内容，读者可以自己尝试。

7.4.1 用 <base> 标签设置链接默认目标

在 3.2 节中介绍过 <base> 标签的基本用法，其实 <base> 标签还有一个 target 属性，在本小节中会派上用场。即当所有文档链接都将同一个框架作为打开目标时，可以定义一个默认值，而无须再为每一个超链接定义 target 属性。这可以通过为 base 元素定义 target 属性来实现。

对前面的例子稍做修改，在 frame4.html 文档中定义 <base> 元素并设置 target 属性为 frame1，如代码清单 7-4-1-1 所示。那么无论单击哪一个链接，被链接的网页都会在框架 frame1 中显示。

【范例 7.12】 用 <base> 标签设置链接默认目标（代码清单 7-4-1-1）

```
01    <!DOCTYPE HTML PUBLIC "-//W3C//DTD HTML 4.01 Transitional//EN"  "http://
www.w3.org/TR/ html4/loose.dtd">
02    <html>
03    <head>
04    <meta http-equiv="Content-Type" content="text/html; charset=utf-8">
05    <base target="frame1">
06    <title>frame4 文档 </title>
07    </head>
08    <body>
09    <a href="myPage1.html" target="frame1"> 前往 myPage1 页面 </a><br><br>
10    <a href="myPage2.html" target="frame2"> 前往 myPage2 页面 </a>
11    </body>
12    </html>
```

7.4.2 名称和框架标识

有时需要在新窗口中打开网页而不是使用框架，这可以通过设置 <a> 标签的 target 属性来实现。

(1) 设置为 _blank 时，将链接的文档载入一个新的、未命名的浏览器窗口。

(2) 设置为 _parent 时，将链接的文档载入包含该链接的框架的父框架或窗口。如果包含链接没有嵌套，则相当于 _top；链接的文档载入整个浏览器窗口。

(3) 设置为 _self 时，将链接的文档载入链接所在的同一框架或窗口，此目标是默认的，所以通常不需要指定它。

(4) 设置为 _top 时，将链接的文档载入整个浏览器窗口，从而删除所有框架。

提示 除了上面列出的属性值外，目标名称必须以小写字母或者以大写字母开始 (a~z 或者 A~Z)，其他任何目标名称都会被浏览器忽略。

【范例 7.13】 名称和框架标识（代码清单 7-4-2-1）

```
01    <!DOCTYPE HTML PUBLIC "-//W3C//DTD HTML 4.01 Transitional//EN"  "http://
www.w3.org/TR/ html4/loose.dtd">
02    <html>
03    <head>
04    <meta http-equiv="Content-Type" content="text/html; charset=utf-8">
05    <title> 名称和框架标识 </title>
06    </head>
07    <body>
08    <a href="test.html" target="_blank"> 在新窗口打开链接的网页 </a><br />
09    <a href="test.html" target="_parent"> 在框架父窗口打开链接的网页 </a><br />
10    <a href="test.html" target="_self"> 在当前窗口打开链接的网页 </a><br/>
11    <a href="test.html" target="_top"> 将链接的网页载入整个浏览器窗口 </a>
```

```
12      </body>
13      </html>
```

测试页面 test.html 文档的源代码如下所示。

```
01      <!DOCTYPE HTML PUBLIC "-//W3C//DTD HTML 4.01 Transitional//EN" "http://
www.w3.org/TR/ html4/loose.dtd">
02      <html>
03      <head>
04      <meta http-equiv="Content-Type" content="text/html; charset=utf-8">
05      <title> 测试页面 </title>
06      </head>
07      <body>
08      这是测试页面
09      </body>
10      </html>
```

【运行结果】

在浏览器中打开网页，初始化的显示效果如下图（左）所示。当单击“在新窗口打开链接的网页”链接文本后，显示效果如下图（中）所示。当单击“在当前窗口打开链接的网页”链接文本后，显示效果如下图（右）所示。

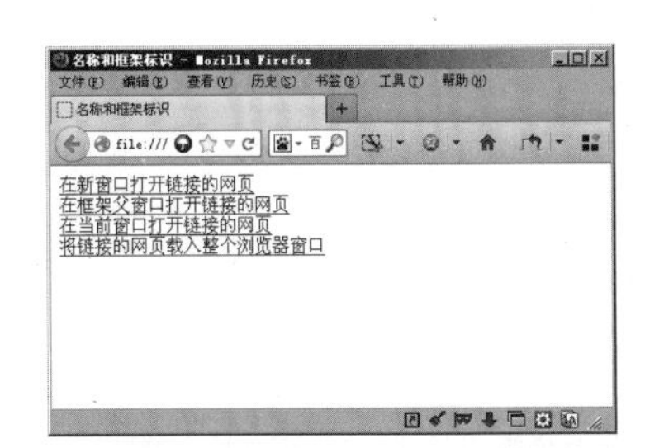

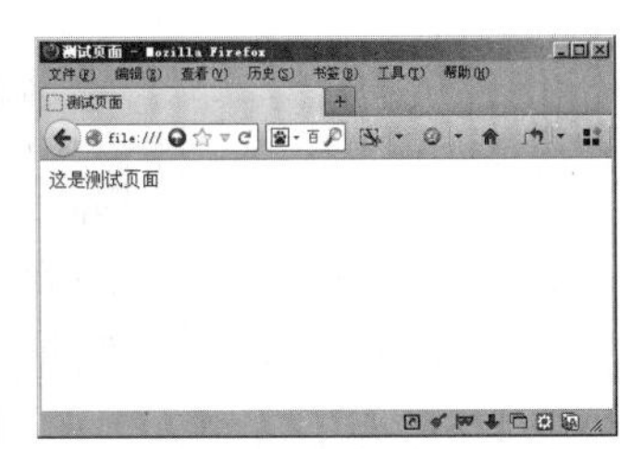

7.5 使用 <iframe></iframe> 标签对创建嵌入式框架

本节视频教学录像：2 分钟

<iframe> 标签允许在一个文本块中插入一个框架，即允许在一个 HTML 文档中插入另一个 HTML 文档，当然也可以设置与围绕的文字对齐等。另外，如果浏览器不支持这种框架，或者设置为不显示框架，就要在 <iframe></iframe> 标签对之间指定要显示的内容。

代码清单 7-5-1 定义了两个嵌入式框架，为每一个框架定义了名称标志，并指定浏览器不支持该框架时要显示的内容。

【范例 7.14】 定义两个嵌入式框架（代码清单 7-5-1）

```
01      <!DOCTYPE HTML PUBLIC "-//W3C//DTD HTML 4.01 Transitional//EN" "http://
www.w3.org/TR/ html4/loose.dtd">
02      <html>
03      <head>
```

```
04      <meta http-equiv="Content-Type" content="text/html; charset=utf-8">
05      <title> 创建嵌入式框架 </title>
06      </head>
07      <body>
08      这里放其他元素
09      <iframe src="frame1.html" width="100" height="120" name="frame1"> 你的浏览器不支持 iframe</iframe>
10      <iframe src="frame2.html" width="100" height="120" name="frame2"> 你的浏览器不支持 iframe</iframe>
11      这里放其他元素
12      </body>
13      </html>
```

【运行结果】

在浏览器中打开网页，初始化的显示效果如下图所示。

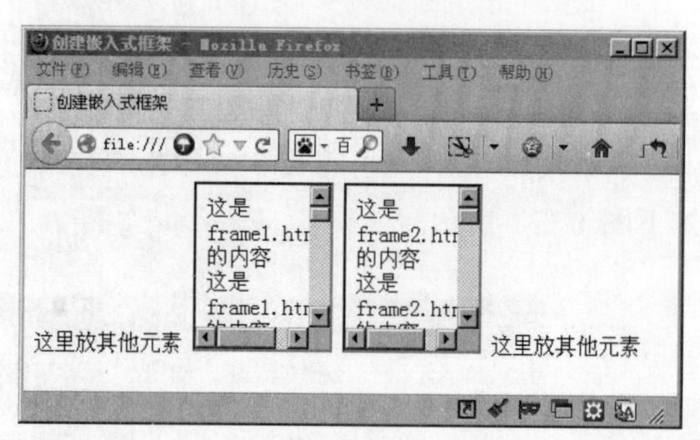

iframe 元素也可以使用 frame 元素的所有属性，实现的功能也相同，读者可以参考前面的介绍。因为嵌入式框架不能改变大小，所以无需设置 noresize 属性。

高手私房菜

本节视频教学录像：2 分钟

技巧 1：设置框架的长度或者宽度

如果几个使用百分比值框架的长度或者宽度总和不等于 100%，那么，每个框架最后占用的真实空间长度或者宽度将会被用户的浏览器自动调整。

(1) 当少于 100% 时，剩余的空间会按比列分配给每个视图。

(2) 当超过 100% 时，根据每个视图在总空间中所占的比例适当减少。

技巧 2：设置框架边框的注意事项

使用 <frame> 标签的 frameborder 属性可以把边框设置为隐藏。但是，框架与框架之间会留下一个平面空间。为了把这个边框完全消除掉，在指定了 <frameset> 标签中的 frameborder 属性之后，还要再指定 Internet Explorer 浏览器独自扩展的 framespacing 属性和 Firefox 独自扩展的 border 属性。需要注意的是，利用这些独自扩展的属性，相应的 HTML 文档就不是按照标准样式来排列了，而且在大多数浏览器上不能修改框架的大小。

第

章

网页多媒体设计

本章视频教学录像：17 分钟

高手指引

Web 页面之所以能在很短的时间内取得如此大的成功，其中一个重要的原因就是它对多媒体的支持。在页面中加入适当的多媒体资源和动态效果，可以给浏览者留下深刻的印象。本章将通过具体实例介绍网页多媒体设计。

重点导读

- 在网页中加入视频
- 在网页中加入声音
- 在网页中添加 Flash 动画
- 在网页中添加滚动文字

8.1 在网页中加入视频

本节视频教学录像：5 分钟

在网页中，可以使用链接和嵌入两种方式插入视频，浏览器可以播放的视频格式有 MOV、AVI 等。

8.1.1 添加链接视频

可以使用 <a> 标签在 HTML 文档中链接视频文件。当所要链接的文件加载完毕后，浏览器会调用相应的应用程序来播放该视频文件。

代码清单 8-1-1-1 使用 <a> 标签链接了一个 AVI 格式的视频文件。

【范例 8.1】 添加链接视频（代码清单 8-1-1-1）

```
01    <!DOCTYPE HTML PUBLIC "-//W3C//DTD HTML 4.01 Transitional//EN"  “http://www.w3.org/TR/ html4/loose.dtd">
02    <html>
03    <head>
04    <meta http-equiv="Content-Type" content="text/html; charset=utf-8">
05    <title> 添加链接视频 </title>
06    </head>
07    <body>
08    <a href="sky.avi"> 天空 </a>
09    </body>
10    </html>
```

【运行结果】

在浏览器中打开该网页，显示效果如左下图所示。

当单击链接文本“天空”时，浏览器加载 sky.avi 视频文件，并要求选择应用程序，如右下图所示。

8.1.2 使用 Windows Media Player 嵌入视频

可以使用 <object> 和 <embed> 标签将多媒体嵌入 HTML 文档中。其中 <object> 标签是将多媒体嵌入网页的首选标签，但并不是所有的浏览器都支持 <object> 标签，因此，目前可将 <object> 与 <embed> 这两个标签结合起来使用，以最大程度地与浏览器兼容。

<object> 标签有 3 个常用的属性，分别是 classid、width 及 height 属性，这 3 个属性的作用如下。

(1) width 属性决定嵌入网页的播放器窗口的宽度。

(2) height 属性决定嵌入网页的播放器窗口的高度。

(3) classid 属性设置为一个由字母和数字组成的编号，这个编号是 Windows Media Player 的全局 ID，它告诉 <object> 标签将 Windows Media Player 嵌入网页中以播放视频剪辑。

<object> 标签内有 4 个 <param> 标签，负责制定关于如何播放视频的更多细节。每个 <param> 标签都有两个属性：name 和 value，负责将数据（value）与特定设置（name）关联起来。另外，还有一个 type 参数指定要播放的媒体类型，这里为 Windows Media Player（WMV）文件。媒体类型必须指定为标准的 Internet MIME 类型之一，下面是几种流行的可在网页中使用的 MIME 声音和视频格式。

(1) WAV 音频：audio/x-wav。

(2) SU 音频：audio/basic。

(3) MP3 音频：audio/mpeg。

(4) MID 音频：audio/midi。

(5) WMA 音频：audio/x-ms-wma。

(6) RealAudio：audio/x-pn-realaudio-plugin。

(7) AVI:video/x-msvideo。

(8) WMV:video/x-ms-wmv。

(9) MPEG 视频：video/mpeg。

(10) QuickTime：video/quicktime。

> **提示** MIME 类型是唯一标识 Internet 上不同类型的媒体对象的标识符。MIME 是 Multipurpose Internet Mail Extensions(多用途 Internet 邮件扩展）的缩写，用于表示电子邮件附件。

代码清单 8-1-2-1 在网页中嵌入一个视频文件。

【范例 8.2】 使用 Windows Media Player 嵌入视频（代码清单 8-1-2-1）

```
01    <!DOCTYPE HTML PUBLIC "-//W3C//DTD HTML 4.01 Transitional//EN"  "http://
www.w3.org/TR/ html4/loose.dtd">
02    <html>
03    <head>
04    <meta http-equiv="Content-Type" content="text/html; charset=utf-8">
```

```
05      <title> 添加嵌入视频 </title>
06      </head>
07      <body>
08      <object classid="clsid:6BF52A52-394A-11D3-B153-00C04F79FAA6" width="480"
height="320">
09      <param name="type" value="video/x-ms-wmv" />
10        <param name="URL" value="flower.wmv"/>
11        <param name="uiMode" value="full" />
12        <param name="autoStart" value="true" />
13      <embed width="480" height="320" type="video/x- ms- wmv" src="flower.wmv"
controls="All" loop="false" autostart="true"
14      pluginspage="http:/www.microsoft.com/windows/windowsmedia" /></mbed>
15      </object>
16      </body>
17      </html>
```

在浏览器中打开该网页，显示效果如下图所示。

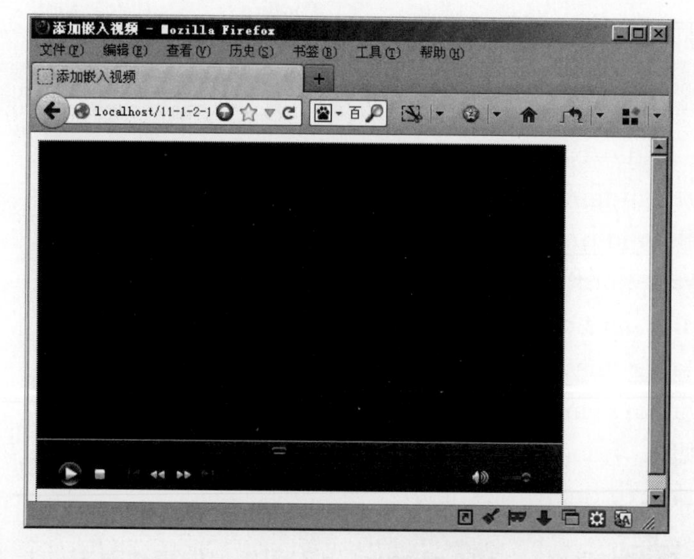

8.2 在网页中加入声音

本节视频教学录像：7 分钟

在 HTML 页面中加入适当的声音效果会起到画龙点睛的作用。浏览器可以播放的声音格式有 MID、WAV、MP3 等，其中 MP3 格式目前应用最为广泛。

8.2.1 添加背景声音

背景声音就是打开一个网页时播放的声音。可以使用 <bgsound> 标记来控制背景声音。<bgsound> 标记位于 HTML 文档的 <head> 部分，其格式如下所示。

```
01      <head>
02      ……
03      <bgsound src="" loop="">
04      ……
05      </head>
```

<bgsound> 标签的 src 属性用于设置声音文件的名称和路径；loop 属性用于设置反复播放的次数，属性值为“infinite”时，表示在浏览者离开该页面时持续播放背景音乐；autostart 属性用于设置是否自动播放，属性值为“true”时表示是，属性值为“false”时表示否，默认属性值为“true”。

代码清单 8-2-1-1 设置 loop 属性为 2，即当浏览器打开该页面时，love.mp3 文件将自动播放两次，同时设置 autostart 属性为 true，表示网页加载时立刻自动播放。

【范例 8.3】 添加背景声音（代码清单 8-2-1-1）

```
01      <!DOCTYPE HTML PUBLIC "-//W3C//DTD HTML 4.01 Transitional//EN"  “http://
www.w3.org/TR/ html4/loose.dtd">
02      <html>
03      <head>
04      <meta http-equiv="Content-Type" content="text/html; charset=utf-8">
05      <title> 添加背景声音 </title>
06      </head>
07      <body>
08      <meta http-equiv="Content-Type" content="text/html; charset=utf-8">
09      <title> 添加背景声音 </title>
10      <bgsound src="love.mp3" loop="2" autostart="true">
11      </head>
12      </body>
13      </html>
```

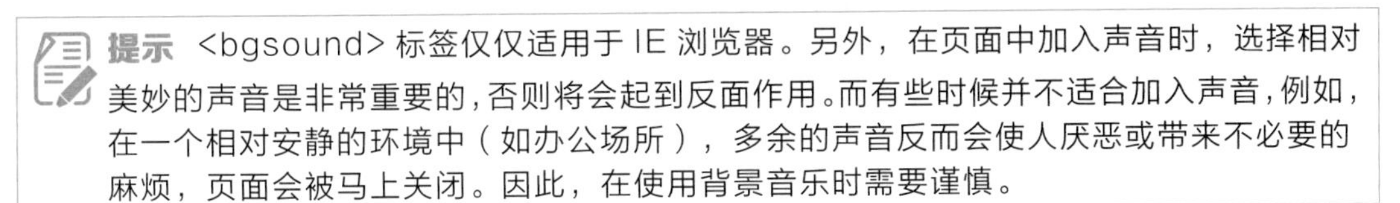

提示 <bgsound> 标签仅仅适用于 IE 浏览器。另外，在页面中加入声音时，选择相对美妙的声音是非常重要的，否则将会起到反面作用。而有些时候并不适合加入声音，例如，在一个相对安静的环境中（如办公场所），多余的声音反而会使人厌恶或带来不必要的麻烦，页面会被马上关闭。因此，在使用背景音乐时需要谨慎。

8.2.2 添加链接声音

链接声音是将声音添加到网页中的一种简单有效的方法，而浏览器将根据用户的选择利用应用程序来播放声音。代码清单 8-2-2-1 通过 <a> 标签链接到 love.mp3 音乐文件。

【范例 8.4】 添加链接声音（代码清单 8-2-2-1）

```
01      <!DOCTYPE HTML PUBLIC "-//W3C//DTD HTML 4.01 Transitional//EN"  “http://
www.w3.org/TR/ html4/loose.dtd">
```

```
02    <html>
03    <head>
04    <meta http-equiv="Content-Type" content="text/html; charset=utf-8">
05    <title> 使用 Windows Media Player 播放音乐文件 </title>
06    </head>
07    <body>
08    <a href="love.mp3"> 爱的纪念 </a>
09    </body>
10    </html>
```

在浏览器中打开该网页，显示效果如左下图所示。当单击链接文本“爱的纪念”时，浏览器加载 love.mp3 文件，并用相应的应用程序播放该文件（本实例中系统默认媒体播放器是 Windows Media Player），如右下图所示。

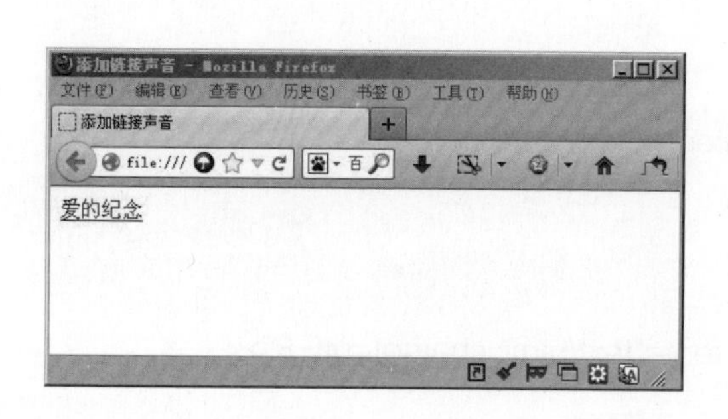

提示 应用程序是网页浏览器用来显示自己不能处理的任何类型文件的外部程序。一般来说，当网页浏览器不能显示某种文件类型时，调用与这种文件类型相关联的应用程序，让用户能在浏览器窗口中直接浏览多媒体内容。

8.2.3 使用 RealPlayer 嵌入声音

8.1.2 节介绍了如何使用 <object> 标签将 Windows Media Player 嵌入网页中，以便播放视频文件，但是，如果访问网站的用户使用其他媒体播放器，如 RealPlayer 呢？将 <object> 标签中的 classid 值修改为适当的播放器，就可以使用另一个播放器。

代码清单 8-2-3-1 使用 <object> 标签和 <embed> 标签在网页中嵌入 Real Player 播放器，并播放 love.mp3 音乐文件。

【范例 8.5】 使用 RealPlayer 嵌入声音（代码清单 8-2-3-1）

```
01    <!DOCTYPE HTML PUBLIC "-//W3C//DTD HTML 4.01 Transitional//EN" “http://
www.w3.org/TR/ html4/loose.dtd">
02    <html>
```

```
03      <head>
04      <meta http-equiv="Content-Type" content="text/html; charset=utf-8">
05      <title> 添加嵌入声音 </title>
06      </head>
07      <body>
08      <object classid="clsid:CFCDAA03-8BE4-11cf-B84B-0020AFBBCCFA" width="320"
height="305">
09      <param name="type" value="audio/x-pn-realaudio-plugin" />
10          <param name="src" value="http://localhost/love.mp3"/>
11          <param name="controls" value="All" />
12          <param name="loop" value="false" />
13          <param name="autoStart" value="true" />
14          <embed src="http://localhost/love.mp3" width="320" type="audio/x-
pn-realaudio-plugin" height="305" controls="All" loop="false" autostart="true"
15          pluginspage="http://www.real.com/player/" /></embed>
16      </object>
17      </body>
18      </html>
```

在浏览器中打开该网页，显示效果如下图所示。

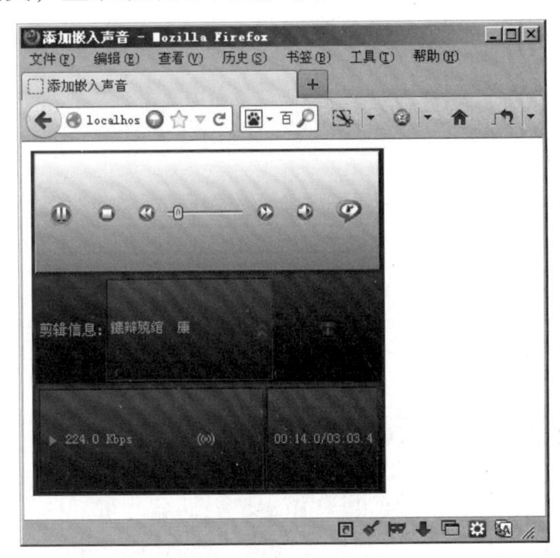

提示　在该示例中，width 和 height 属性决定嵌入的 RealPlayer 播放器的大小，如果没有设置这两个属性，有些浏览器将自动调整窗口的大小以适应内容，而有些浏览器将不显示内容。因此要想安全播放，应将这两个属性设置为多媒体内容播放时的大小。

8.3 在网页中添加 Flash 动画

本节视频教学录像：1 分钟

Flash 是 Adobe 公司出品的“网页三剑客”（Dreamweaver、Flash 和 Fireworks）之一，也是当今使用最多的动画制作软件。其生成的 SWF 格式动画已成为互联网上矢量动画的实际标准之一。在网页中加入适当的 Flash 动画，会使页面增色不少。只要在浏览器中安装相关插件，就可以观看 Flash 动画，如代码清单 8-3-1 所示。

【范例 8.6】 在网页中添加 Flash 动画（代码清单 8-3-1）

```
01	<!DOCTYPE HTML PUBLIC "-//W3C//DTD HTML 4.01 Transitional//EN" “http://www.w3.org/TR/ html4/loose.dtd">
02	<html>
03	<head>
04	<meta http-equiv="Content-Type" content="text/html; charset=utf-8">
05	<title> 在网页中添加 Flash 动画 </title>
06	</head>
07	<body>
08	<object classid="clsid:D27CDB6E-AE6D-11cf-96B8-444553540000"
09	codebase="http://download.macromedia.com/pub/shockwave/cabs/flash/swflash.cab#version=6,0,29,0" width="550" height="400">
10	<param name="movie" value="demo.swf">
11	<param name="quality" value="high">
12	<embed src="demo.swf" quality="high" pluginspage="http://www.macromedia.com/go/getflashplayer" type="application/x-shockwave-flash"
13	width="550" height="400"></embed>
14	</object>
15	</body>
16	</html>
```

在浏览器中打开该网页，显示效果如下图所示。

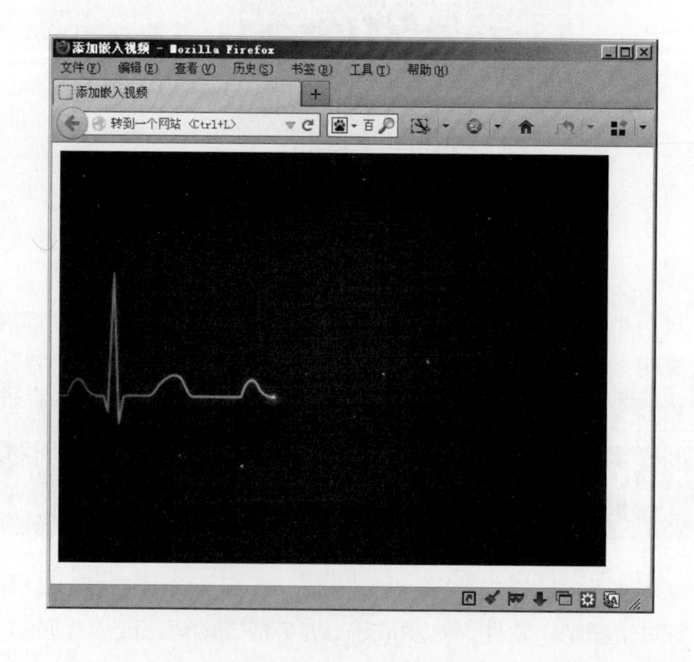

8.4 在网页中添加滚动文字

本节视频教学录像：2 分钟

在网页中添加适当的滚动文字可以使网页更具动感。在 HTML 文档中，可以使用 <marquee> 标签实现字幕滚动文字效果。其语法格式如下。

```
01	<marquee direction="" behavior="" scrollamount="" loop="">
02	……
03	</marquee>
```

在上面的语法格式中，direction 属性用来设置文字的滚动方向，取值可以是 up（向上）、down（向下）、left（向左）和 right（向右）。behavior 属性用来设置滚动的方式。其取值可以是 scroll（循环滚动）、slide（只滚动一次）与 alternate（来回滚动）。scrollamount 属性用来设置滚动的速度；loop 用来设置滚动的次数。例如，代码清单 8-4-1 设置滚动文本左右滚动，滚动速度为 2。

【范例 8.7】 在网页中添加滚动文字（代码清单 8-4-1）

```
01	<!DOCTYPE HTML PUBLIC "-//W3C//DTD HTML 4.01 Transitional//EN" “http://
www.w3.org/TR/ html4/loose.dtd">
02	<html>
03	<head>
04	<meta http-equiv="Content-Type" content="text/html; charset=utf-8">
05	<title> 在网页中添加滚动文字 </title>
06	</head>
07	<body>
08	<marquee direction="left" behavior="alternate" scrollamount="2" loop="2">
09	这里放置滚动文本
10	</marquee>
11	</body>
12	</html>
```

在浏览器中打开该网页，显示效果如下图所示。

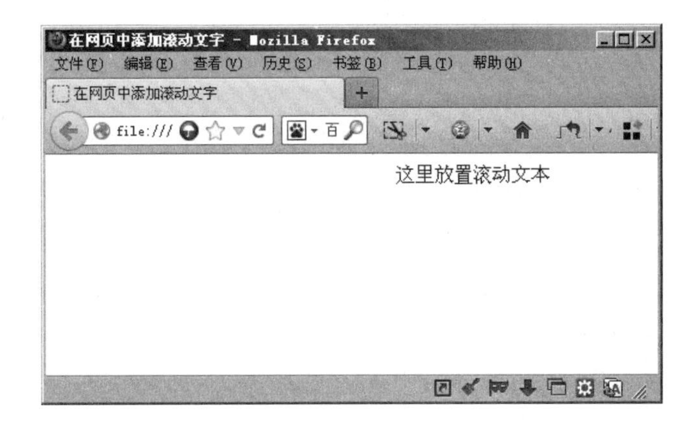

高手私房菜

本节视频教学录像：2 分钟

技巧 1：流式视频与音频

在过去，通过大部分调制解调器下载音频与视频文件都需要花数十分钟，甚至一小时，这严重限制了音频与视频在网页中的应用。流式音频和视频可以一边接收数据一边播放。也就是说，音频或者视频文件还没有下载完，就可以开始播放了。

现在流式音频和视频在大部分媒体播放器中得到了广泛的支持，使用 <object> 标签嵌入媒体对象，支持它的媒体播放器将自动以流式方式播放媒体文件。

技巧 2：选择合适的音频或者视频格式

在国内大部分用户使用的都是 Windows 操作系统，通常选择 WAV、WMV 音频格式和 AVI、WMV 视频格式。如果跨平台兼容性非常重要，考虑使用 MP3 音频格式和 RealVideo、RealAudio 视频格式。

第2篇 CSS篇

第  章

CSS 样式基础

 **本章视频教学录像：14 分钟**

高手指引

本书前 8 章介绍了有关 HTML 的内容，但是要制作出精美的网页这还远远不够，还需要学习控制网页外观的技术——CSS。

重点导读

- 简单的 CSS 实例
- CSS 样式表的规则
- 使用 CSS 选择器
- 在 HTML 中调用 CSS 的方法

9.1 一个简单的 CSS 示例

本节视频教学录像：2 分钟

CSS 是 Cascading Style Sheets（层叠样式表单）的缩写，它是一种用来表现 HTML 或 XML 等文件样式的计算机语言，用来设计网页风格。可以对网页中对象的位置进行像素级的精确控制，支持几乎所有的字体字号样式，具有对网页对象和模型样式编辑的能力，并可以进行初步交互设计。在学习 CSS 技术知识之前，先看一个简单的 CSS 示例，以便于加深对 CSS 的认识。例如，代码清单 9-1-1 给一个 DIV 容器添加一个彩色图像边框。

【范例 9.1】 给一个 DIV 容器添加一个彩色图像边框（代码清单 9-1-1）

```
01    <!DOCTYPE HTML PUBLIC "-//W3C//DTD HTML 4.01 Transitional//EN" "http://
www.w3.org/TR/ html4/loose.dtd">
02    <html>
03    <head>
04    <meta http-equiv="Content-Type" content="text/html; charset=utf-8">
05    <title> 一个简单的 CSS 示例 </title>
06    <style type="text/css">
07    #div1 {
08          margin: 3px;          /* 设置容器外边距为 3px*/
09          height: 104px;         /* 设置容器的高度为 104px*/
10          width: 450px;         /* 设置容器的宽度为 450px*/
11          padding-top: 20px;    /* 设置容器上方内边距为 20px*/
12          padding-left: 14px;   /* 设置容器左方内边距为 14px*/
13          border:solid 2px blue;    /* 设置容器边框为 2px 宽的实线，颜色为蓝色 */
14          color:red;            /* 设置容器内的文字颜色为红色 */
15    }
16    </style>
17    </head>
18    <body>
19    <div id="div1">
20    测试文本 1<br />
21    测试文本 2<br />
22    测试文本 3<br />
23    </div>
24    </body>
25    </html>
```

【运行结果】

在浏览器中打开网页，显示效果如下图所示。

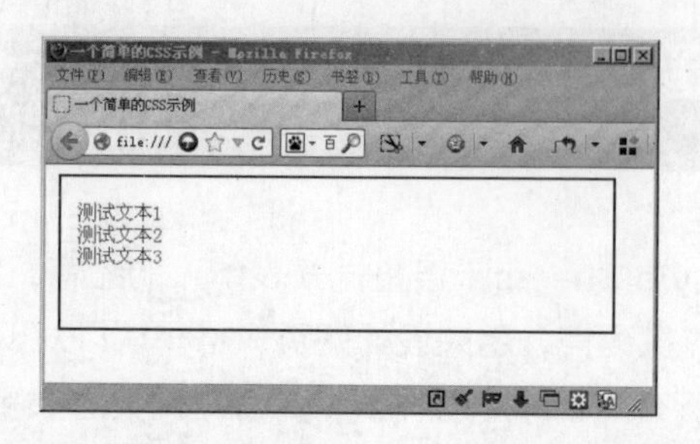

9.2 CSS 样式表的规则

本节视频教学录像：2 分钟

所有样式表的基础就是 CSS 规则，每一条规则都是一条单独的语句，它确定了如何设计样式，以及如何应用这些样式。因此，样式表由规则列表组成，浏览器用它来确定页面的显示效果，甚至是声音效果。

CSS 由两部分组成：选择器和声明，其中声明由属性和属性值组成，因此简单的 CSS 规则如下。

```
body{margin:32px;}
```

(1) body：选择器。

(2) margin：属性。

(3) 32px：属性值。

(4) {margin:32px;}：声明。

1. 选择器

选择器用于指定对文档中的哪个标签进行定义，选择器最简单的类型是“标签选择器”，使用它直接输入元素的名称，即可进行样式定义。例如，定义 HTML 中的 <p> 标签，只要给出 <> 尖括号内的标签名称，即可定义样式，如下所示。

```
p{ 属性：值；}
```

规则会选择所有 <p> 标签的样式。

2. 声明

声明包含在 {} 大括号中，在大括号中先给出属性名，接着是冒号，然后是属性值。结尾分号是可选的，但是强烈推荐使用结尾分号，这样可增加样式的可读性。

3. 属性

属性由官方 CSS 规范定义。可以定义特有的样式效果，与 CSS 兼容的浏览器可能会支持这些效果，尽管有些浏览器识别不是正式语言规范部分的非标准属性，但是大多数浏览器很可能会忽略一些非 CSS 规范部分的属性，最好不要使用这些专有的扩展属性，因为不识别它们的浏览器只是简单地忽略它们。

4. 属性值

声明的属性值放置在属性名和冒号之后，它定义如何设置属性。每个属性值的范围也在 CSS 规范中定义。例如，名为 color(颜色) 的属性可以采用颜色名或由十六进制代码组成的值，如下所示。

```
01    p{
02    Color:blue;
03    }
```

或者

```
01    p{
02    Color:#0000FF;
03    }
```

该规则声明所有段落标签的内容应该将 color 属性设置为 blue(蓝色)，因此所有 <p> 标签里的文本都将变成蓝色。

9.3 使用 CSS 选择器

本节视频教学录像：8 分钟

选择器是 CSS 中极为重要的一个概念和思想，所有页面元素都是通过不同的选择器进行控制的。在使用中，只需要将设置好属性的选择器绑定到一个个 HTML 标签上，就可以实现各种效果，达到对页面的控制。

在 CSS 中，可以把选择器分为基本选择器和复合选择器，复合选择器是建立在基本选择器之上对基本选择器进行组合形成的。本章只介绍基本选择器，后面章节再介绍复合选择器。

9.3.1 标签选择器

标签选择器，顾名思义，就是用于描述 HTML 中标签的选择器，通过标签选择器可以把所有该标签进行统一描述、统一应用。代码清单 9-3-1-1 定义 <p> 标签内的文本大小为 40px，颜色为红色，并以粗体显示。

【范例 9.2】 标签选择器（代码清单 9-3-1-1）

```
01	<!DOCTYPE HTML PUBLIC "-//W3C//DTD HTML 4.01 Transitional//EN" "http://
www.w3.org/TR/ html4/loose.dtd">
02	<html>
03	<head>
04	<meta http-equiv="Content-Type" content="text/html; charset=utf-8">
05	<title> 标签选择器 </title>
06	<style type="text/css">
07	p{
08	   font-size:40px;
09	   color:red;
10	   font-weight:bold;
11	}
12	</style>
13	</head>
14	<body>
15	<p> 测试文本 1</p>
16	<p> 测试文本 2</p>
17	</body>
18	</html>
```

【运行结果】

在浏览器中打开网页，显示效果如下图所示。

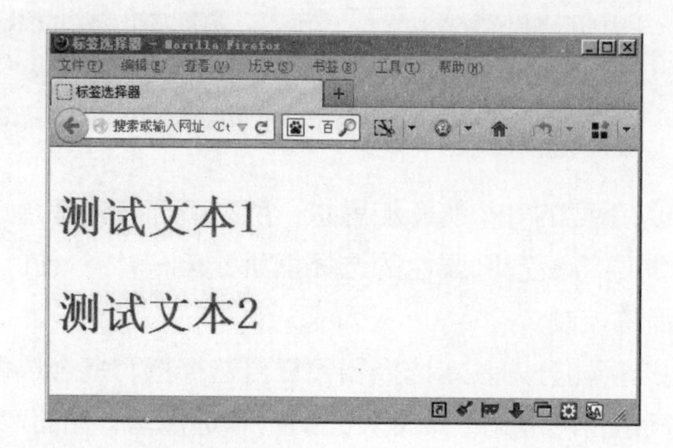

9.3.2 类选择器

在实际应用中，不会像 9.3.1 中那样，所有 <p> 标签都是红色，如果仅希望一部分 <p> 标签是红色，另一部分 <p> 标签是蓝色，该怎么做呢？这就需要用到类选择器。使用类选择器可以自由定义名称，然后在具体标签中使用该类名称即可。代码清单 9-3-2-1 通过类选择器更改第 2 个 <p> 标签文字为蓝色。

【范例 9.3】 类选择器（代码清单 9-3-2-1）

```
01    <!DOCTYPE HTML PUBLIC "-//W3C//DTD HTML 4.01 Transitional//EN" "http://
www.w3.org/TR/ html4/loose.dtd">
02    <html>
03    <head>
04    <meta http-equiv="Content-Type" content="text/html; charset=utf-8">
05    <title> 类别选择器 </title>
06    <style type="text/css">
07    p{
08       font-size:40px;
09       color:red;
10       font-weight:bold;
11    }
12    .blue{
13       color:blue;
14    }
15    </style>
16    </head>
17    <body>
18    <p> 测试文本 1</p>
19    <p class="blue"> 测试文本 2</p>
20    </body>
21    </html>
```

【运行结果】

在浏览器中打开网页，显示效果如下图所示。

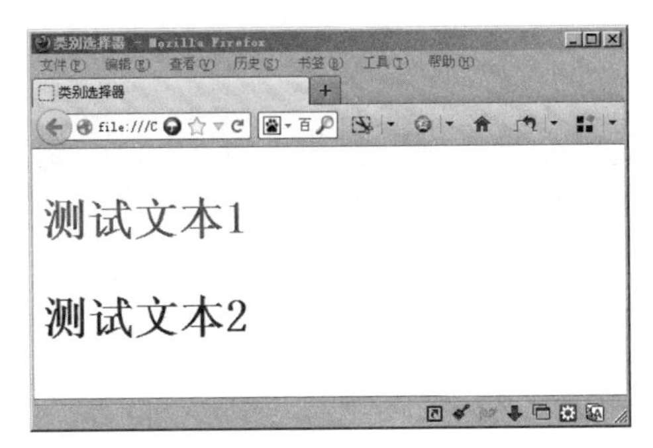

通过范例 9.3 可以看到，类选择器与标签选择器在定义上几乎相同，仅需要定义一个名称，在需要使用的地方通过“class= 类选择器名称”就能灵活使用。

9.3.3 ID 选择器

标签均可以使用 id=“”的形式，为 id 属性指派名称，id 可以理解为一个标识，在网页中，每个 id 名称只能使用一次。

需要注意的是，在 CSS 样式中，id 选择器使用 # 标识。代码清单 9-3-3-1 定义了一个 id 选择器。

【范例 9.4】 定义一个 id 选择器（代码清单 9-3-3-1）

```
01    <!DOCTYPE HTML PUBLIC "-//W3C//DTD HTML 4.01 Transitional//EN" "http://
www.w3.org/TR/ html4/loose.dtd">
02    <html>
03    <head>
04    <meta http-equiv="Content-Type" content="text/html; charset=utf-8">
05    <title>id 选择器 </title>
06    <style type="text/css">
07      #red{
08        color:red;
09      }
10      #blue{
11        color:blue;
12      }
13    </style>
14    </head>
15    <body>
16      <p id="red"> 这里是红色文本 </p>
17      <p id="blue"> 这里是蓝色文本 </p>
18      </body>
19    </html>
```

【运行结果】

在浏览器中打开网页，显示效果如下图所示。

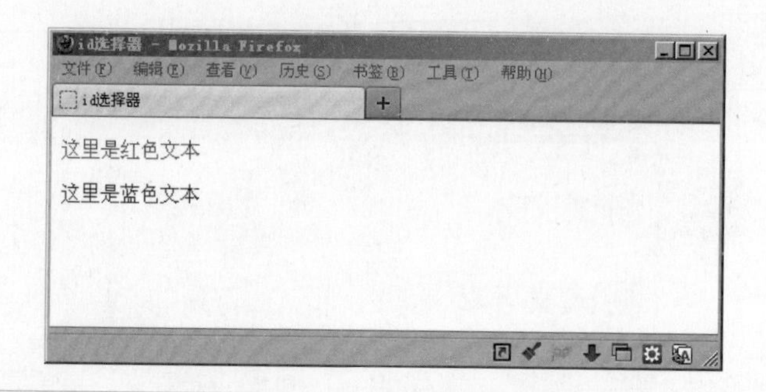

 **提示** id 选择器的基本作用是对每个页面中唯一出现的元素进行定义，如可以将导航条命名为 nav，将网页头部和底部命名为 header 和 footer。对于在每个页面中均出现一次的元素，使用 id 进行命名具有唯一性，有助于代码阅读及使用。

高手私房菜

本节视频教学录像：2 分钟

技巧：使用全局选择器

在实际网页制作中，经常会遇到某些页面中的所有标记都用同一种 CSS 样式的情况，如弹出的对话框和上传附件的窗口等，如果逐个声明起来会很麻烦，这时可以利用全局选择器“*”进行声明，代码如下。

```
01    <!DOCTYPE HTML PUBLIC "-//W3C//DTD HTML 4.01 Transitional//EN" "http://
www.w3.org/TR/ html4/loose.dtd">
02    <html>
03    <head>
04    <meta http-equiv="Content-Type" content="text/html; charset=utf-8">
05    <title> 使用全局选择器 *</title>
06    <style type="text/css">
07      *{
08        color:red;
09        font-size:14px;
10      }
11    </style>
12    </head>
13    <body>
14      <p> 段落一段落一段落一段落一段落一段落一 </p>
15      <p> 段落二段落二段落二段落二段落二段落二 </p>
16    </body>
17    </html>
```

第10章

网页样式代码的生成方法

本章视频教学录像：18 分钟

高手指引

掌握第 9 章的 CSS 基础知识后，就可以动手实践了。本章分别介绍如何通过手工编写与借助 Dreamweaver 工具编写的方式来完成一个使用 CSS 技术的网页，让读者了解 CSS 技术的使用流程。

重点导读

- 手工编写代码
- 使用 Dreamweaver 辅助工具创建页面
- 在 Dreamweaver 中新建 CSS 样式
- 在 Dreamweaver 中编辑 CSS 样式
- 为图像创建 CSS 样式

10.1 从零开始手工编写

本节视频教学录像：7 分钟

首先创建一个 HTML 文档，建立基本的网页框架，如代码清单 10-1-1 所示。

【范例 10.1】 建立基本的网页框架（代码清单 10-1-1）

```
01    <!DOCTYPE HTML PUBLIC "-//W3C//DTD HTML 4.01 Transitional//EN" "http://
www.w3.org/TR/ html4/loose.dtd">
02    <html>
03    <head>
04    <meta http-equiv="Content-Type" content="text/html; charset=utf-8">
05    <title> 从零开始手工编写 </title>
06    </head>
07    <body>
08    <h1>iPhone 手机介绍 </h1>
09    <img src="iphone.jpg" title="iPhone" alt="iPhone" />
10    <p class="p1">
11    iPhone 是结合照相手机、个人数码助理、媒体播放器以及无线通信设备的掌上智能手机，
由史蒂夫·乔布斯在 2007 年 1 月 9 日举行的 Macworld 宣布推出，2007 年 6 月 29 日在美国上市。
12    iPhone 是一部 4 频段的 GSM 制式手机，支持 EDGE 和 802.11b/g 无线上网，支持电邮、
移动通话、短信、网络浏览以及其他的无线通信服务。
13    </p>
14    <p class="p2">
15    2007 年 6 月 29 日 18:00 iPhone（即 iPhone1 代） 在美国上市，2008 年 7 月 11 日，
苹果公司推出 3G iPhone。2010 年 6 月 8 日凌晨 1 点乔布斯发布了 iPhone 4 。2011 年 10 月 5
日凌晨，iPhone 4S 发布。2012 年 9 月 13 日凌晨（美国时间 9 月 12 日上午）iPhone 5 发布。
16    </p>
17    </body>
18    </html>
```

【运行结果】

在浏览器中打开网页，显示效果如下图所示。

观察上图，由于页面文件没有经过 CSS 控制，排版布局比较混乱，很不美观，下面通过 CSS 来美化网页。

10.1.1　编写标题样式代码

首先处理标题。为了让标题更加醒目，给它添加绿色背景，使用文字格式为红色、居中，并与正文保持一定的间距。在 <head> 标签中加入 <style> 标签，并书写 h1 的 CSS 应用规则，如代码清单 10-1-1-1 所示。

【范例 10.2】 编写标题样式代码（代码清单 10-1-1-1）

```
01    <style type="text/css">
02    h1{
03       color:red;          /* 设置文字颜色 */
04       background-color:#49ff01;        /* 设置背景色 */
05       text-align:center;        /* 设置文本居中 */
06       padding:20px;     /* 设置内容内边距 */
07    }
08    </style>
```

【运行结果】

在浏览器中打开网页，显示效果如下图所示。

观察上图，可以发现标题已经非常醒目和突出了。

> **提示**　本章所有范例中的 HTML 代码均与代码清单 10-1-1 相同，为了节省篇幅，在本章的代码清单部分只展示 CSS 样式代码，读者可以在附带的光盘中找到完整的源文件进行研究。

10.1.2 编写图片控制代码

开始处理图片，使图片与文字的排列更加协调，如代码清单 10-1-2-1 所示。

【范例 10.3】 编写图片控制代码（代码清单 10-1-2-1）

```
01    <style type="text/css">
02    h1{
03        color:red;        /* 设置文字颜色 */
04        background-color:#49ff01;        * 设置背景色 */
05        text-align:center;        /* 设置文本居中 */
06        padding:20px;        /* 设置内容内边距 */
07    }
08    img{
09        float:left;        /* 居左显示 */
10        border:2px #F00 solid;    /* 设置边框 */
11        margin:5px;        /* 设置外边距 */
12    }
13    </style>
```

【运行结果】

在浏览器中打开该网页，显示效果如下图所示。

观察上图，可以看见图片与正文文字产生图文混排的效果。

10.1.3 设置网页正文

从上图中可以发现文字排列过于紧密，需要调整，同时改变字体大小，如代码清单 10-1-3-1 所示。

【范例 10.4】 设置网页正文（代码清单 10-1-3-1）

```
01    <style type="text/css">
```

```
02	h1{
03	color:red;	/* 设置文字颜色 */
04	background-color:#49ff01;	/* 设置背景色 */
05	text-align:center;	/* 设置文本居中 */
06	padding:20px;	/* 设置内容内边距 */
07	}
08	img{
09	float:left;	/* 居左显示 */
10	border:2px #F00 solid;	/* 设置边框 */
11	margin:5px;	/* 设置外边距 */
12	}
13	p{
14	font-size:12px;	/* 设置正文字体 */
15	text-indent:2em;	/* 设置字间距 */
16	line-height:1.5;	/* 设置行间距 */
17	padding:5px;	/* 设置段落间距 */
18	}
19	</style>
```

【运行结果】

在浏览器中打开该网页，显示效果如下图所示。

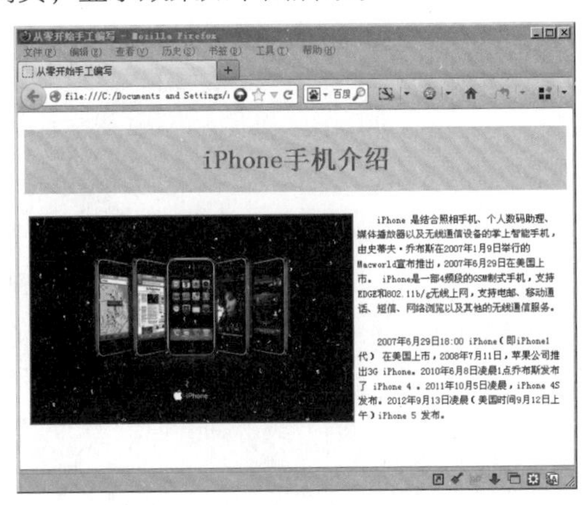

10.1.4　设置整体页面样式

设置完标题图片和正文之后是不是就意味着工作已经做完了呢？当然不是，接下来还有两项工作要做：设置整体页面效果和控制段落。下面先介绍如何设置整体页面效果。

通过设置页面的 <body> 标签样式设置网站的背景色，如代码清单 10-1-4-1 所示。

【范例 10.5】 设置整体页面样式（代码清单 10-1-4-1）

```
01	body{
02	    margin:0px;
03	    background-color:#099;
```

```
04      }
05      h1{
06          color:red;       /* 设置文字颜色 */
07          background-color:#49ff01;       /* 设置背景色 */
08          text-align:center;       /* 设置文本居中 */
09          padding:20px;       /* 设置内容内边距 */
10      }
11      img{
12          float:left;       /* 居左显示 */
13          border:2px #F00 solid;  /* 设置边框 */
14          margin:5px;       /* 设置外边距 */
15      }
16      p{
17          font-size:12px;       /* 设置正文字体 */
18          text-indent:2em;        /* 设置字间距 */
19          line-height:1.5;       /* 设置行间距 */
20          padding:5px;        /* 设置段落间距 */
21      }
22      </style>
```

【运行结果】

在浏览器中打开该网页，显示效果如下图所示。

10.1.5 定义段落样式

对段落的设置就是调整段落文字效果和段落的表现，如给第一段文字添加下划线，为第二段文字添加边框线，如代码清单 10-1-5-1 所示。

【范例 10.6】 定义段落样式（代码清单 10-1-5-1）

```
01      <style type="text/css">
02      body{
```

```
03        margin:0px;
04        background-color:#099;
05     }
06     h1{
07        color:red;       /* 设置文字颜色 */
08        background-color:#49ff01;       /* 设置背景色 */
09        text-align:center;       /* 设置文本居中 */
10        padding:20px;       /* 设置内容内边距 */
11     }
12     img{
13        float:left;       /* 居左显示 */
14        border:2px #F00 solid;       /* 设置边框 */
15        margin:5px;       /* 设置外边距 */
16     }
17     p{
18        font-size:12px;       /* 设置正文字体 */
19        text-indent:2em;       /* 设置字间距 */
20        line-height:1.5;       /* 设置行间距 */
21        padding:5px;       /* 设置段落间距 */
22     }
23     .p1{
24        text-decoration:underline;       /* 下划线 */
25     }
26     .p2{
27        border-bottom:1px #FF0000 dashed;       /* 加边框线 */
28     }
29     </style>
```

【运行结果】

在浏览器中打开该网页，显示效果如下图所示。

10.1.6 完整的代码

至此，通过手工完成一个内容页的 CSS 样式实现，完整的代码如代码清单 10–1–6–1 所示。

【范例 10.7】 完整的代码（代码清单 10–1–6–1）

```
01    <!DOCTYPE HTML PUBLIC "-//W3C//DTD HTML 4.01 Transitional//EN" "http://
www.w3.org/TR/ html4/loose.dtd">
02    <html>
03    <head>
04    <meta http-equiv="Content-Type" content="text/html; charset=utf-8">
05    <title> 从零开始手工编写 </title>
06    <style type="text/css">
07    body{
08       margin:0px;
09       background-color:#099;
10    ……/* 详细代码见随书光盘中的“示例文件 \ch10\ 代码清单 10-1-6-1.html”文件 */
11    </p>
12    </body>
13    </html>
```

【运行结果】

在浏览器中打开该网页，显示效果如下图所示。

10.2 使用 Dreamweaver 辅助工具创建页面

本节视频教学录像：3 分钟

在手工编写代码制作页面时，只有熟悉各个标签的属性才能熟练编写，这对于刚接触 CSS 的新手来说很吃力。那么有没有不需要识记这些属性就能快速上手的方法呢，回答是肯定的。那就是通过工具软件辅助，这里介绍的是 Dreamweaver CS6。

❶ 打开 Dreamweaver CS6，单击【文件】➤【新建】命令，新建 HTML 文档，并保存为 10-2-1.html，更改 <title> 标签内容为“Dreamweaver CS6 制作实例”，如下图所示。

❷ 选择拆分模式，把光标定位到右边的设计框里，输入 3 段文字信息，在段落结束处按【Enter】键，结果如下图所示。

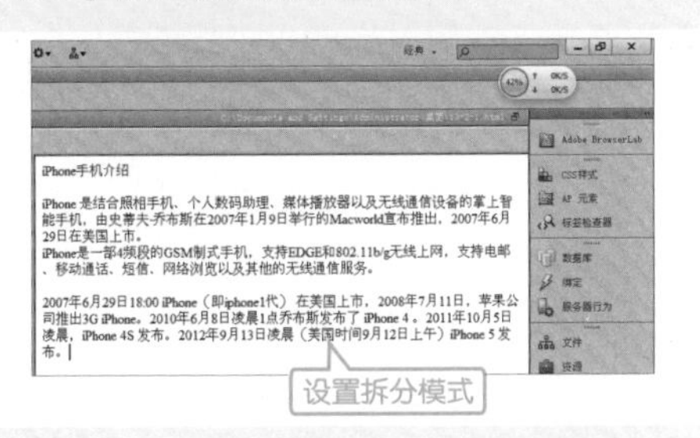

❸ 选中第一行，在上面的下拉菜单中选择“文本”模式，然后选择“h1”，结果如下图所示。

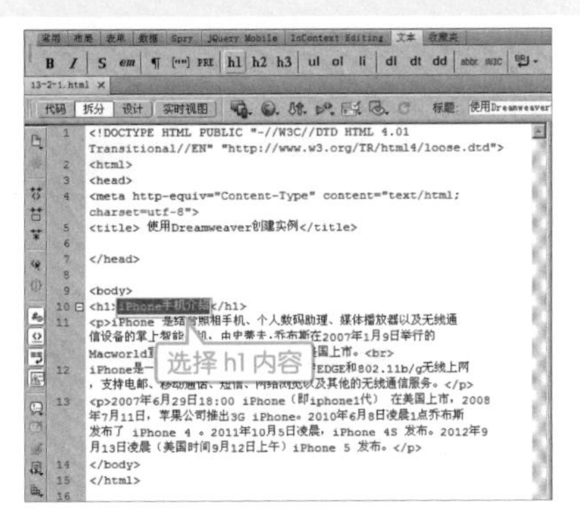

❹ 在标题下新增加一行，选择【插入】➤【图像】命令，结果如下图所示。

❺ 选择图片后单击【确定】按钮，在 Dreamweaver 中的效果如下图所示。

提示 至此已经通过 Dreamweaver 工具实现了 10.1.1 中的效果。

10.3 在 Dreamweaver 中新建 CSS 样式

本节视频教学录像：3 分钟

在上节通过工具实现了基本的网页框架，接下来建立 CSS 规则，其步骤如下。

❶ 在【CSS 样式】标签框中右键单击，选择【新建】命令，如下图所示。

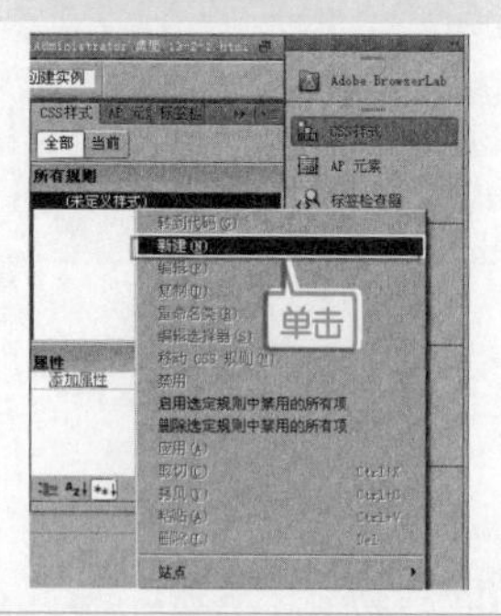

提示 也可以选择【格式】➤【CSS】➤【新建】命令创建规则。

❷ 打开【新建 CSS 规则】对话框，在【为 CSS 规则选择上下文选择类型】下拉框中选择“标签”，在【选择或输入选择器名称】下拉框中输入 h1，如下图所示。

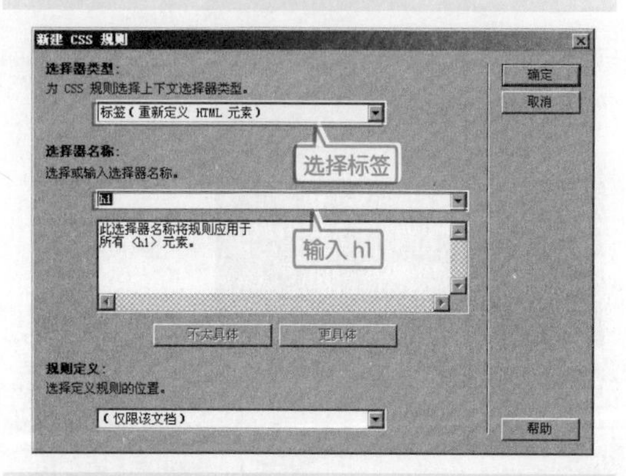

❸ 在【新建 CSS 规则】对话框右上方单击【确定】按钮，弹出【h1 的 CSS 规则定义】对话框，如下图所示。

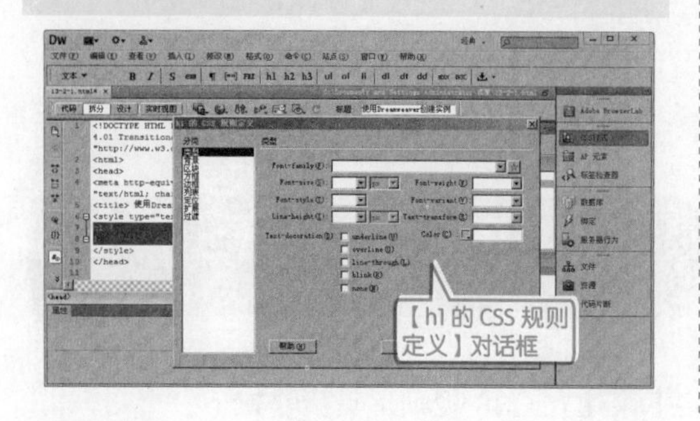

❹ 在【分类】列表框中选择【背景】选项，如下图所示。

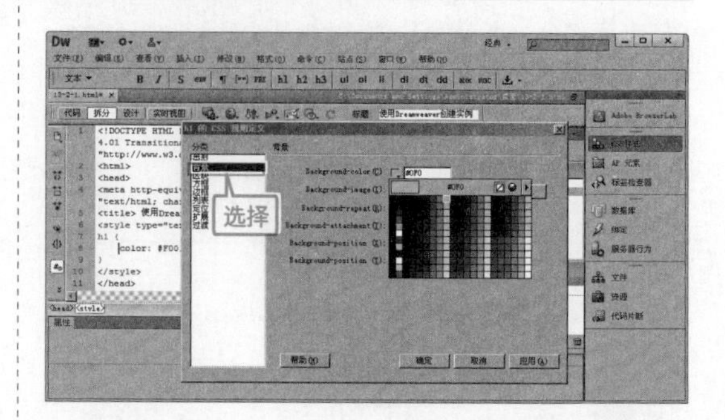

❺ 在【分类】列表框中选择【区块】选项，如下图所示。

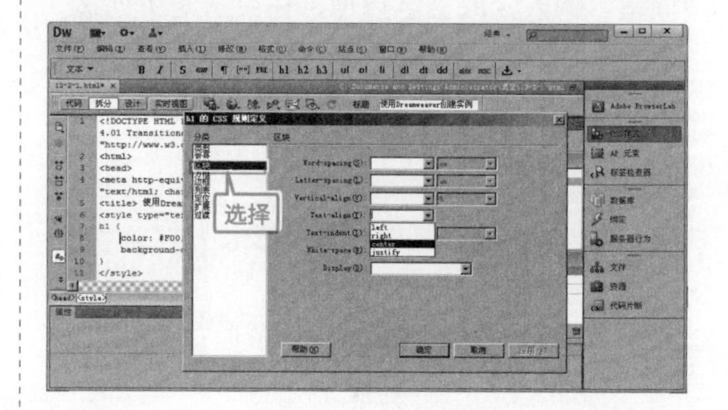

❻ 选择【Text-align】为居中，使标题文字居中。

❼ 在【分类】列表框中选择【方框】选项，在右边的【方框】选项区中设置 padding 为【全部相同】，值为 20，如下图所示。

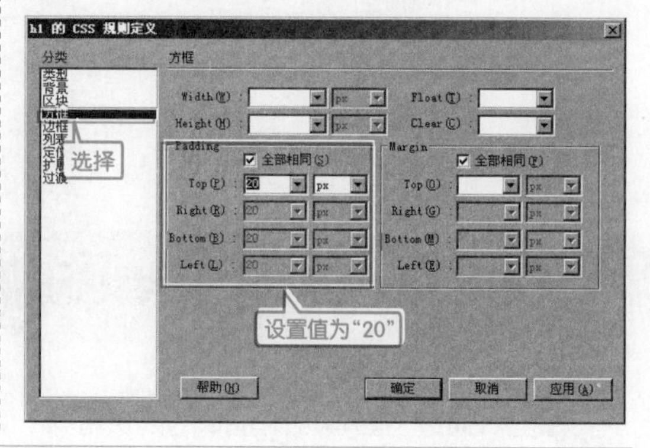

提示
设置颜色可以选择一个十六进制的值，也可以输入“red”、“blue”等颜色名称。

❽ 上面的所有步骤完成后，单击【确定】按钮，Dreamweaver 软件自动在 HTML 文档中生成相应的 CSS 规则，如下图所示。

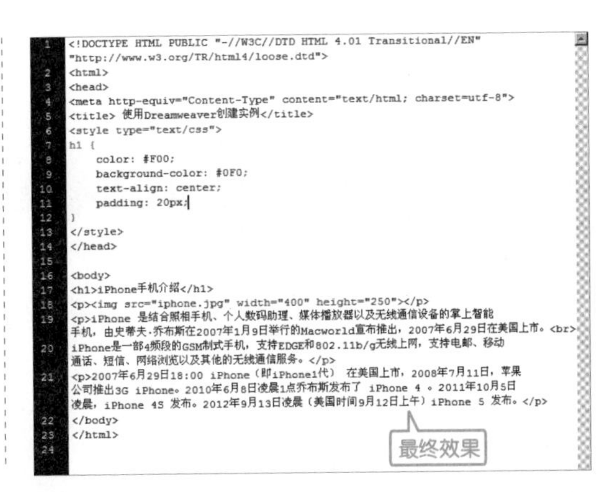

提示 通过这个过程实践可以知道，使用工具可以实现与手工输入相同的效果。

10.4 在 Dreamweaver 中编辑 CSS 样式

本节视频教学录像：2 分钟

在上一节中学会了如何设置 h1 标签的属性，但如果某一属性设置不合理需要修改，要如何操作呢？在 Dreamweaver CS6 中有 3 种编辑 CSS 规则的方法。

❶ 在代码区域内直接修改 CSS 代码。

❷ 在 CSS 样式区内单击 h1，在 h1 标签属性框中修改，如下图所示。

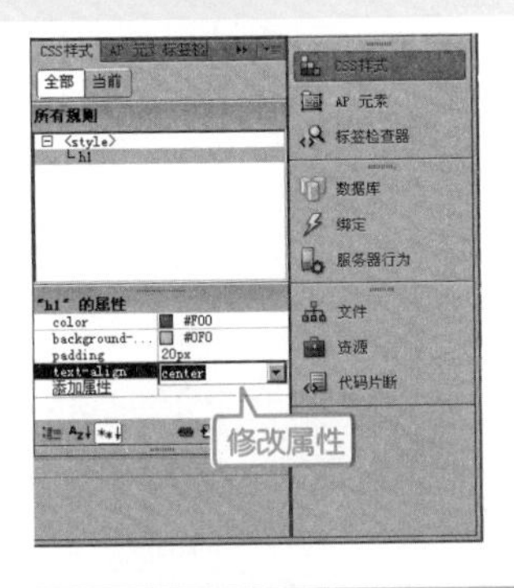

❸ 选中 CSS 样式中的 h1，右键单击，选择快捷菜单中的【编辑】选项，如下图所示，在打开的【h1 的 CSS 规则定义】对话框中修改。

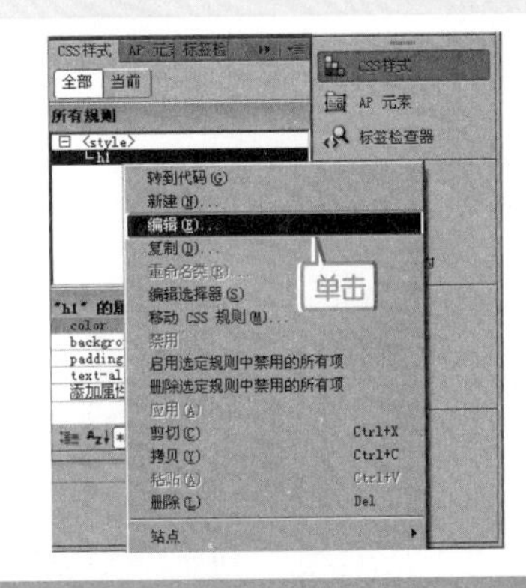

高手私房菜

本节视频教学录像：3 分钟

技巧：使用 Dreamweaver 生成 CSS 样式表并链接到当前文档

❶ 使用 Dreamweaver 打开要编辑的 HTML 文档后，选择【文件】➤【新建】，打开【新建文档】对话框，在“页面类型”列表框中选择“CSS”，如下图所示。

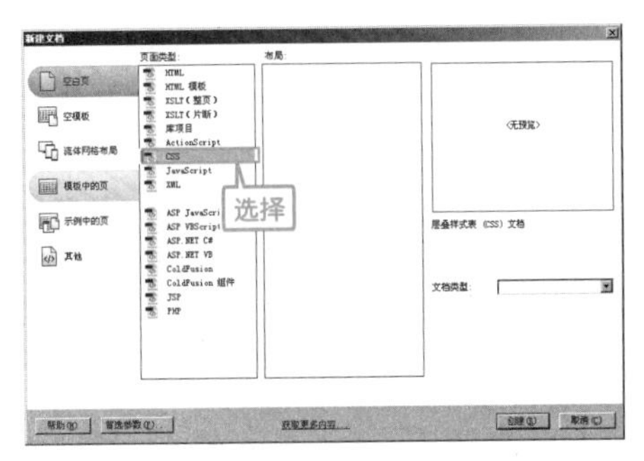

② 单击【创建】按钮，生成一个 CSS 样式表文件，如下图所示。

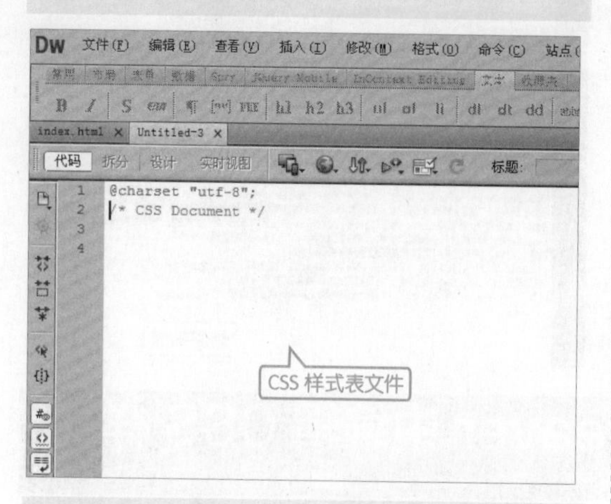

③ 在 Dreamweaver 中选择【文件】➤【保存】选项，打开“另存为”对话框，设置当前 CSS 文件的名称和保存地址。这里将 CSS 文件命名为 style.css，并保存在和当前 HTML 文档相同的文件夹下。

④ 单击【保存】按钮，保存 CSS 文件，然后切换到要将样式表链接到的 HTML 文档，在 Dreamweaver 软件右侧的“CSS 样式”选项卡中单击“附加样式表”按钮，如下图所示。

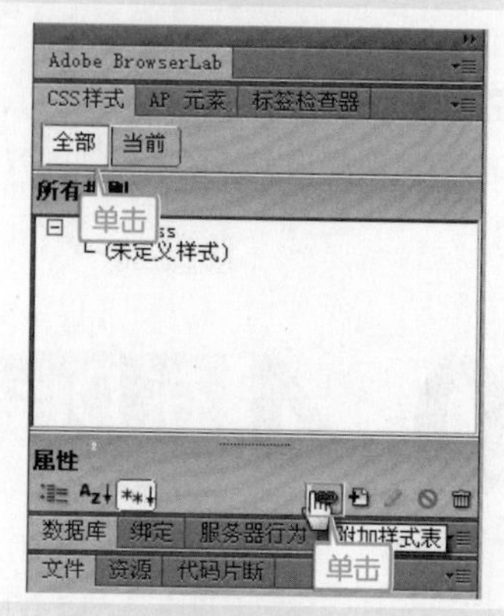

⑤ 弹出“链接外部样式表”对话框，单击【浏览】按钮，查找并选择要链接到当前文档的 CSS 样式表文件，如下图所示。

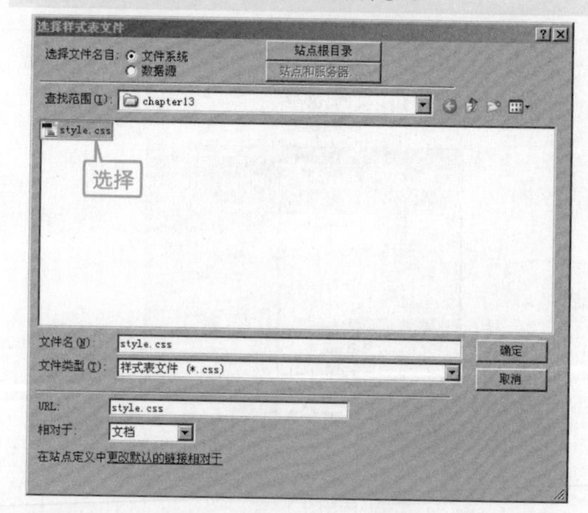

⑥ 在“选择样式表文件”对话框中单击【确定】按钮，选中该样式表文件，返回“链接外部样式表”对话框，单击【确定】按钮，即可将外部样式表链接到当前 HTML 文档中。

第11章

用 CSS 设置网页元素

本章视频教学录像：44 分钟

高手指引

在网站页面设计中，网页元素的样式设计占据重要的地位。设计成功的文本和图片样式，恰当的背景颜色和背景图像，不但可以使页面整齐美观，而且能方便用户管理和更新网页。

重点导读

- 掌握设置网页文本样式的方法
- 掌握设置文字与背景颜色的方法
- 掌握设置网页图像特效的方法
- 掌握设置网页背景颜色和背景图像的方法

11.1 设置网页文本的基本样式

本节视频教学录像：6 分钟

下面介绍如何为文本设置具体的样式，主要包括定义文本的颜色、字体、文字的倾斜效果及加粗效果等。

11.1.1 定义网页文本颜色

为文本设置颜色，可以使网页色彩更加鲜艳，且重点内容突出。这需要通过设置 CSS 样式的 color 属性，该属性的值为颜色对应的英文单词，如 blue、red 等，或者为十六进制值表示的颜色，如 #0000FF、#FF0000 等。

可能读者发现本书在介绍 CSS 的基础知识时已经不止一次使用过 color 属性，下面再来看一个实例。例如，代码清单 11-1-1-1 设置 p1 类选择器的 color 属性为红色，设置 p2 类选择器的 color 属性为蓝色。

【范例 11.1】 color 属性设置文本颜色（代码清单 11-1-1-1）

```
01    <!DOCTYPE HTML PUBLIC "-//W3C//DTD HTML 4.01 Transitional//EN"  “http://
www.w3.org/TR/ html4/loose.dtd">
02    <html>
03    <head>
04    <meta http-equiv="Content-Type" content="text/html; charset=utf-8">
05    <title> 文本颜色定义 </title>
06    <style type="text/css">
07    .p1 {
08       font-size: 18px;
09       color: #F00;
10    }
11    .p2 {
12       font-size: 10mm;
13       color: #0F0;
14    }
15    </style>
16    </head>
17    <body>
18       <p class="p1"> 这是第一段文本 </p>
19       <p class="p2"> 这是第二段文本 </p>
20    </body>
21    </html>
```

【运行结果】

在浏览器中打开该网页，显示效果如下图所示。

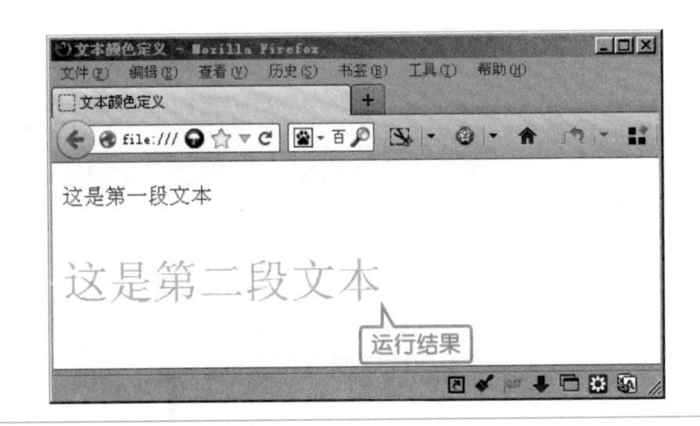

提示

在没有使用 color 属性时，大部分浏览器会默认为文字是黑色的，并使用白色的背景颜色。

11.1.2 设置具体文字的字体

HTML 中的文字样式是通过 <font face=" 字体名称 "> 来设置的，在 CSS 中，字体则是通过 font-family 属性进行控制的。如代码清单 11-1-2-1 所示。

【范例 11.2】 font-family 属性设置字体（代码清单 11-1-2-1）

```
01    <!DOCTYPE HTML PUBLIC "-//W3C//DTD HTML 4.01 Transitional//EN"  "http://
www.w3.org/TR/ html4/loose.dtd">
02    <html>
03    <head>
04    <meta http-equiv="Content-Type" content="text/html; charset=utf-8">
05    <title> 设置具体文字的字体 </title>
06    <style type="text/css">
07      .p1{
08         font-family: 黑体 , 幼圆 , 宋体 ,Arial,sans-serif;
09      }
10    </style>
11    </head>
12    <body>
13      <p class="p1"> 本段采用特定的字体显示 </p>
14      <p> 本段字体采用默认的字体显示 </p>
15    </body>
16    </html>
```

【运行结果】

在浏览器中打开该网页，显示效果如下图所示。在本范例中，声明采用类选择器 p1 的标签内的字体样式，分别为黑体、幼圆、宋体和 Arial。整句代码的意思是，让浏览器在用户的计算机中按顺序依次查询所输入的字体样式，如果 font-family 所输入的字体样式在浏览者的计算机中没有加载，则浏览器会自动使用默认的字体。

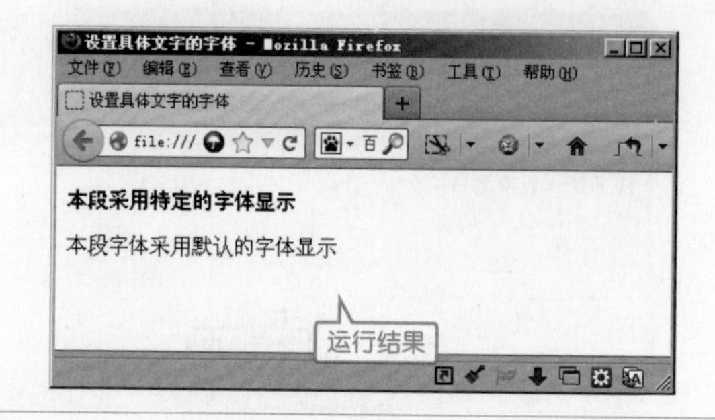

提示

如果字体的名称中间出现空格，就需要将其用双引号引起来，如“Arial Rounded MT Bold”。

11.1.3 设置文字的倾斜效果

在 CSS 中使用 font-style 可以定义文字倾斜效果，该属性对应的值有 3 个，分别为 normal（正常）、oblique（斜体）、italic（偏斜体），系统默认为 normal（正常），例如代码清单 11-1-3-1 定义 3 种不同的斜体效果。

【范例 11.3】设置文字的倾斜效果（代码清单 11-1-3-1）

```
01    <!DOCTYPE HTML PUBLIC "-//W3C//DTD HTML 4.01 Transitional//EN" "http://
www.w3.org/TR/ html4/loose.dtd">
02    <html>
03    <head>
04    <meta http-equiv="Content-Type" content="text/html; charset=utf-8">
05    <title> 设置文字的倾斜效果 </title>
06    <style type="text/css">
07      p{
08        color:#F00;
09      }
10      .p1{
11        font-style:normal;   /* 设置文字正常 */
12      }
13      .p2{
14        font-style:oblique;   /* 设置文字偏斜体 */
15      }
16      .p3{
17        font-style:italic;   /* 设置文字斜体 */
18      }
19    </style>
20    </head>
21    <body>
22      <p class="p1"> 文本正常显示 </p>
23      <p class="p2"> 文本偏斜体显示 </p>
```

```
24      <p class="p3"> 文本斜体显示 </p>
25    </body>
26    </html>
```

【运行结果】

在浏览器中打开该网页，显示效果如下图所示。

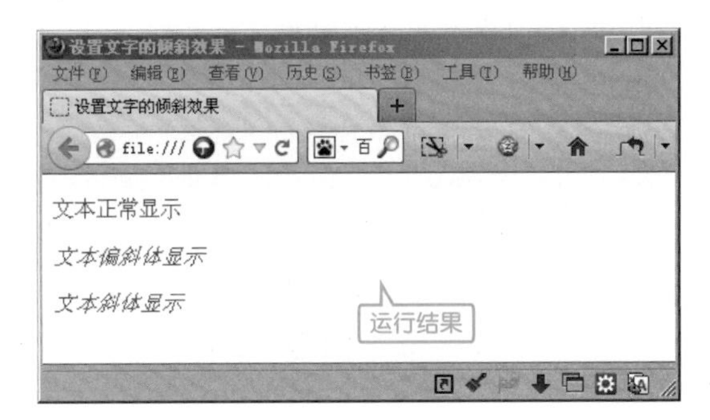

11.2 设置文本的行高和间距

本节视频教学录像：5 分钟

在设计网页文本时，通常需要设置文本的行高和间距，以增加网页易读性。

11.2.1 设置网页文字间距

在 CSS 中可以灵活设置字母或单词之间的距离。字母之间的距离使用 letter-spacing 设置，单词之间的距离通过 word-spacing 实现，这两个属性的属性值均为长度值，当设置为 normal 时，为默认值（即 0）。代码清单 11-2-1-1 定义“font01”类选择器，使第一段的英文字母间距和单词间距增大。

【范例 11.4】 设置网页文字间间距（代码清单 11-2-1-1）

```
01    <!DOCTYPE HTML PUBLIC "-//W3C//DTD HTML 4.01 Transitional//EN"  "http://
www.w3.org/TR/ html4/loose.dtd">
02    <html>
03    <head>
04    <meta http-equiv="Content-Type" content="text/html; charset=utf-8">
05    <title> 设置网页文字间距 </title>
06    <style type="text/css">
07      .font01{
08        letter-spacing:5px;
09        word-spacing:20px;
10      }
11    </style>
12    </head>
13    <body>
```

```
14        <p class="font01">The first piece of text</p>
15        <p>The second piece of text</p>
16     </body>
17     </html>
```

【运行结果】

在浏览器中打开该网页，显示效果如下图所示。

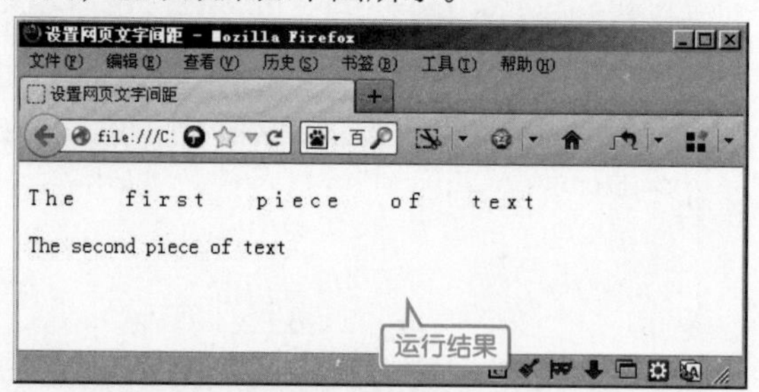

11.2.2 设置网页文字行间距

在 HTML 中无法控制段落内的行高，而使用 CSS 的 line-height 属性可以控制段内行间距。代码清单 11-2-2-1 所示。

【范例 11.5】 设置网页文字行间距（代码清单 11-2-2-1）

```
01     <!DOCTYPE HTML PUBLIC "-//W3C//DTD HTML 4.01 Transitional//EN"  "http://
www.w3.org/TR/ html4/loose.dtd">
02     <html>
03     <head>
04     <meta http-equiv="Content-Type" content="text/html; charset=utf-8">
05     <title> 设置网页文字行间距 </title>
06     <style type="text/css">
07        .font01{
08           line-height:30px;
09           color:red;
10        }
11     </style>
12     </head>
13     <body>
14        <p class="font01">
15        段落 1 内的文本段落 1 内的文本段落 1 内的文本段落 1 内的文本
16        段落 1 内的文本段落 1 内的文本段落 1 内的文本段落 1 内的文本
17        段落 1 内的文本段落 1 内的文本段落 1 内的文本段落 1 内的文本
18        </p>
19        <p>
20        段落 2 内的文本段落 2 内的文本段落 2 内的文本段落 2 内的文本
21        段落 2 内的文本段落 2 内的文本段落 2 内的文本段落 2 内的文本
```

```
22          段落 2 内的文本段落 2 内的文本段落 2 内的文本段落 2 内的文本
23          </p>
24      </body>
25      </html>
```

【运行结果】

在浏览器中打开该网页，显示效果如下图所示。

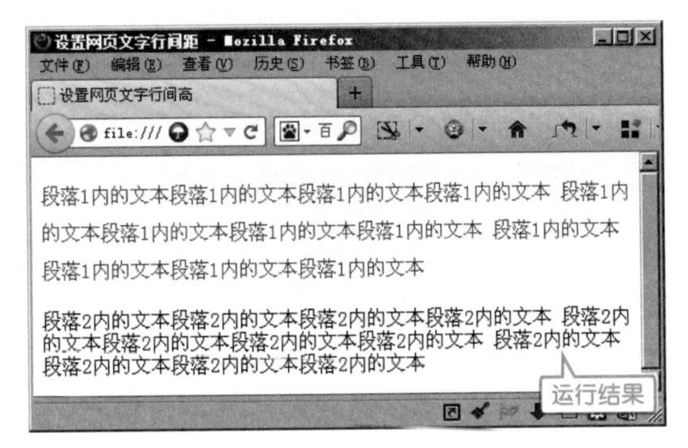

11.2.3 设置网页文字段落间距

CSS 不仅能控制行与行之间的距离，灵活运用也可以控制段与段之间的距离。通过分析代码，可以知道改变段落间距，实际上就是加大两个 p 标签盒子的上下边距，设置 margin 属性可以实现。代码清单 11-2-3-1 所示。

【范例 11.6】 设置网页文字段落间距（代码清单 11-2-3-1）

```
01      <!DOCTYPE HTML PUBLIC "-//W3C//DTD HTML 4.01 Transitional//EN" “http://
www.w3.org/TR/ html4/loose.dtd">
02      <html>
03      <head>
04      <meta http-equiv="Content-Type" content="text/html; charset=utf-8">
05      <title> 设置网页文字段落间距 </title>
06      <style type="text/css">
07          .font01{
08              margin:40px 0px;
09          }
10          .font02{
11              color:#F00;
12          }
13      </style>
14      </head>
15      <body>
16          <p> 第一行文本第一行文本第一行文本第一行文本第一行文本 </p>
17          <p class="font01 font02"> 第二行文本第二行文本第二行文本第二行文本第二行文本 </
p>
```

```
18          <p> 第三行文本第三行文本第三行文本第三行文本第三行文本 </p>
19          <hr>
20          <p> 第一行文本第一行文本第一行文本第一行文本第一行文本 </p>
21          <p class="font02"> 第二行文本第二行文本第二行文本第二行文本第二行文本 </p>
22          <p> 第三行文本第三行文本第三行文本第三行文本第三行文本 </p>
23      </body>
24      </html>
```

【运行结果】

在浏览器中打开该网页，显示效果如下图所示。

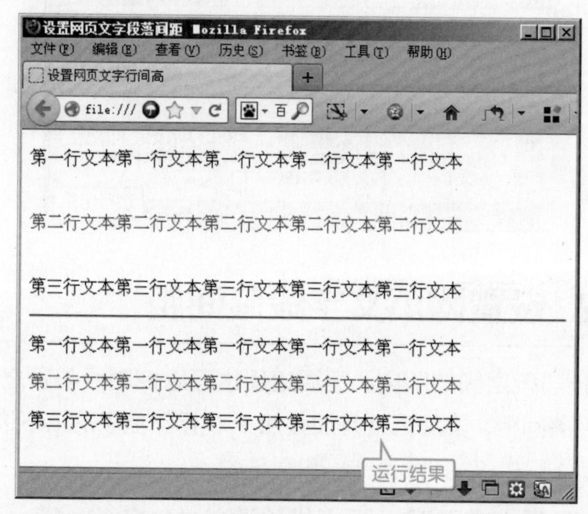

11.3 设置网页文本的对齐方式

本节视频教学录像：6 分钟

因为段落是由一个个文字组成的，所以设置文字的方法同样适用于段落。但在大多数情况下，控制文字样式只能对少数文字起作用，对于文字段落来说，还需要通过专门的样式进行控制。

11.3.1 控制文本的水平对齐方式

在 CSS 中，通过 text-align 属性控制段落的水平对齐方式，可以设置段落的对齐方式为左对齐、水平居中对齐、右对齐与两端对齐。

(1) 通过设置 text-align 属性为 left、center、right 可以分别控制文本左对齐、水平居中对齐、右对齐。代码清单 11-3-1-1 所示。

【范例 11.7】 控制文本的水平对齐方式（代码清单 11-3-1-1）

```
01      <!DOCTYPE HTML PUBLIC "-//W3C//DTD HTML 4.01 Transitional//EN"  "http://www.w3.org/TR/ html4/loose.dtd">
02      <html>
03      <head>
04      <meta http-equiv="Content-Type" content="text/html; charset=utf-8">
```

```
05    <title> 控制文本的水平对齐方式 </title>
06    <style type="text/css">
07      .p1{
08        text-align:left;
09      }
10      .p2{
11        text-align:center;
12      }
13      .p3{
14        text-align:right;
15      }
16    </style>
17    </head>
18    <body>
19      <p class="p1"> 左对齐 left</p>
20      <p class="p2"> 居中水平对齐 center</p>
21      <p class="p3"> 右对齐 right</p>
22    </body>
23    </html>
```

【运行结果】

在浏览器中打开该网页，显示效果如下图所示。

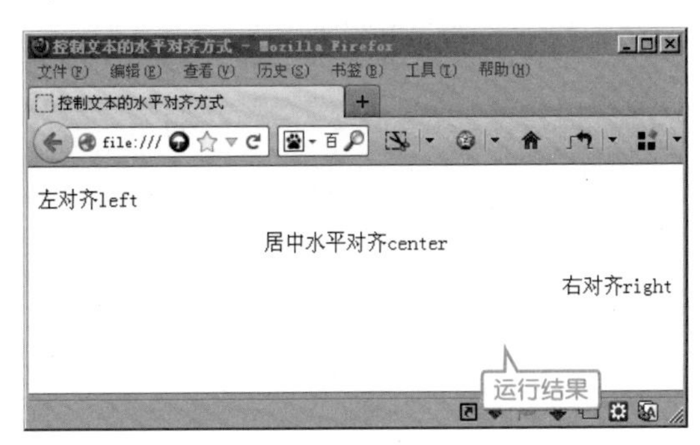

两端对齐不同于其他 3 种对齐方式，其他 3 种对齐方式可以对英文字母及汉字起作用，而两端对齐只对英文字母起作用。

(2) 通过设置 text-align 属性为 justify，可以控制英文文本两端对齐。代码清单 11-3-1-2 所示。

【范例 11.8】 控制英文文本两端对齐（代码清单 11-3-1-2）

```
01    <!DOCTYPE HTML PUBLIC "-//W3C//DTD HTML 4.01 Transitional//EN" "http://
www.w3.org/TR/ html4/loose.dtd">
02    <html>
03    <head>
04    <meta http-equiv="Content-Type" content="text/html; charset=utf-8">
```

```
05      <title> 控制文本的两端对齐 </title>
06      <style type="text/css">
07          .p1{
08              text-align:justify;
09          }
10      </style>
11      </head>
12      <body>
13          <p>
14              Whatever is worth doing is worth doing well Whatever is worth doing is worth
doing well Whatever is worth doing is worth doing well Whatever is worth doing is worth
doing well Whatever is worth doing is worth doing well
15          </p>
16          <p class="p1">
17              Whatever is worth doing is worth doing well Whatever is worth doing is worth
doing well Whatever is worth doing is worth doing well Whatever is worth doing is worth
doing well Whatever is worth doing is worth doing well
18          </p>
19      </body>
20      </html>
```

【运行结果】

在浏览器中打开该网页，显示效果如下图所示。

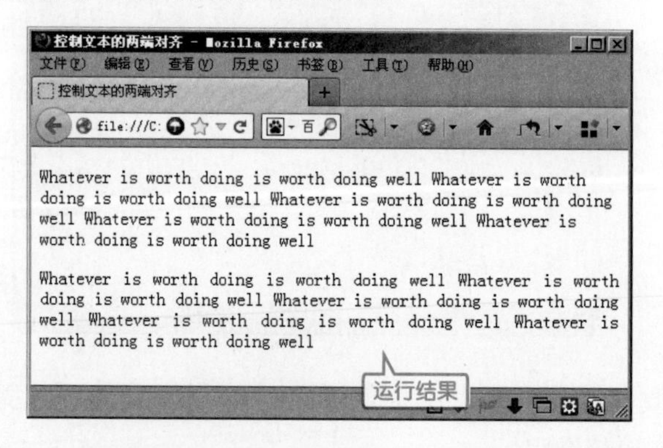

观察上图，可以看到在两段相同的英文文本中，由于第二段使用了两端对齐方式，所以右侧的文本非常整齐，而第一段文本就显得很乱了。

11.3.2 控制文本的垂直对齐方式

在 CSS 中，通过 vertical-align 属性来控制段落的垂直对齐方式，可以设置段落的垂直对齐方式为顶端对齐、垂直对齐和底端对齐。

例如，代码清单 11-3-2-1 分别定义了顶端对齐和低端对齐方式。

【范例 11.9】 设置文本的垂直对齐方式（代码清单 11-3-2-1）

```
01	<!DOCTYPE HTML PUBLIC "-//W3C//DTD HTML 4.01 Transitional//EN" "http://
www.w3.org/TR/ html4/loose.dtd">
02	<html>
03	<head>
04	<meta http-equiv="Content-Type" content="text/html; charset=utf-8">
05	<title> 设置文本的垂直对齐方式 </title>
06	<style type="text/css">
07	  .font01{
08	    vertical-align:top;
09	  }
10	  .font02{
11	    vertical-align:bottom;
12	  }
13	  img{
14	    width:60px;
15	    height:60px;
16	  }
17	</style>
18	</head>
19	<body>
20	  <p><span class="font01"> 顶 部 对 齐 </span><img src="iphone.jpg" alt="iphone"
title="iphone" /></p>
21	  <p><span class="font02"> 底 部 对 齐 </span><img src="iphone.jpg" alt="iphone"
title="iphone" /></p>
22	</body>
23	</html>
```

【运行结果】

在浏览器中打开该网页，显示效果如下图所示。

> **提示** 使用 CSS 为文字设置垂直对齐方式，必须先选择一个参照物，也就是行内元素，但由于文字并不属于行内元素，所以 DIV（块级元素）中无法对文字进行垂直对齐，只能对元素中的图片设置对齐方式，以达到对齐效果。

11.4 设置文字与背景的颜色

本节视频教学录像：2 分钟

可以使用 color、background-color、background-image 属性分别设置文字的颜色、背景颜色及背景图像。background-color 与 color 的使用方法相同，属性值可以为数值或百分比。background-image 也与它们的使用方法相似，只是其属性值是一个字符串。

例如，代码清单 11-4-1 使用 color 将标题文字设置为红色，使用 background-color 设置标题文字背景为蓝色，使用 background-image 为页面添加背景图片。

【范例 11.10】 设置文字与背景的颜色（代码清单 11-4-1）

```
01	<!DOCTYPE HTML PUBLIC "-//W3C//DTD HTML 4.01 Transitional//EN" "http://
www.w3.org/TR/ html4/loose.dtd">
02	<html>
03	<head>
04	<meta http-equiv="Content-Type" content="text/html; charset=utf-8">
05	<title> 设置文字与背景的颜色 </title>
06	<style type="text/css">
07	   body{
08	      background-image:url(iphone.jpg);
09	   }
10	   h1{
11	      background-color:#0F0;
12	   }
13	   .font01{
14	      color:#F00;
15	   }
16	</style>
17	</head>
18	<body>
19	   <h1>iPhone 介绍 </h1>
20	    <p class="font01">iPhone 是结合照相手机、个人数码助理、媒体播放器以及无线通信
设备的掌上智能手机，由史蒂夫 · 乔布斯在 2007 年 1 月 9 日举行的 Macworld 宣布推出，2007
年 6 月 29 日在美国上市。</p>
21	</body>
22	</html>
```

【运行结果】

在浏览器中打开该网页，显示效果如下图所示。

11.5 设置网页图像特效

本节视频教学录像：15 分钟

在制作网页页面时，不仅要考虑如何实现图像的特殊效果，而且要考虑在制作完成后如何对图像进行修改。使用 CSS 控制图像不仅可以解决以上问题，而且可以实现一些在 HTML 页面中无法实现的特殊效果。

11.5.1 设置图像边框

CSS 在控制图像边框方面也有很大变化，在 HTML 中，使用 border 添加图像的边框，属性值为边框的粗细，这种方法存在很大的限制，如不能更换边框的颜色和边框的线型等，下面介绍如何采用 CSS 为图像设置边框。

1. 图像边框的基本属性

在 CSS 中通过使用 border-style 属性设置边框的样式，如实线、点画线，丰富了边框的表现形式。border-style 具有 3 个子属性，分别如下。

(1) border-width：设置边框的粗细。

(2) border-color：设置边框的颜色。

(3) border-style：设置边框的线型。

这 3 个属性的属性值如下表所示。

属性	描述	属性值	注释
border-width	用于设置元素边框的粗细	Thin	定义细边框
		Medium	定义中等边框（默认）
		Thick	定义粗边框
		Length	自定义边框宽度
border-style	用于设置元素边框样式	None	定义无边框
		Hidden	与 none 相同，对于表，用于解决冲突
		Dotted	定义点状边框，在大多数浏览器中显示为实线
		Dashed	定义为虚线，在大多数浏览器中显示为虚线
		Solid	定义为实线
		Double	定义为双线，双线宽度等于 border-width

续表

属性	描述	属性值	注释
		Groove	同上
		Ridge	同上
border-color	用于设置元素边框颜色	Inset	同上
		Outset	
		Color_name	用颜色名称设置边框颜色（如 red）
		Hex_number	用十六进制值设置边框颜色（如 #00F)
		Rgb_number	用 RGB 代码设置边框颜色（如 rgb(0,0,0))
		transparent	默认值，边框颜色为透明

下面使用这些属性编写代码清单 11–5–1–1，定义两个类选择器，分别设置图像的边框样式、边框粗细及边框颜色。

【范例 11.11】 设置图像的边框样式、边框粗细及边框颜色（代码清单 11–5–1–1）

```
01    <!DOCTYPE HTML PUBLIC "-//W3C//DTD HTML 4.01 Transitional//EN" "http://
www.w3.org/TR/ html4/loose.dtd">
02    <html>
03    <head>
04    <meta http-equiv="Content-Type" content="text/html; charset=utf-8">
05    <title> 图像边框基本属性 </title>
06    <style type="text/css">
07       .pic1{
08          border-style:dotted;    /* 点画线 */
09          border-color:#F00;      /* 边框颜色 */
10          border-width:4px;       /* 边框粗细 */
11       }
12       .pic2{
13          border-style:dashed;    /* 虚线 */
14          border-color:#00F;      /* 边框颜色 */
15          border-width:2px;       /* 边框粗细 */
16       }
17    </style>
18    </head>
19    <body>
20       <img src="panda.jpg" class="pic1"/>
21       <img src="panda.jpg" class="pic2"/>
22    </body>
23    </html>
```

【运行结果】

在浏览器中打开该网页，显示效果如下图所示。

观察上图，可以发现第一幅图像的边框为红色点划线，第二幅图像的边框为蓝色虚线。

2. 为不同的边框分别设置样式

在 CSS 中还可以分别为图像的 4 条边框设置不同的样式。这就需要分别设置上边框 (border-top)、右边框 (border-right)、下边框 (border-bottom)、左边框 (border-left) 的样式，如代码清单 11-5-1-2 所示。

【范例 11.12】 为不同的边框分别设置样式（代码清单 11-5-1-2）

```
01    <!DOCTYPE HTML PUBLIC "-//W3C//DTD HTML 4.01 Transitional//EN" "http://
www.w3.org/TR/ html4/loose.dtd">
02    <html>
03    <head>
04    <meta http-equiv="Content-Type" content="text/html; charset=utf-8">
05    <title> 为不同的边框分别设置样式 </title>
06    <style type="text/css">
07       .pic1{
08          border-left-style:dotted;    /* 左边框为点画线 */
09          border-left-color:#C0F;       /* 左边框颜色为紫色 */
10          border-left-width:3px;       /* 左边框粗细 */
11          border-right-style:dashed;    /* 右边框为虚线 */
12          border-right-color:#00F       /* 右边框为蓝色 */
13          border-right-width:2px;       /* 右边框粗细 */
14          border-top-style:solid;       /* 上边框为实线 */
15          border-top-color:#F00;        /* 上边框颜色为红色 */
16          border-top-width:2px;        /* 上边框粗细 */
17          border-bottom-style:groove;    /* 下边框为 3D 凹槽边框 */
18          border-bottom-color:#FF0;    /* 下边框的颜色为黄色 */
19          border-bottom-width:6px;    /* 下边框粗细 */
20       }
21    </style>
22    </head>
23    <body>
24       <img src="panda.jpg" class="pic1"/>
```

```
25      </body>
26      </html>
```

【运行结果】

在浏览器中打开该网页，显示效果如下图所示。

观察上图，可以发现 4 条边框的样式、颜色各不相同。

上面两种设置图像边框的方法是代码的完整写法。设置图像边框的方法有多种，下面是设置边框的一种简写方法。

```
01      <!DOCTYPE HTML PUBLIC "-//W3C//DTD HTML 4.01 Transitional//EN" "http://
www.w3.org/TR/ html4/loose.dtd">
02      <html>
03      <head>
04      <meta http-equiv="Content-Type" content="text/html; charset=utf-8">
05      <title> 设置图像边框的简写方法 </title>
06      <style type="text/css">
07          .pic1{
08              border:dotted 3px #C0F;
09          }
10      </style>
11      </head>
12      <body>
13          <img class="pic1" src="panda.jpg" title=" 熊猫图像 " alt=" 熊猫 " />
14      </body>
15      </html>
```

采用该类选择器的图像边框会以 3px 的紫色点画线显示，如下图所示。

11.5.2 图像缩放功能的实现

在 CSS 中可以通过设置 width 和 height 属性为相对数值或绝对数值来缩放图像。例如，代码清单 11-5-2-1 采用绝对数值来缩放一幅宽 400px、高 250px 的图像。

【范例 11.13】 采用绝对数值实现图像缩放效果（代码清单 11-5-2-1）

```
01    <!DOCTYPE HTML PUBLIC "-//W3C//DTD HTML 4.01 Transitional//EN" "http://
www.w3.org/TR/ html4/loose.dtd">
02    <html>
03    <head>
04    <meta http-equiv="Content-Type" content="text/html; charset=utf-8">
05    <title> 绝对数值来控制图像的缩放 </title>
06    <style type="text/css">
07      .pic1{
08        width:200px;
09        height:80px;
10      }
11      .font01{
12        vertical-align:top;
13        color:#F00;
14      }
15    </style>
16    </head>
17    <body>
18      <p>
19        <span class="font01"> 原图（400px X 250px）：</span>
20        <img src="iphone.jpg" title=" 原图 " alt=" 原图 "/>
21      </p>
22      <hr>
23      <p>
24        <span class="font01"> 缩放后图（200px X 80px）：</span>
25        <img src="iphone.jpg" class="pic1" title=" 缩放后图 " alt=" 缩放后图 " />
26      </p>
27    </body>
28    </html>
```

【运行结果】

在浏览器中打开该网页，显示效果如下图所示。

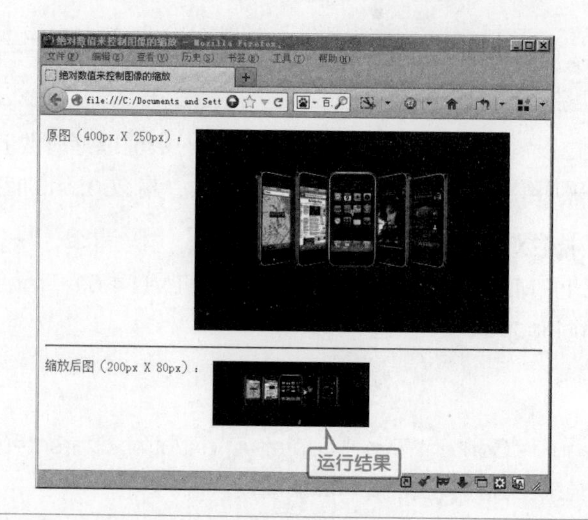

提示 认真观察上图，可以发现图像虽然达到了缩放效果，但却发生了变形。要实现图像的等比例缩放，只需要设置图像的 width、height 属性中的其中一个即可。使第二幅图像等比例缩放的代码可以参考随书光盘中的“示例文件 \ch11\ 代码清单 11-5-2-2.html”。

除了可以采用绝对数值缩放图像外，还可以通过相对数值来控制图像的缩放。使用绝对数值对图像进行缩放后，图像的大小是固定的，不能随浏览器界面的变化而变化，而使用相对数值来控制，图像可以随浏览器的变化而变化。代码清单 11-5-2-3 所示。

【范例 11.14】 采用相对数值实现图片缩放效果（代码清单 11-5-2-3）

```
01    <!DOCTYPE HTML PUBLIC "-//W3C//DTD HTML 4.01 Transitional//EN" "http://
www.w3.org/TR/ html4/loose.dtd">
02    <html>
03    <head>
04    <meta http-equiv="Content-Type" content="text/html; charset=utf-8">
05    <title> 相对数值来控制图像的等比缩放 </title>
06    <style type="text/css">
07       .pic1{
08          width:50%;
09       }
10    </style>
11    </head>
12    <body>
13       <img src="iphone.jpg" class="pic1" title=" 原图 " alt=" 原图 "/>
14    </body>
15    </html>
```

【运行结果】

在浏览器中打开该网页，显示效果如下图所示。

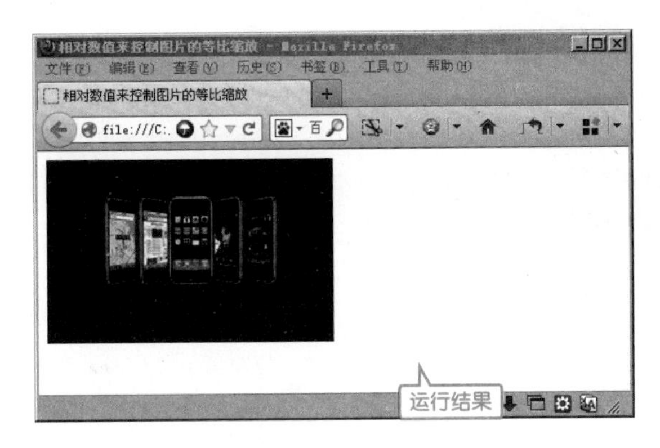

认真观察上图，可以发现图像的宽度是浏览器显示窗口宽度的一半。当改变浏览器的窗口时，图像的宽度也会随之发生变化。但无论怎么变化，图像的宽度总是浏览器窗口宽度的一半。

11.5.3 设置图像与文字的对齐方式

当图像与文字同时出现在页面上时，图像的对齐方式就显得很重要，是页面整体协调统一的重要因素。

1. 水平对齐方式

图像与文字的水平对齐方式均是通过设置 text-align 属性来实现的，可以设置图像的左、中、右 3 种对齐效果。与文字水平对齐方式不同的是，图像的对齐方式需要通过为其父元素设置 text-align 样式来实现。

代码清单 11-5-3-1 分别定义 3 种设置图像对齐方式的样式规则，然后在不同的 <p> 标签中采用不同的样式规则。

【范例 11.15】 设置图像与文字的水平对齐方式（代码清单 11-5-3-1）

```
01    <!DOCTYPE HTML PUBLIC "-//W3C//DTD HTML 4.01 Transitional//EN" "http://
www.w3.org/TR/ html4/loose.dtd">
02    <html>
03    <head>
04    <meta http-equiv="Content-Type" content="text/html; charset=utf-8">
05    <title> 水平对齐方式 </title>
06    <style type="text/css">
07       .p1{
08          text-align:left;
09       }
10       .p2{
11          text-align:center;
12       }
13       .p3{
14          text-align:right;
15       }
```

```
16      </style>
17      </head>
18      <body>
19         <p class="p1"><img src="at.png"></p>
20         <p class="p2"><img src="at.png"></p>
21         <p class="p3"><img src="at.png"></p>
22      </body>
23      </html>
```

【运行结果】

在浏览器中打开该网页，显示效果如下图所示。3 张相同图像的水平对齐方式分别为左对齐、居中对齐、右对齐。

2. 垂直对齐方式

图像垂直对齐方式与文本垂直对齐方式相似，而且是用到本身的属性，如代码清单 11-5-3-2 所示。

【范例 11.16】 设置图像与文字的纵向对齐方式（代码清单 11-5-3-2）

```
01      <!DOCTYPE HTML PUBLIC "-//W3C//DTD HTML 4.01 Transitional//EN" "http://
www.w3.org/TR/ html4/loose.dtd">
02      <html>
03      <head>
04      <meta http-equiv="Content-Type" content="text/html; charset=utf-8">
05      <title> 垂直对齐方式 </title>
06      <style type="text/css">
07         p{
08            font-size:15px;
09            border:1px red solid;
10         }
11         img{
12            width:50px;
13            border: 1px solid #000055;
```

```
14          }
15      </style>
16      </head>
17      <body>
18          <p> 垂直对齐方式 :baseline<img src="wugui.jpg" style="vertical-align:baseline;">
方式 </p>
19          <p> 垂直对齐方式 :top<img src="wugui.jpg" style="vertical-align:top"> 方式 </p>
20          <p> 垂直对齐方式 :middle<img src="wugui.jpg" style="vertical-align:middle;"> 方式
</p>
21          <p> 垂直对齐方式 :bottom<img src="wugui.jpg" style="vertical-align:bottom;"> 方式
</p>
22          <p> 垂 直 对 齐 方 式 :text-bottom<img src="wugui.jpg" style="vertical-align:text-
bottom;"> 方式 </p>
23          <p> 垂直对齐方式 :text-top<img src="wugui.jpg" style="vertical-align:text-top;">
方式 </p>
24          <p> 垂直对齐方式 :sub<img src="wugui.jpg" style="vertical-align:sub;"> 方式 </p>
25          <p> 垂直对齐方式 :super<img src="wugui.jpg" style="vertical-align:super;"> 方式 </
p>
26      </body>
27      </html>
```

【运行结果】

在浏览器中打开该网页，显示效果如下图所示。

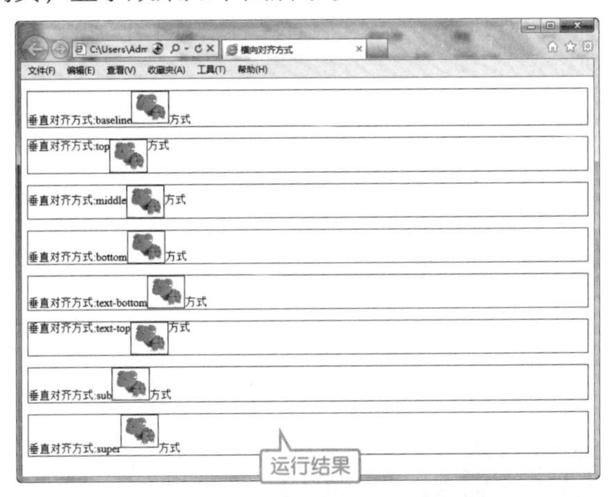

11.5.4 图文混排

在网页中使用 CSS 样式可以实现图文混排效果。图文混排效果与上一章介绍的设置段落样式方法相同，都是通过对不同属性进行设置来实现的一种特殊的排版效果。下面介绍设置图文混排的方法。

文字环绕图片是应用非常广泛的一种网页排版方式，在 CSS 中通过 float 属性实现文字环绕效果。可以向左浮动，即 float:left；也可以向右浮动，即 float:right。例如，代码清单

11-5-4-1 设置图像向左浮动，从而达到图像在左边的文字环绕效果。

【范例 11.17】 设置文字环绕图像（代码清单 11-5-4-1）

```
01    <!DOCTYPE HTML PUBLIC "-//W3C//DTD HTML 4.01 Transitional//EN" "http://
www.w3.org/TR/ html4/loose.dtd">
02    <html>
03    <head>
04    <meta http-equiv="Content-Type" content="text/html; charset=utf-8">
05    <title> 文字环绕 </title>
06    <style type="text/css">
07      .pic{
08          float:left;
09      }
10    </style>
11    </head>
12    <body>
13      <p>
14          <img src="iphone.jpg" width="200px" class="pic"/>iPhone 是结合照相手机、个人
数码助理、媒体播放器以及无线通信设备的掌上智能手机，由史蒂夫·乔布斯在 2007 年 1 月 9 日
举行的 Macworld 宣布推出，2007 年 6 月 29 日在美国上市。iPhone 是一部 4 频段的 GSM 制式
手机，支持 EDGE 和 802.11b/g 无线上网，支持电邮、移动通话、短信、网络浏览以及其他的无
线通信服务。2007 年 6 月 29 日 18:00 iPhone（即 iphone1 代）在美国上市，2008 年 7 月 11 日，
苹果公司推出 3G iPhone。2010 年 6 月 8 日凌晨 1 点乔布斯发布了 iPhone 4 。2011 年 10 月 5
日凌晨，iPhone 4S 发布。2012 年 9 月 13 日凌晨（美国时间 9 月 12 日上午）iPhone 5 发布。
15      </p>
16    </body>
17    </html>
```

【运行结果】

在浏览器中打开该网页，显示效果如下图所示。

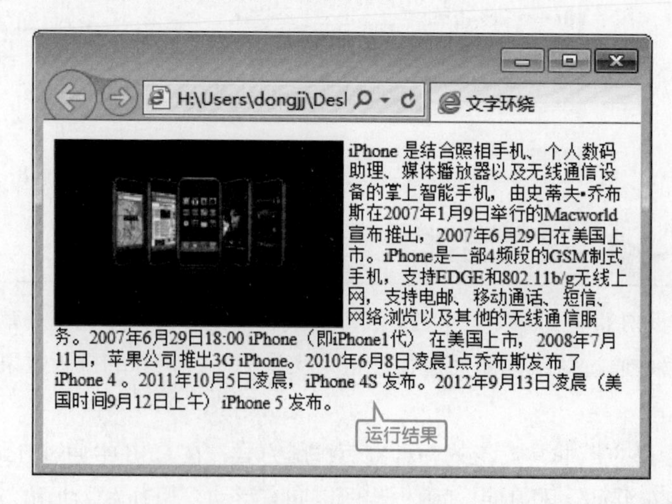

11.6 设置网页背景颜色和背景图像

本节视频教学录像：7 分钟

背景颜色与背景图像对网站整体效果起到锦上添花的作用，这也是初学者调整网页整体效果的难点。

11.6.1 设置背景颜色

CSS 的背景设置功能很强大，通过设置 background-color 属性可以设置所有元素的背景颜色，其属性值为某种颜色。

例如，代码清单 11-6-1-1 中包含一个标题和一段文字，分别为标题和文字设置不同的背景颜色。

【范例 11.18】 设置背景颜色（代码清单 11-6-1-1）

```
01    <!DOCTYPE HTML PUBLIC "-//W3C//DTD HTML 4.01 Transitional//EN" "http://
www.w3.org/TR/ html4/loose.dtd">
02    <html>
03    <head>
04    <meta http-equiv="Content-Type" content="text/html; charset=utf-8">
05    <title> 设置背景颜色 </title>
06    <style type="text/css">
07    h1{
08    font-family: 黑体 ;
09    background-color:blue;
10    color:red;
11    }
12    p{
13    font-family: Arial, "Times New Roman";
14    background-color:#CCC;
15    }
16    </style>
17    </head>
18    <body>
19    <h1>MySQL 数据库 </h1>
20    <p>
21    MySQL是一个关系型数据库管理系统，由瑞典MySQL AB公司开发，目前属于Oracle公司。
MySQL 是一种关联数据库管理系统，关联数据库将数据保存在不同的表中，而不是将所有数据放
在一个大仓库内，这样就增加了速度并提高了灵活性。MySQL 的 SQL 语言是用于访问数据库的最
常用标准化语言。
22    </p>
23    </body>
```

```
24    </html>
```

【运行结果】

在浏览器中打开该网页，显示效果如下图所示。

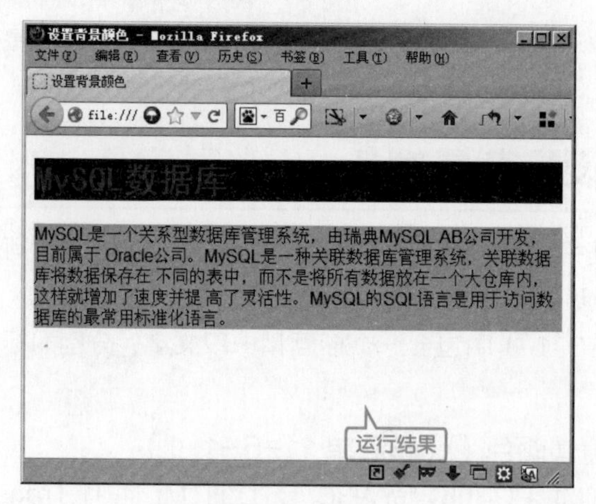

CSS 代码中 background-color 属性只为标题（<h1>）和段落（<p>）设置了背景色，如果要为整个页面设置背景色，只需要在样式表中添加如下代码即可。

```
body{background-color:#CCC;}
```

提示 背景颜色对于网页的表现效果起着很重要的作用，如果一篇较长的文章使用白色背景，长时间的阅读会引起眼睛疲劳，而使用深色背景可以缓解这种情况。

11.6.2 设置背景图像

在 CSS 中，不仅能为网页设置背景颜色，而且可以使用 background-images 属性给网页设置丰富多彩的背景图像。背景图像的设置方法与背景颜色类似，区别在于背景颜色的属性值是一个有效的颜色值，而背景图像的属性值是图片文件路径。绝大多数元素都可以使用这个属性来添加背景图像，代码清单 11-6-2-1 为文本添加背景图像。

【范例 11.19】 为文本添加背景图像（代码清单 11-6-2-1）

```
01    <!DOCTYPE HTML PUBLIC "-//W3C//DTD HTML 4.01 Transitional//EN" "http://
www.w3.org/TR/ html4/loose.dtd">
02    <html>
03    <head>
04    <meta http-equiv="Content-Type" content="text/html; charset=utf-8">
05    <title> 设置背景图像 </title>
06    <style type="text/css">
07      h1{
08        font-family: 黑体 ;
09        background-color:blue;
10        color:red;
11      }
```

```
12          .div1{
13             width:500px;
14             background-image:url("background1.jpg");
15          }
16       </style>
17       </head>
18       <body>
19       <h1>MySQL 数据库 </h1>
20       <div class="div1">
21       MySQL是一个关系型数据库管理系统，由瑞典MySQL AB公司开发，目前属于Oracle公司。MySQL 是一种关联数据库管理系统，关联数据库将数据保存在不同的表中，而不是将所有数据放在一个大仓库内，这样就增加了速度并提高了灵活性。MySQL 的 SQL 语言是用于访问数据库的最常用标准化语言。
22       </div>
23       </body>
24       </html>
```

【运行结果】

在浏览器中打开该网页，显示效果如下图所示。

11.6.3 设置背景图像平铺

在范例 11.19 中，由于文字篇幅比较短，所以只需要尺寸不大的一个图片就可以让整段文字加上背景了，设想如果一段超长的文字，是不是就意味着需要给它做一个超大尺寸的背景图像呢？CSS 研发者考虑得很周到，规定可以使用 background-repeat 属性对图片进行平铺，自动适应页面的大小。下表列出了 background-repeat 的属性值。

属性值	描述
repeat-x	背景图像在水平方向上平铺
repeat-y	背景图像在垂直方向上平铺
repeat	背景图像在水平方向和垂直方向上平铺
no-repeat	背景图像不平铺
round	背景图像自动缩放，直到适应并填充满整个容器（CSS3）
space	背景图像以相同的间距平铺填充满整个容器或某个方向（CSS3）

为方便测试，把范例 11.19 的背景图像换成一幅小图片，并设置该图片在水平方向上能够平铺显示，如代码清单 11-6-3-1 所示。

【范例 11.20】 设置背景图像平铺（代码清单 11-6-3-1）

```
01    <!DOCTYPE HTML PUBLIC "-//W3C//DTD HTML 4.01 Transitional//EN" "http://
www.w3.org/TR/ html4/loose.dtd">
02    <html>
03    <head>
04    <meta http-equiv="Content-Type" content="text/html; charset=utf-8">
05    <title> 设置背景图像平铺 </title>
06    <style type="text/css">
07      h1{
08        font-family: 黑体 ;
09        background-color:blue;
10        color:red;
11      }
12      .div1{
13        width:500px;
14        background-image:url("background.gif");
15      }
16    </style>
17    </head>
18    <body>
19    <h1>MySQL 数据库 </h1>
20    <div class="div1">
21    MySQL是一个关系型数据库管理系统，由瑞典MySQL AB公司开发，目前属于Oracle公司。
MySQL 是一种关联数据库管理系统，关联数据库将数据保存在不同的表中，而不是将所有数据放
在一个大仓库内，这样就增加了速度并提高了灵活性。MySQL 的 SQL 语言是用于访问数据库的最
常用标准化语言。
22    </div>
23    </body>
24    </html>
```

【运行结果】

在浏览器中打开该网页，显示效果如下图所示。

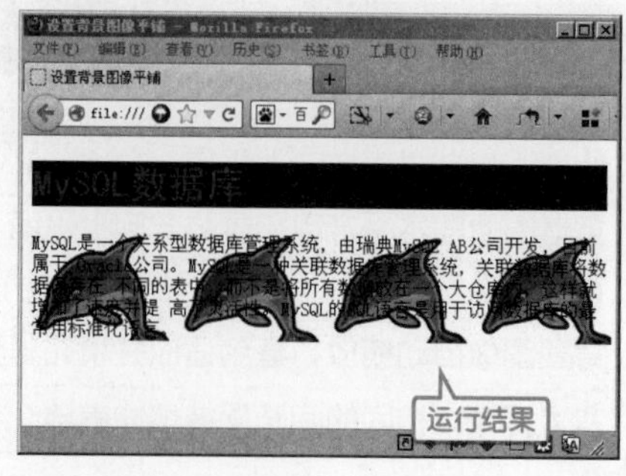

11.6.4 设置背景图像位置

使用background-position属性可以设置背景图像的位置。该属性的属性值如下表所示。

属性值	描述
<percentage>	用百分比指定背景图像填充的位置，可以为负值
<length>	用长度值指定背景图像填充的位置，可以为负值
center	背景图像水平和垂直居中
left	背景图像在水平方向上从左边开始填充
right	背景图像在水平方向上从右边开始填充
top	背景图像在垂直方向上从顶部开始填充
bottom	背景图像在垂直方向上从底部开始填充

代码清单 11-6-4-1 设置一个小的背景图片，并设置背景图片居中显示不重复。

【范例 11.21】 设置背景图像位置（代码清单 11-6-4-1）

```
01    <!DOCTYPE HTML PUBLIC "-//W3C//DTD HTML 4.01 Transitional//EN" "http://
www.w3.org/TR/ html4/loose.dtd">
02    <html>
03    <head>
04    <meta http-equiv="Content-Type" content="text/html; charset=utf-8">
05    <title> 设置背景图像位置 </title>
06    <style type="text/css">
07      h1{
08        font-family: 黑体 ;
09        background-color:blue;
10        color:red;
11      }
12      .div1{
13        width:500px;
14        background-image:url("background.gif");
15        background-repeat:no-repeat;
16        background-position:center;
17      }
18    </style>
19    </head>
20    <body>
21    <h1>MySQL 数据库 </h1>
22    <div class="div1">
23    MySQL是一个关系型数据库管理系统，由瑞典MySQL AB公司开发，目前属于Oracle公司。
MySQL 是一种关联数据库管理系统，关联数据库将数据保存在不同的表中，而不是将所有数据放
```

在一个大仓库内，这样就增加了速度并提高了灵活性。MySQL 的 SQL 语言是用于访问数据库的最常用标准化语言。

```
24      </div>
25      </body>
26      </html>
```

【运行结果】

在浏览器中打开该网页，显示效果如下图所示。

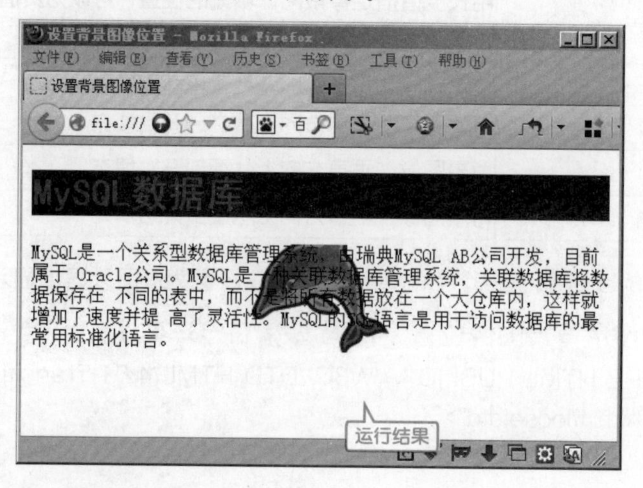

提示

为了防止图片背景自动平铺，需要使用 background-repeat:no-repeat。

11.6.5 设置背景图像位置固定

有时候随着滚动条的移动，背景图像也会跟着一起移动，可以使用 background-attachment 属性把背景图像设置成不随滚动条滚动的固定不变的效果。下表列出了 background-attachment 属性的属性值。

属性值	描述
fixed	背景图像相对于窗体固定
scroll	背景图像相对于元素固定，即当元素内容滚动时，背景图像不会跟着滚动，因为背景图像总是要跟着元素本身，但会随元素的祖先元素或窗体一起滚动
local	背景图像相对于元素内容固定，即当元素内容滚动时，背景图像也会跟着滚动，因为背景图像总是要跟着内容（CSS3）

只需要把 background-attachment 设为 fixed 即可使背景图像相对于窗体固定。代码清单 11-6-5-1 定义 <body> 标签的背景图像，并设置背景图像固定。

【范例 11.22】 设置背景图像位置固定（代码清单 11-6-5-1）

```
01      <!DOCTYPE HTML PUBLIC "-//W3C//DTD HTML 4.01 Transitional//EN" "http://
www.w3.org/TR/ html4/loose.dtd">
```

```
02    <html>
03    <head>
04    <meta http-equiv="Content-Type" content="text/html; charset=utf-8">
05    <title> 设置背景图像位置固定 </title>
06    <style type="text/css">
07      body{
08        background-image:url("background.jpg");
09        background-repeat:no-repeat;
10        background-attachment:fixed;
11      }
12      h1{
13        font-family: 黑体 ;
14        color:red;
15      }
16      .div1{
17        width:450px;
18        height:600px;
19      }
20    </style>
21    </head>
22    <body>
23    <h1>MySQL 数据库 </h1>
24    <div class="div1">
25    MySQL是一个关系型数据库管理系统，由瑞典MySQL AB公司开发，目前属于Oracle公司。MySQL 是一种关联数据库管理系统，关联数据库将数据保存在不同的表中，而不是将所有数据放在一个大仓库内，这样就增加了速度并提高了灵活性。MySQL 的 SQL 语言是用于访问数据库的最常用标准化语言。MySQL 是一个关系型数据库管理系统，由瑞典 MySQL AB 公司开发，目前属于Oracle 公司。MySQL 是一种关联数据库管理系统，关联数据库将数据保存在不同的表中，而不是将所有数据放在一个大仓库内，这样就增加了速度并提高了灵活性。MySQL 的 SQL 语言是用于访问数据库的最常用标准化语言。
26    </div>
27    </body>
28    </html>
```

【运行结果】

在浏览器中打开该网页，显示效果如左下图所示。在浏览器中移动滚动条，观察背景图片的位置，显示效果如右下图所示。

高手私房菜

本节视频教学录像：3 分钟

技巧 1：通过滤镜属性设置文字效果

在互联网上，常常看到一些很炫酷的文字效果，它们是怎么实现的呢？可以通过滤镜属性实现，下面是几种常用的滤镜效果。

(1) 发光效果。

```
<font style="FILTER: glow(color=#FF0000,strength=3); HEIGHT: 1px;" face=" 楷 体 " color="#ffffff" size="4"> 天生我材必有用 </font>
```

(2) 阴影效果。

```
<FONT style="COLOR: #990099; FILTER: shadow(color=blue); FONT-FAMILY: 方正舒体 ; Font-size: 20pt; WIDTH: 100%"><B> 人不是为失败而生的 </B></FONT>
```

(3) 渐变效果。

```
<font style="font-size:30pt;filter:alpha(opacity=100,style=1);width:100%; color:red; line-height:100%;font-family: 华文行楷 "><b> 为伊消得人憔悴 </b></font></P>
```

技巧 2：解决图片撑破 DIV 问题

在设计制作网页时，可能会碰到图片超出包含元素大小的情况，此时解决的方法是使用 CSS 控制该对象 <img> 标签的宽度。假如要设置该对象的宽度为 500px，则只需设置 img{max-width:500px;}。但是在 IE6 中，max-width 是失效的，因此最好的解决方法是在上传图片时便设置好宽度，让图片本身的宽度小于设置宽度即可。这样感觉很麻烦，但很多大型网站都是这样解决的，这也是最保险的做法，一是可以避免撑破设置宽度，二是可以降低图片大小，让浏览器更快打开网页。

第

章

DIV+CSS 网页标准化布局

本章视频教学录像：37 分钟

高手指引

在设计网页时，能否控制好各个模块在页面中的位置是非常关键的。在前面的章节中，已经充分介绍了 CSS 的基础知识，本章将在此基础上详细介绍利用 DIV+CSS 对页面元素进行定位的方法。

重点导读

- 定义 DIV
- CSS 布局定位
- CSS 布局方式
- CSS 3.0 中盒模型的新增属性

12.1 定义 DIV

本节视频教学录像：7 分钟

DIV 也是 HTML 所支持的标签。与表格的 <table></table> 结构一样，DIV 同样以 <div></div> 的形式出现。

12.1.1 什么是 DIV

DIV 是一个容器。HTML 页面中的每一个标签对象几乎都可以称为一个容器。例如，使用 p 段落标签对象。

```
<p> 文档内容 </p>
```

<p></p> 标签对作为一个容器，其中放入了内容。同样地，DIV 也是一个容器，能够放置内容，例如：

```
<div> 文档内容 </div>
```

DIV 是 HTML 中专门用于布局设计的容器对象。传统表格式的布局之所以能够进行页面的排版布局设计，是因为完全依赖于表格对象 table。在页面中绘制一个由多个单元格组成的表格，然后在相应的表格中放置内容，并通过控制表格单元格的位置来实现布局，这些是表格式布局的核心。而在今天，我们所接触的是一种全新的布局方式——CSS 布局。DIV 是这种布局方式的核心对象，使用 CSS 布局的页面不需要依赖表格，仅从 DIV 的使用上说，做一个简单的布局只需要使用 DIV 与 CSS，因此也可以称为 DIV+CSS 布局。

12.1.2 在 HTML 文档中应用 DIV

与其他 HTML 对象一样，只需要在 HTML 文档中编写 <div></div> 这样的标签形式，将内容放置其中，便可以应用 DIV 标签，例如：

```
<div> 文本内容 </div>
```

不过需要理解的是，DIV 标签只是一种标识，其作用是把内容标识成一个区域，并不负责其他事情。DIV 只是 CSS 布局工作的第一步，需要通过 DIV 将页面中的内容元素标识出来，而为内容添加样式则由 CSS 来完成。

DIV 对象除了可以直接放入文本和其他标签之外，还可以将多个 DIV 标签嵌套使用，其最终目的是合理地标识出页面的区域。

DIV 对象在使用时与其他 HTML 对象一样，可以加入其他属性，如 id、class、align 和 style 等。而在 CSS 布局方面，为了实践内容与表现内容的分离，不应当将 align 对齐属性与 style 内联样式表属性编写在 HTML 页面的 DIV 标签中，因此 DIV 代码只可能有以下两种形式：

<div id=id 名称 > 内容 </div> 及 <div class=class 名称 > 内容 </div>

使用 id 属性，可以为当前 DIV 指定一个 id 名称，在 CSS 中使用 id 选择符进行样式编写。同样，也可以使用 class 属性，在 CSS 中使用 class 选择符进行样式编写。

> **提示** 同一名称的 id 值在当前 HTML 页面中，不管是应用到 DIV 还是其他对象的 id 中，只允许使用一次，而 class 名称则可以重复使用。

在一个没有应用 CSS 的页面中，即使应用了 DIV，也没有任何实际效果，如同直接输入 DIV 中的内容一样，那么该如何理解 DIV 在布局上带来的不同呢？

首先用表格与 DIV 进行比较。在用表格布局时，使用表格设计的左右分栏或上下分栏都能够在浏览器预览中直接看到分栏效果，如代码清单 12-1-2-1 所示。

【范例 12.1】 使用表格布局（代码清单 12-1-2-1）

```
01    <!DOCTYPE HTML PUBLIC "-//W3C//DTD HTML 4.01 Transitional//EN" "http://
www.w3.org/TR/ html4/loose.dtd">
02    <html>
03    <head>
04      <meta http-equiv="Content-Type" content="text/html; charset=utf-8">
05      <title> table 分栏效果 </title>
06    </head>
07    <body>
08      <table border="1" width="100%">
09      <tr>
10      <td> 左栏 </td><td> 右栏 </td>
11      </tr>
12    </table>
13    </body>
14    </html>
```

在浏览器中打开该网页，就可以看到如下图所示的显示效果。

表格自身的代码形式决定了在浏览器中显示时，两块内容分别在左右单元格中，因此不管是否应用了表格线，都可以明确知道内容存在于两个单元格中，也达到了分栏的效果。下面看看怎样使用 DIV 达到相同效果的布局，如代码清单 12-1-2-2 所示。

【范例 12.2】 使用 DIV 布局（代码清单 12-1-2-2）

```
01    <!DOCTYPE HTML PUBLIC "-//W3C//DTD HTML 4.01 Transitional//EN" "http://
www.w3.org/TR/ html4/loose.dtd">
02    <html>
03    <head>
04    <meta http-equiv="Content-Type" content="text/html; charset=utf-8">
05    <title>DIV 分栏效果 </title>
```

```
06    </head>
07    <body>
08       <div> 左栏 </div>
09       <div> 右栏 </div>
10    </body>
11    </html>
```

在浏览器中打开该网页，可以看到如下图所示的显示效果。

从表格布局与 DIV 布局的比较中可以看出，DIV 对象本身就是占据整行的一种对象，它不允许其他对象与其在同一行中并列显示，实际上 DIV 就是一个“块状对象 (block)”。

DIV 在页面中并非用于类似于文本的行间排版，而是用于大面积、大区域的块状排版。另外，从页面的效果中可以发现，网页中除了文字之外没有任何其他效果，两个 DIV 之间的关系只是前后关系，并没有出现类似表格田字型的组织形式，因此可以说 DIV 本身与样式没有任何关系，样式需要编写 CSS 来实现，因此 DIV 对象应该说从本质上实现了与样式的分离。这样做的好处是，由于 DIV 与样式分离，网页的最终样式由 CSS 来完成。这种与样式无关的特性，使得 DIV 在设计中拥有巨大的可伸缩性，用户可以根据自己的想法改变 DIV 的样式，而不再拘泥于单元格固定模式的束缚。因此在 CSS 布局中所需要做的工作可以简单归结两个步骤：首先使用 DIV 将内容标记起来，然后为 DIV 编写所需的 CSS 样式。

提示 HTML 中的所有对象几乎都默认为以下两种对象类型。

block 块状对象：指的是当前对象显示为一个方块，在默认的显示状态下将占据整行，其他对象在下一行显示。

inline 行内对象：正好和 block 相反，它允许下一个对象与其本身在同一行中显示。

12.1.3 DIV 的嵌套和固定格式

DIV 可以进行多层嵌套的目的是实现更为复杂的页面排版。例如设计一个网页时，首先需要有整体布局，产生头部，这也许会产生一个复杂的 DIV 结构。

```
01    <div id="top"> 顶部 </div>
02    <div id="main">
03       <div id="left"> 左 </div>
04       <div id="right"> 右 </div>
05    </div>
06    <div id="bottom"> 底部 </div>
```

在代码中，每个 DIV 定义了 id 名称以供识别。可以看到 id 为 top、main 和 bottom 的 3 个对象之间属于并列关系。在网页的布局结构中，如果以垂直方向布局为例，代表的是左下图所示的一种布局关系，而在main中，为了内容需要，有可能在main中使用左右栏布局，因此在 main 中增加了两个 id 为 left 与 right 的 DIV。这两个 DIV 本身是并列关系，而它们都处于 main 中。因此它们与 main 形成了一种嵌套关系，如果 left 与 right 被样式控制为左右显示，它们最终的布局关系如右下图所示。

Top

Main

Bottom

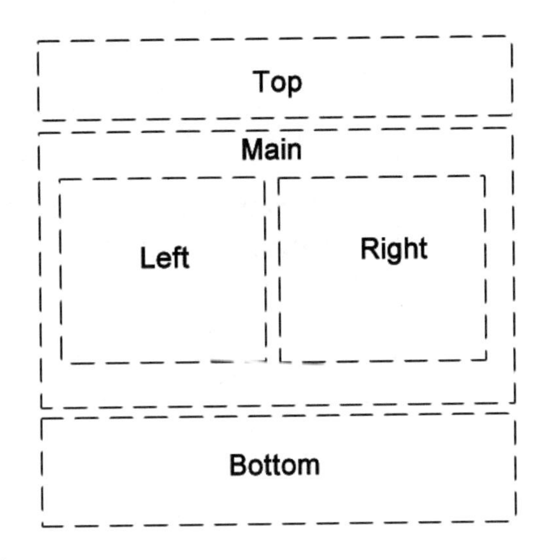

网页布局则由这些嵌套的 DIV 来构成。无论是多么复杂的布局方法，都可以使用 DIV 之间的并列与嵌套实现。

12.2 CSS 布局定位

本节视频教学录像：9 分钟

CSS 排版是一种比较新的排版理念，有别于传统排版方式。它先将页面在整体上进行 <div> 标记分块，然后对各个块进行 CSS 定位，最后在各个块中添加相应的内容。通过 CSS 排版的页面，更新十分容易，甚至页面的拓扑结构，都可以通过修改 CSS 属性来重新定位。

12.2.1 浮动定位

浮动定位是 CSS 排版中非常重要的手段。浮动的框可以左右移动，直到其外边缘碰到包含框或另一个浮动框的边缘。因为浮动框不在文档的普通流中，所以文档的普通流表现得好像浮动框不存在一样。float 的属性值如下表所示。

属性	描述	属性值	注释
float	用于设置对象是否浮动显示，以及设置其具体浮动的方式	none left right	不浮动 左浮动 右浮动

(1) left：文本或图像移至父元素的左侧。

(2) right：文本或图像移至父元素的右侧。

(3) none：默认，文本或者图像显示于它在文档中出现的位置。

下面介绍几种常见的浮动形式。例如，代码清单 12-2-1-1 定义了普通文档流的 CSS 样式。

【范例 12.3】 定义普通文档流（代码清单 12-2-1-1）

```
01	<!DOCTYPE HTML PUBLIC "-//W3C//DTD HTML 4.01 Transitional//EN" "http://www.w3.org/TR/ html4/loose.dtd">
02	<html>
03	<head>
04	<meta http-equiv="Content-Type" content="text/html; charset=utf-8">
05	<title> 普通文档流的 CSS 样式 </title>
06	<style type="text/css">
07	   #box{
08	      width:650;
09	      border:dashed 2px #000000;
10	   }
11	   #left{
12	      width:150px;
13	      height:150px;
14	      border:dashed 2px #000000;
15	      margin:10px;
16	      background-color:#FFF;
17	   }
18	   #main{
19	      width:150px;
20	      height:150px;
21	      border:dashed 2px #000000;
22	      margin:10px;
23	      background-color:#FFF;
24	   }
25	   #right{
26	      width:150px;
27	      height:150px;
28	      border:dashed 2px #000000;
29	      margin:10px;
30	      background-color:#FFF;
31	   }
32	</style>
33	</head>
34	<body>
```

```
35    <div id="box">
36        <div id="left">
37            此处显示 id="left" 的内容
38        </div>
39        <div id="main">
40            此处显示 id="main" 的内容
41        </div>
42        <div id="right">
43            此处显示 id="right" 的内容
44        </div>
45    </div>
46    </body>
47    </html>
```

在浏览器中打开该网页，可以看到如下图所示的显示效果。

当把 left 向右浮动时，它将脱离文档流并向右浮动，直到其边缘碰到包含框 box 的右边框为止。left 向右浮动的 CSS 代码如下。

```
01        #left{
02            width:150px;
03            height:150px;
04            border:dashed 2px #000000;
05            margin:10px;
06            background-color:#FFF;
07            float:right;        /* 设置向右浮动 */
08        }
```

刷新网页，显示效果如下图所示。

当把 left 框向左浮动时，它将脱离文档流并向左移动，直到其边缘碰到包含 box 的左边框为止。因为不再处于文档流中，所以它不占空间，实际上覆盖住了 main 框，使 main 框从左视图中消失。left 框向左浮动的 CSS 代码如下。

```
01      #main{
02          width:150px;
03          height:150px;
04          border:dashed 4px red;    /* 设置边框粗 4px，红色 */
05          margin:10px;
06          background-color:#FFF;
07      }
08      #left{
09          width:150px;
10          height:150px;
11          border:dashed 2px #000000;
12          margin:10px;
13          background-color:#FFF;
14          float:left;    /* 设置向左浮动 */
15      }
```

再次刷新网页，显示效果如下图所示。

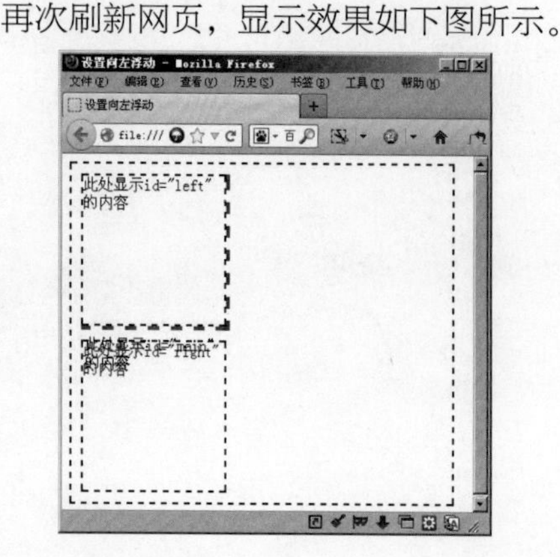

提示 为使效果更加明显直观，设置 main 框的边框为红色 4px 粗的虚线。

当把 3 个框都向右浮动时，left 框将向左浮动，直到碰到包含 box 框的左边缘为止，另外两个框向左浮动，直到碰到前一个浮动框为止，CSS 代码如下。

```
01	#box{
02	  width:650;
03	  border:dashed 2px #000000;
04	}
05	#left{
06	  width:150px;
07	  height:150px;
08	  border:dashed 2px #000000;
09	  margin:10px;
10	  background-color:#FFF;
11	  float:left;
12	}
13	#main{
14	  width:150px;
15	  height:150px;
16	  border:dashed 2px #000000;
17	  margin:10px;
18	  background-color:#FFF;
19	  float:left;
20	}
21	#right{
22	  width:150px;
23	  height:150px;
24	  border:dashed 2px #000000;
25	  margin:10px;
26	  background-color:#FFF;
27	  float:left;
28	}
```

在浏览器中刷新网页，显示效果如下图所示。

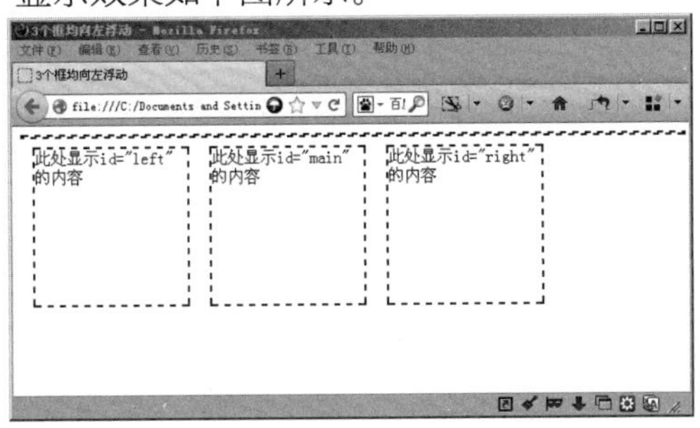

如果浮动框元素的高度不同，那么当它们向下移动时可能会被其他浮动元素卡住。例如下面定义的 CSS 规则。

```
01    #box{
02        width:400px;
03        border:dashed 2px #000000;
04    }
05    #left{
06        width:150px;
07        height:250px;
08        border:dashed 2px #000000;
09        margin:10px;
10        background-color:#FFF;
11        float:left;
12    }
13    #main{
14        width:150px;
15        height:150px;
16        border:dashed 2px #000000;
17        margin:10px;
18        background-color:#FFF;
19        float:left;
20    }
21    #right{
22        width:150px;
23        height:150px;
24        border:dashed 2px #000000;
25        margin:10px;
26        background-color:#FFF;
27        float:left;
28    }
```

刷新网页，显示效果如下图所示。

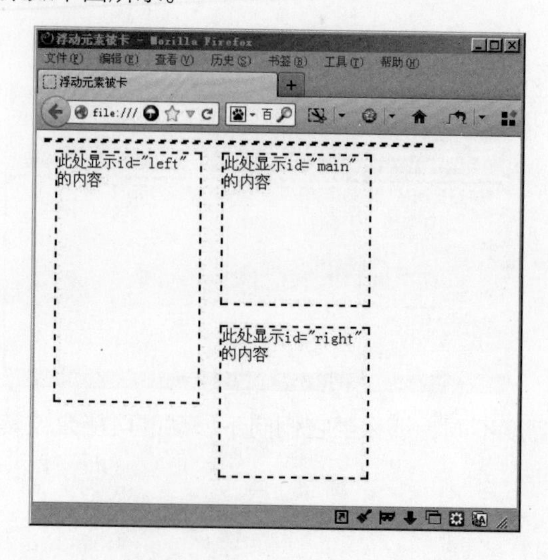

12.2.2 position 定位

position 定位属性与 float 属性一样，也是 CSS 排版中非常重要的属性。position 从字面意思上理解就是指定位的位置，即块相对于其父块的位置和相对于它自身应该在的位置。

position 的属性值如下表所示。

属性	描述	属性值	注释
position	用于设置对象的定位方式	static	静态（默认），无特殊定位
		relative	相对，对象不可层叠，但将依据 left、right、top、bottom 等属性在正常文档流中偏移位置
		absolute	绝对，将对象从文档流中拖出，通过 width、height、left、right、top 和 bottom 等属性与 margin、padding、border 进行绝对定位，绝对定位的元素可以有边界，但这些边界不压缩。而其层叠通过 z-index 属性定义
		fixed	悬浮，使元素固定在屏幕的某个位置，其包含快是可视区域本身，因此它不随滚动条的滚动而滚动（IE 5.5 不支持此属性）
		inherit	该值从其上级元素继承得到

1. 相对定位（relative）

对一个元素进行相对定位，可在它所在的位置上通过设置垂直或水平位置让这个元素相对于起点移动。如果将 top 设置为 40 像素，那么框出现在原位置顶部下方 40 像素的位置。如果将 left 设置为 40 像素，那么会在元素左边创建 40 像素的空间，也就是将元素向右移动。例如，代码清单 12-2-2-1 设置 main 框相对定位。

【范例 12.4】 设置 main 框相对定位（代码清单 12-2-2-1）

```
01    <!DOCTYPE HTML PUBLIC "-//W3C//DTD HTML 4.01 Transitional//EN" "http://
www.w3.org/TR/ html4/loose.dtd">
02    <html>
03    <head>
04    <meta http-equiv="Content-Type" content="text/html; charset=utf-8">
05    <title> 相对定位 </title>
06    <style type="text/css">
07       #box{
08          width:600px;
09          border:dashed 2px #000000;
10       }
11       #left{
12          width:150px;
13          height:150px;
14          border:dashed 2px #000000;
15          margin:10px;
```

```
16          background-color:#FFF;
17          float:left;
18      }
19      #main{
20          position:relative;
21          left:40px;
22          top:40px;
23          width:150px;
24          height:150px;
25          border:dashed 2px #000000;
26          margin:10px;
27          background-color:#FFF;
28          float:left;
29      }
30      #right{
31          width:150px;
32          height:150px;
33          border:dashed 2px #000000;
34          margin:10px;
35          background-color:#FFF;
36          float:left;
37      }
38  </style>
39  </head>
40  <body>
41  <div id="box">
42      <div id="left">
43          此处显示 id="left" 的内容
44      </div>
45      <div id="main">
46          此处显示 id="main" 的内容
47      </div>
48      <div id="right">
49          此处显示 id="right" 的内容
50      </div>
51  </div>
52  </body>
53  </html>
```

在浏览器中打开该网页，显示效果如下图所示。

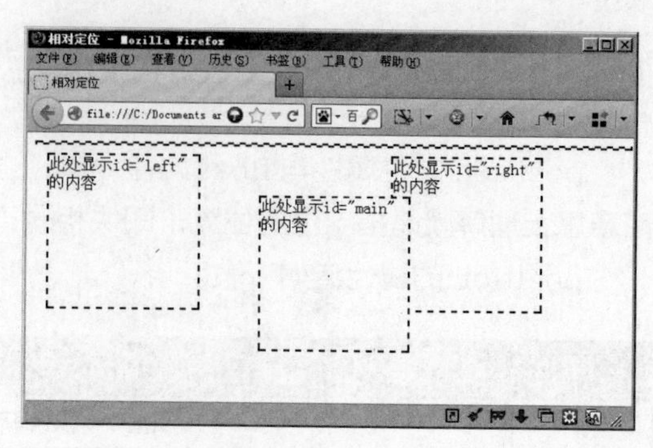

提示 在使用相对定位时，无论是否进行移动，元素仍然占据原来的空间，因此，移动元素会导致覆盖其他框。

2. 绝对定位（absolute）

相对定位实际上被看作普通流定位模型的一部分，因为元素的位置相对于它在普通流中的位置。与其相反，绝对定位元素的位置与文档流无关，因此不占据空间，普通文档流中其他元素的布局就像绝对定位的元素不存在一样。简单地说，使用了绝对定位之后，对象浮在网页的上面。

例如，将范例 12.4 的 CSS 样式规则更改成如下。

```
01      #main{
02          position:absolute;
03          left:40px;
04          top:40px;
05          width:150px;
06          height:150px;
07          border:dashed 2px #000000;
08          margin:10px;
09          background-color:#FFF;
10          float:left;
11      }
```

刷新网页，显示效果如下图所示。

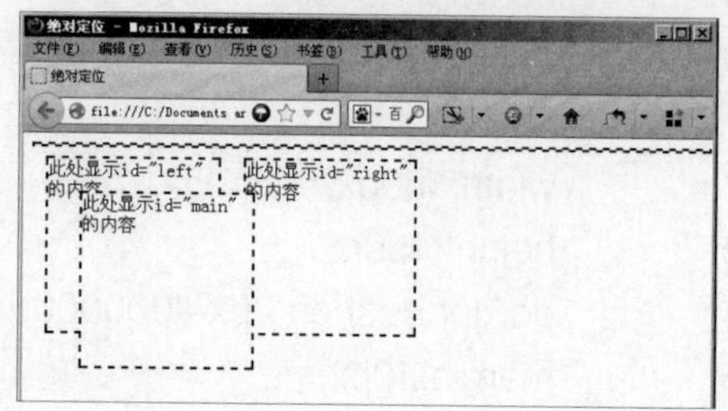

与相对定位的框一样，绝对定位的框可以从它的包含块向上、下、左、右移动。这提供了很大的灵活性，可以直接将元素定位在页面上的任何位置。

3. 悬浮定位（fixed）

当将块的 position 参数设置为 fixed 时，本质上与将其设置为 absolute 一样，只不过块不会随着浏览器的滚动条向上或向下移动。因为浏览器对该属性值的兼容性不理想，所以不推荐使用该值，这里也不再详细介绍。

提示 定位的主要问题是要记住每种定位的意义。相对定位是相对元素在文档中的初始位置，绝对定位是相对于最近的已定位的父元素或最初始的包含块。绝对定位的框与文档流无关，它们可以覆盖页面上的其他元素。可以通过设置 z-index 属性来控制这些边框的堆放次序。z-index 的属性值越大，框在堆中的位置就越高。

12.3 可视化模型

本节视频教学录像：4 分钟

盒子模型是 CSS 控制页面的一个重要概念。只有很好地掌握盒子模型及其中每个元素的用法，才能真正控制页面中各个元素的位置。

12.3.1 盒模型

所有页面中的元素都可以看成是一个盒子，占据一定的页面空间。一般来说，这些被占据的空间往往比单纯的内容要大。换句话说，可以通过整个盒子的边框和距离等参数来调节盒子的位置。

我们要知道，一个盒模型是由 content（内容）、border（边框）、padding（填充）和 margin（间隔）4 个部分组成的。填充、边界和边框都分为“上右下左”4 个方向，既可以分别定义，也可以统一定义。

CSS 内定义的宽（width）和高（height）指的是填充内容范围，因此一个元素的实际宽度 = 左边界 + 左边框 + 内容宽度 + 右边框 + 右边界。例如，代码清单 12-3-1-1 定义填充内容的宽和高分别为 400px 和 250px，定义内外边距均为 15px，定义边框为 4px 宽的红色实线。

【范例 12.5】 定义填充内容的宽和高（代码清单 12-3-1-1）

```
01    <!DOCTYPE HTML PUBLIC "-//W3C//DTD HTML 4.01 Transitional//EN" "http://
www.w3.org/TR/ html4/loose.dtd">
02    <html>
03    <head>
04    <meta http-equiv="Content-Type" content="text/html; charset=utf-8">
05    <title> 盒模型 </title>
06    <style type="text/css">
```

```
07        #box{
08            width:400px;
09            height:250px;
10            margin:15px;
11            padding:15px;
12            border:solid 4px red;
13        }
14    </style>
15    </head>
16    <body>
17        <div id="box">
18            <img src="iphone.jpg" />
19        </div>
20    </body>
21    </html>
```

打开浏览器，显示效果如下图所示。

而元素的实际宽度 =15px+4px+15px+400px+15px+4px+15px=468px

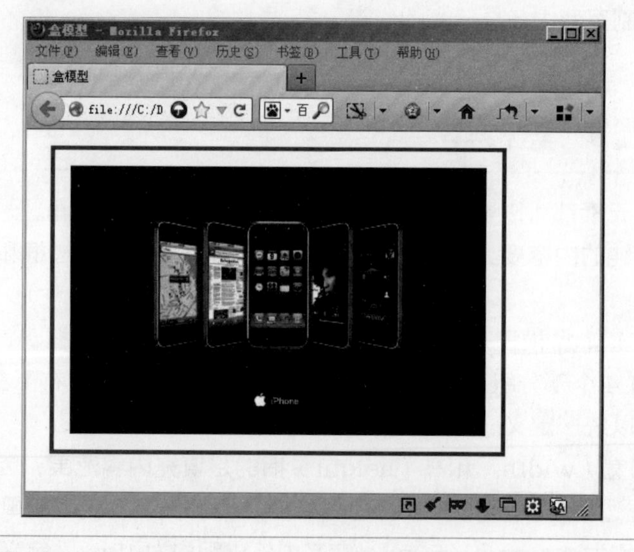

提示 关于盒模型有以下几点需要注意：⑴ 边框默认的样式（border-style）可以设置为不显示（none）；⑵ 填充值不可为负；⑶ 内联元素，如 a，定义上下边界不会影响到行高；⑷ 若盒中没有内容，尽管定义了宽度和高度都为 100%，实际上也只占 0%，因此不会显示，这些在使用 DIV+CSS 布局时需要特别注意。

12.3.2 视觉可视化模型

在 HTML 文档元素中，p、hl、div 等元素被称为块级元素，这就意味着这些元素显示为一块内容，即“块框”。与其相反，strong 和 span 等元素称为行内元素，因为它们的显示内容在行中，即“行内框”。但是可以通过使用块级元素与行内元素的 display 属性改变生成框的类型，将行内元素的 display 属性设置为 block，可以让内行元素表现得像块级元素一样，反之亦然。另外，还可以将 display 属性设置为 none，让生成的元素根本没有框，这样，这个框及其所有内容就不显示，也不占用文档中的空间。

这些框在 CSS 中有 3 种基本的定位机制：普通流、浮动和绝对定位。除非专门指定，否则所有框都在普通流中定位。例如，块级框从上到下一个接一个排列，框之间的垂直距离由框的垂直空白边计算出来。而行内框在一行中的水平位置，可以使用水平填充、边框和空白边设置它们之间的水平间距。但是，垂直填充、边框和空白边不影响行内框的高度。由一行形成的水平框称为行框，行框的高度总是足以容纳它包含的所有行内框，设置行高可以增加这个框的高度。

另外，框可以按照 HTML 的嵌套方式包含其他框。大多数框由显示定义的元素形成，但在某些情况下，即使没有进行显示定义，也会创建块级元素，这种情况发生在将一些文本添加到一些块级元素（如 DIV）的开头时，即使没有把这些文本定义为段落，它也会被当作段落看待，这时这个框称为无名块框，因为它不与专门的元素相关联。例如下面的代码。

```
01    <div>
02    公司简介
03    <p> 公司的详细介绍 </p>
04    </div>
```

块级元素内的文本行也会发生类似的情况。假设有一个包含 3 行文本的段落，每行文本形成一个无名行框，无法直接对无名框或行框应用样式，因为没有可以应用样式的地方，但这有助于理解在屏幕上看到的所有东西都形成某种框。

12.3.3 空白边叠加

空白边叠加是一个比较简单的概念，当两个垂直空白边相遇时，它们形成一个空白边。这个空白边的高度是两个发生叠加的空白边高度的较大者。例如，当一个元素出现在另一个元素之上时，第一个元素的底空白边与第二个元素的顶空白边会发生叠加。

另外，当一个元素包含另一个元素时（假设没有填充或边框将空白边隔开），它们的顶和底的空白边也会发生叠加。

> **提示**　只有普通文档流中块框的垂直空白边才会发生空白边叠加。行内框、浮动框或定位框之间的空白边是不会叠加的。

12.4 CSS 布局方式

本节视频教学录像：11 分钟

CSS 是控制网页布局样式的基础，是真正能够做到网页表现和内容分离的一种样式设计语言。相对于传统 HTML 的简单样式控制来说，CSS 能够对网页对象的位置排版进行像素级别的精确控制，支持几乎所有的字体、字号样式，还拥有对网页对象盒模型样式的控制能力，并且能够进行初步页面交互设计，是当前基于文件展示的最优秀的表达设计语言。

12.4.1 居中的布局设计

目前，居中设计在网页布局的应用非常广泛，因此如何在CSS中让设计居中显示是大多数开发人员首先要学习的内容之一。设计居中主要有以下两种基本方法。

1. 使用自动空白边让设计居中

假设一个布局，希望其中的容器DIV在屏幕上水平居中。

```
01    <body>
02      <div id="box"></div>
03    </body>
```

只需定义DIV的宽度，然后将水平空白边设置为auto。

```
01    #box{
02      width:720px;
03      margin:auto;
04    }
```

这种CSS样式定义方法几乎在所有的浏览器中都有效。但是，在IE 5系列和IE 6.0中不支持自动空白边，因为IE将text-align:center理解为让所有对象居中，而不只是文本。可以利用这一点，让主体标签中的所有对象居中，包括容器DIV，然后将容器的内容重新对准左边，代码如下。

```
01    body{
02      Text-align:center;
03    }
04      #box{
05        width:720px;
06        margin:auto;
07        text-align:left;
08      }
```

代码清单12-4-1-1定义一个id=box的DIV作为主容器，使这个主容器在浏览器中水平居中。

【范例12.6】 定义DIV水平居中（代码清单12-4-1-1）

```
01    <!DOCTYPE HTML PUBLIC "-//W3C//DTD HTML 4.01 Transitional//EN" "http://
www.w3.org/TR/ html4/loose.dtd">
02    <html>
03    <head>
04    <meta http-equiv="Content-Type" content="text/html; charset=utf-8">
05    <title> 使用自动空白边让设计居中 </title>
06    <style type="text/css">
07      body{
08        text-align:center;
09      }
10      #box{
```

```
11          width:720px;
12          height:600px;
13          margin:0 auto;
14          text-align:left;
15          border:solid 2px red;
16        }
17      </style>
18      </head>
19      <body>
20        <div id="box">
21          id="box" 的主容器
22        </div>
23      </body>
24      </html>
```

在浏览器中打开该网页，显示效果如下图所示。观察此图，可以发现边框为红色的容器在浏览器中水平居中显示。

提示　一般在实际设计页面布局时，通常不会设置主容器的高度值，而让容器的高度随内容自动增加。这里设置容器高度只是为了使演示效果更加明显。

2. 使用定位和负值空白边让设计居中

定义容器的宽度，然后将容器的 position 属性设置为 relative，将 left 属性设置为 50%，即可把容器的左边缘定位在页面的中间。代码如下。

```
01      #box{
02          width:720px;
03          position:relative;
04          left:50%;
05      }
```

如果不希望让容器的左边缘居中，而是让容器的中间居中，只要对容器的左边应用一个负值的空白边，宽度等于容器宽度的一半，即可把容器向左移动其宽度的一半，从而让它在屏幕上居中。代码如下。

```
01      #box{
02          width:720px;
03          position:relative;
04          left:50%;
05          margin-left:-360px;
06      }
```

例如，代码清单 12-4-1-2 采用定位和负值空白边让设计居中的方式，使 box 容器水平居中显示。

【范例 12.7】 采用定位和负值空白边使设计居中（代码清单 12-4-1-2）

```
01      <!DOCTYPE HTML PUBLIC "-//W3C//DTD HTML 4.01 Transitional//EN" "http://
www.w3.org/TR/ html4/loose.dtd">
02      <html>
03      <head>
04      <meta http-equiv="Content-Type" content="text/html; charset=utf-8">
05      <title> 使用定位和负值空白边让设计居中 </title>
06      <style type="text/css">
07         #box{
08            width:720px;
09            height:600px;
10            position:relative;
11            left:50%;
12            margin-left:-360px;
13            border:solid 2px red;
14         }
15      </style>
16      </head>
17      <body>
18         <div id="box">
19            id="box" 的主容器
20         </div>
21      </body>
22      </html>
```

在浏览器中打开该网页，显示效果如下图所示。

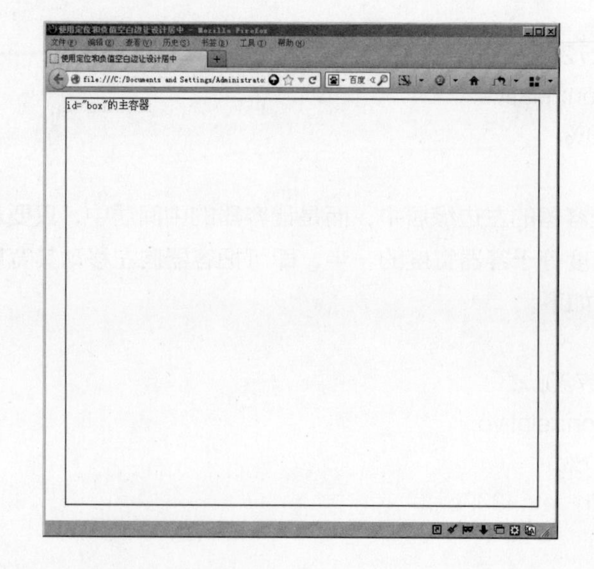

12.4.2 浮动的布局设计

使用浮动技术设计页面布局，通常包括 5 种方式：两列固定宽度布局、两列固定宽度居中布局、两列宽度自适应布局、两列右列宽度自适应布局、三列浮动中间宽度自适应布局。

1. 两列固定宽度布局

两列固定宽度布局非常简单，只需要定义两个 DIV 容器，并设置相应的 CSS 样式规则即可。例如，代码清单 12-4-2-1 为 left 和 right 容器设置宽度和高度，并设置这两个容器都向左浮动。

【范例 12.8】 两列固定宽度布局（代码清单 12-4-2-1）

```
01    <!DOCTYPE HTML PUBLIC "-//W3C//DTD HTML 4.01 Transitional//EN" "http://
www.w3.org/TR/ html4/loose.dtd">
02    <html>
03    <head>
04    <meta http-equiv="Content-Type" content="text/html; charset=utf-8">
05    <title> 两列固定宽度布局 </title>
06    <style type="text/css">
07      #left{
08        width:200px;
09        height:200px;
10        background-color:#00C;
11        border:solid 2px #F00;
12        float:left;
13      }
14      #right{
15        width:200px;
16        height:200px;
17        background-color:#CF0;
18        border:solid 2px #F00;
19        float:left;
20      }
21    </style>
22    </head>
23    <body>
24      <div id="left">id="left" 的容器 </div>
25      <div id="right">id="right" 的容器 </div>
26    </body>
27    </html>
```

在浏览器中打开该网页，显示效果如下图所示。

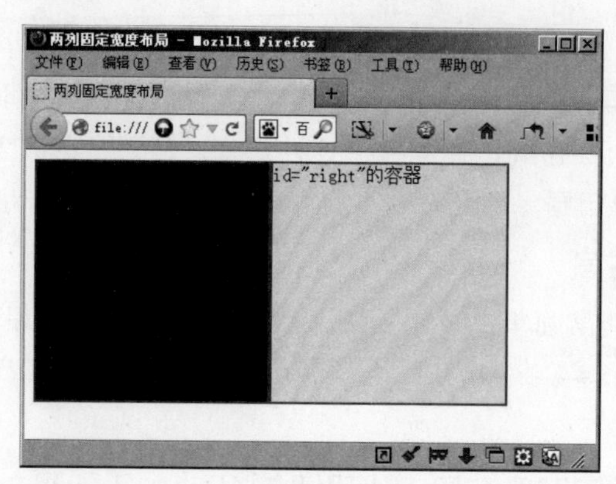

2. 两列固定宽度居中布局

两列固定宽度居中布局可以使用 DIV 的嵌套方式来完成，用一个居中的 DIV 作为容器，将两列分栏的两个 DIV 放置在容器中，从而实现两列的居中显示。例如，代码清单 12-4-2-2 定义包含容器的 id 等于 box，为 box 容器设置水平居中的 CSS 样式，并在 box 容器中定义 left 和 right 容器。

【范例 12.9】 两列固定宽度居中布局（代码清单 12-4-2-2）

```
01      <!DOCTYPE HTML PUBLIC "-//W3C//DTD HTML 4.01 Transitional//EN" "http://
www.w3.org/TR/ html4/loose.dtd">
02      <html>
03      <head>
04      <meta http-equiv="Content-Type" content="text/html; charset=utf-8">
05      <title> 两列固定宽度居中布局 </title>
06      <style type="text/css">
07        #box{
08          margin:0 auto;
09          width:408px;
10        }
11        #left{
12          width:200px;
13          height:200px;
14          background-color:#00C;
15          border:solid 2px #F00;
16          float:left;
17        }
18        #right{
19          width:200px;
20          height:200px;
21          background-color:#CF0;
22          border:solid 2px #F00;
23          float:left;
24        }
```

```
25      </style>
26      </head>
27      <body>
28          <div id="box">
29              <div id="left">id="left" 的容器 </div>
30              <div id="right">id="right" 的容器 </div>
31          </div>
32      </body>
33      </html>
```

在浏览器中打开该网页，显示效果如下图所示。

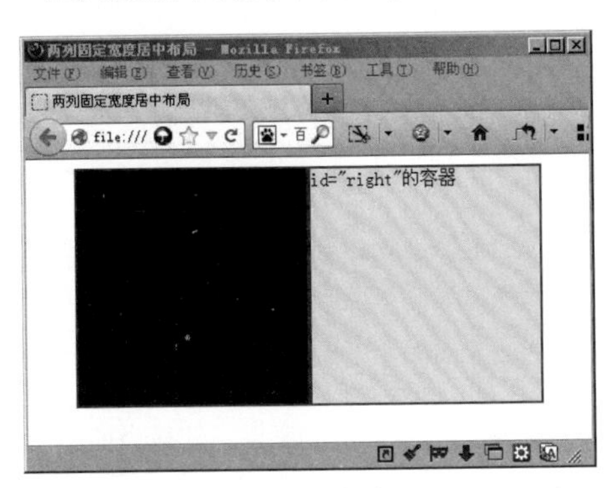

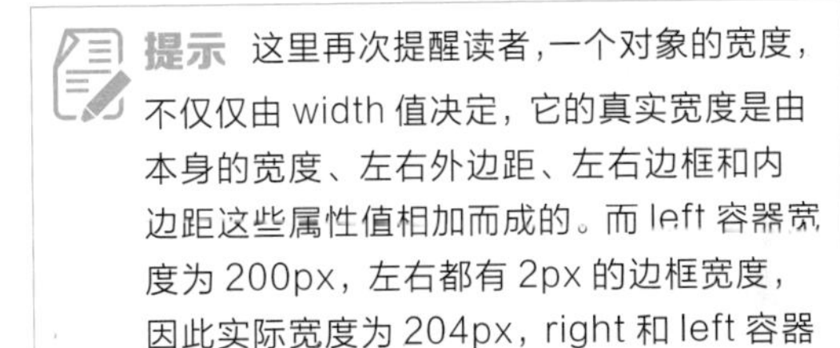

提示 这里再次提醒读者，一个对象的宽度，不仅仅由 width 值决定，它的真实宽度是由本身的宽度、左右外边距、左右边框和内边距这些属性值相加而成的。而 left 容器宽度为 200px，左右都有 2px 的边框宽度，因此实际宽度为 204px，right 和 left 容器宽度相同，所以 box 的宽度设定为 408px。

3. 两列宽度自适应布局

自适应主要通过宽度的百分比值进行设置。因此，在两列宽度自适应布局中也同样是对百分比宽度值进行设定，如代码清单 12-4-2-3 所示。

【范例 12.10】 两列宽度自适应布局（代码清单 12-4-2-3）

```
01      <!DOCTYPE HTML PUBLIC "-//W3C//DTD HTML 4.01 Transitional//EN" "http://
www.w3.org/TR/ html4/loose.dtd">
02      <html>
03      <head>
04      <meta http-equiv="Content-Type" content="text/html; charset=utf-8">
05      <title> 两列宽度自适应布局 </title>
06      <style type="text/css">
07          #left{
08              width:20%;
09              height:200px;
10              background-color:#00C;
11              border:solid 2px #F00;
12              float:left;
13          }
14          #right{
15              width:70%;
16              height:200px;
```

```
17            background-color:#CF0;
18            border:solid 2px #F00;
19            float:left;
20        }
21    </style>
22    </head>
23    <body>
24        <div id="left">id="left" 的容器 </div>
25        <div id="right">id="right" 的容器 </div>
26    </body>
27    </html>
```

在浏览器中打开该网页，显示效果如下图所示。

当改变浏览器窗口尺寸时，left 和 right 容器的宽度随之改变，浏览器在水平方向上始终不会出现滚动条。

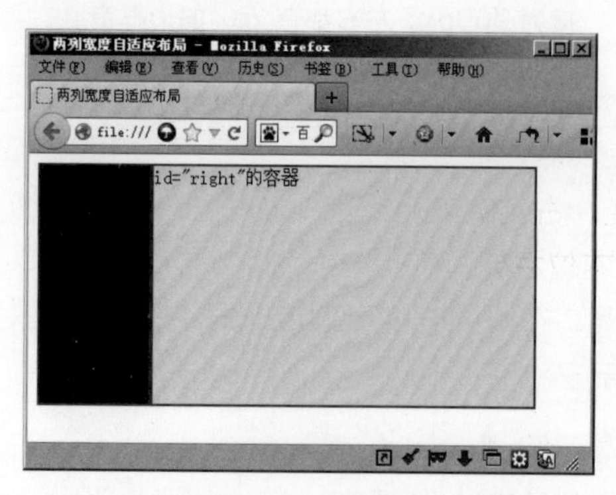

提示 在该范例中，并没有把整体宽度设置为 100%（20%+70%=90%），是因为前面已经多次提到，左侧对象不仅仅是浏览器窗口 20% 的宽度，还应当加上左右红色边框的宽度，这样算下来，左右栏都超过了自身的百分比宽度，最终的宽度也超过了浏览器窗口的宽度，因此右栏将被挤到第二行显示，从而失去了左右分栏的效果。

4. 两列右列宽度自适应布局

在实际应用中，有时候需要左栏固定宽度，右栏根据浏览器窗口的大小自动适应。在 CSS 中只需要设置左栏宽度，右栏不设置任何宽度值，并且右栏不浮动，如代码清单 12-4-2-4 所示。

【范例 12.11】 两列右列宽度自适应布局（代码清单 12-4-2-4）

```
01    <!DOCTYPE HTML PUBLIC "-//W3C//DTD HTML 4.01 Transitional//EN" "http://
www.w3.org/TR/ html4/loose.dtd">
02    <html>
03    <head>
04    <meta http-equiv="Content-Type" content="text/html; charset=utf-8">
05    <title> 两列右列宽度自适应布局 </title>
06    <style type="text/css">
07        #left{
08            width:200px;
09            height:200px;
10            background-color:#00C;
```

```
11            border:solid 2px #F00;
12            float:left;
13         }
14         #right{
15            height:200px;
16            background-color:#CF0;
17            border:solid 2px #F00;
18         }
19      </style>
20      </head>
21      <body>
22         <div id="left">id="left" 的容器 </div>
23         <div id="right">id="right" 的容器 </div>
24      </body>
25      </html>
```

在浏览器中打开该网页，显示效果如下图所示。

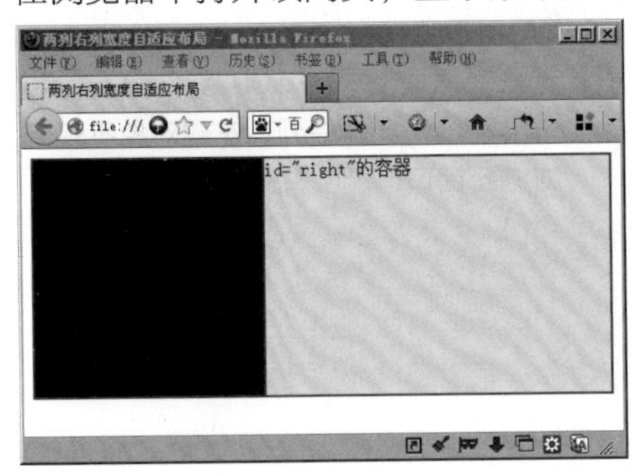

改变浏览器窗口大小，会发现左栏宽度不变，而右栏宽度随着浏览器宽度的改变而改变。右列宽度自适应布局经常在网站中用到，不仅右列，左列也可以自适应，方法相同。

5. 三列浮动中间宽度自适应布局

三列浮动中间列宽度自适应布局，是左栏固定宽度居左显示，右栏固定宽度居右显示，而中间栏在左栏和右栏的中间显示，根据左右栏的间距变化自动适应。单纯使用 float 属性与百分比属性不能实现三列浮动中间宽度自适应布局，需要使用绝对定位实现。绝对定位后的对象，不需要考虑它在页面中的浮动关系，只需要设置对象的 top、right、bottom 和 left 4 个方向即可，如代码清单 12-4-2-5 所示。

【范例 12.12】 三列浮动中间宽度自适应布局（代码清单 12-4-2-5）

```
01      <!DOCTYPE HTML PUBLIC "-//W3C//DTD HTML 4.01 Transitional//EN" "http://
www.w3.org/TR/ html4/loose.dtd">
02      <html>
03      <head>
04      <meta http-equiv="Content-Type" content="text/html; charset=utf-8">
05      <title> 三列浮动中间宽度自适应布局 </title>
06      <style type="text/css">
07         *{
08            margin:0;
```

```
09          padding:0;
10          border:0;
11      }
12      #left{
13          width:200px;
14          height:200px;
15          background-color:#00C;
16          border:solid 2px #F00;
17          position:absolute;
18          top:0px;
19          left:0px;
20      }
21      #right{
22          width:200px;
23          height:200px;
24          background-color:#CF0;
25          border:solid 2px #F00;
26          position:absolute;
27          top:0px;
28          right:0px;
29      }
30      #main{
31          height:200px;
32          background-color:#636;
33          border:solid 2px #F00;
34          margin:0px 204px 0px 204px;
35      }
36  </style>
37  </head>
38  <body>
39      <div id="left">id="left" 的 容 器 </
div>
40      <div id="main">id="main" 的容器
</div>
41      <div id="right">id="right" 的 容 器
</div>
42  </body>
43  </html>
```

在浏览器中打开该网页，显示效果如下图所示。

12.4.3 高度自适应设计

高度同样可以使用百分比设置，不同的是直接使用 height：100% 不会显示效果，这与浏览器的解析方式有一定的关系，如代码清单 12-4-3-1 所示。

【范例 12.13】 高度自适应设计（代码清单 12-4-3-1）

```
01  <!DOCTYPE HTML PUBLIC "-//W3C//DTD HTML 4.01 Transitional//EN" "http://
www.w3.org/TR/ html4/loose.dtd">
02  <html>
03  <head>
04  <meta http-equiv="Content-Type" content="text/html; charset=utf-8">
05  <title> 高度自适应设计 </title>
06  <style type="text/css">
07    html,body{
08      margin:0px;
09      height:100%;
10    }
```

```
11          #left{
12              width:200px;
13              height:100%;
14              background-color:#00C;
15              float:left;
16          }
17      </style>
18      </head>
19      <body>
20          <div id="left">id="left" 的容器 </div>
21      </body>
22      </html>
```

在对 #left 设置 height：100% 的同时，也设置了 HTML 与 body 的 height：100%。一个对象的高度是否能使用百分比显示，取决于对象的父级对象。#left 直接放置在 body 中，因此它的父级就是 body，而浏览器在默认状态下，没有给 body 属性高度，因此直接设置 #left 的 height：100% 时，不会产生任何效果，而当给 body 设置 100% 之后，它的子级对象 #left 的 height：100% 便起作用，这便是浏览器解析规则引发的高度自适应问题。给 HTML 对象设置 height: 100%，能使 IE 与 Firefox 浏览器都能实现高度自适应。打开该网页，显示效果如下图所示。

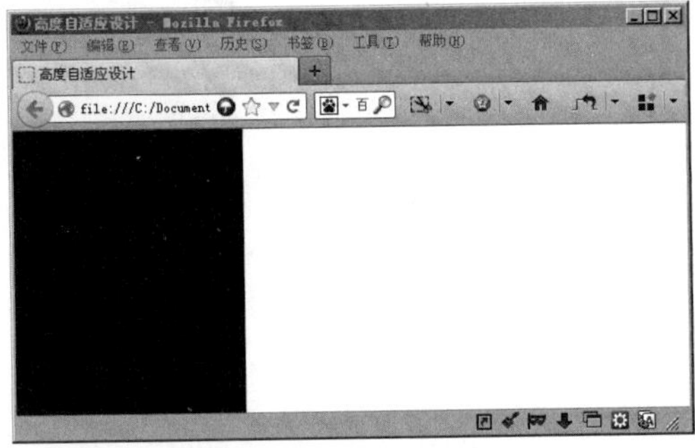

12.5 CSS 3.0 中盒模型的新增属性

本节视频教学录像：4 分钟

在 CSS 3.0 中新增了 3 种盒模型的控制属性，分别是 overflow、overflow-x 和 overflow-y，下面分别简单介绍这 3 种新增的盒模型控制属性。

12.5.1 overflow

overflow 属性用于设置当对象的内容超过其指定的高度及宽度时应该如何处理。其语法格式如下。

```
overflow:visible|auto|hidden|scroll
```

相关属性：

overflow-x overflow-y

(1) visible：不剪切内容也不添加滚动条。如果显示声明该默认值，对象将被剪切为包含对象的 window 或 frame 的大小，并且 clip 属性设置将失效。

(2) auto：该属性值为 body 对象和 textarea 的默认值，在需要时剪切内容并添加滚动条。

(3) hidden：不显示超过对象尺寸的内容。

(4) scroll：总是显示滚动条

该属性在各种浏览器中的支持较好，可以放心使用。例如，代码清单 12-5-1-1 定义盒子显示滚动条。

【范例 12.14】 定义盒子显示滚动条（代码清单 12-5-1-1）

```
01    <!DOCTYPE HTML PUBLIC "-//W3C//DTD HTML 4.01 Transitional//EN" "http://www.w3.org/TR/ html4/loose.dtd">
02    <html>
03    <head>
04    <meta http-equiv="Content-Type" content="text/html; charset=utf-8">
05    <title>overflow 属性 </title>
06    <style type="text/css">
07      #box{
08        width:400px;
09        height:100px;
10        font-size:12px;
11        line-height:24px;
12        padding:5px;
13        background-color:#9f0;
14        overflow:scroll;
15      }
16    </style>
17    </head>
18    <body>
19    <div id="box">
20     测试文本测试文本测试文本测试文本测试文本测试文本测试文本测试文本测试文本测试文本
21     测试文本测试文本测试文本测试文本测试文本测试文本测试文本测试文本测试文本测试文本
22     测试文本测试文本测试文本测试文本测试文本测试文本测试文本测测试文本试文本测试文本
23     测试文本测试文本测试文本测试文本测试文本测试文本测试文测试文本本测试文本测试文本
24     测试文本测试文本测试文本测试文本测试文本测试文本测测试文本试文本测试文本测试文本
25     测试文本测试文本测试文本测试文本测试文本测试文本测试文本测试文本测试文本测试文本
26    </div>
27    </body>
28    </html>
```

在浏览器中打开该网页，显示效果如下图所示。

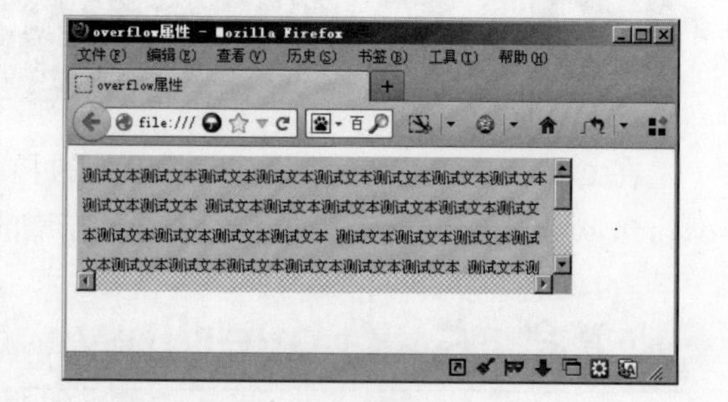

12.5.2 overflow-x

Overflow-x 属性用于设置当对象的内容超过其指定的宽度时应该如何处理。其语法的格式如下。

overflow-x：visible|auto|hidden|scroll

overflow-x 属性的用法和兼容性与 overflow 属性的用法和兼容性完全相同。例如，代码清单 12-5-2-1 定义 overflow-x：scroll。

【范例 12.15】 定义 overflow-x：scroll（代码清单 12-5-2-1）

```
01    <!DOCTYPE HTML PUBLIC "-//W3C//DTD HTML 4.01 Transitional//EN" "http://www.w3.org/TR/ html4/loose.dtd">
02    <html>
03    <head>
04    <meta http-equiv="Content-Type" content="text/html; charset=utf-8">
05    <title>overflow-x 属性 </title>
06    <style type="text/css">
07       #box{
08          width:600px;
09          height:200px;
10          font-size:12px;
11          line-height:24px;
12          padding:5px;
13          background-color:#9f0;
14          overflow-X:scroll;
15       }
16    </style>
17    </head>
18    <body>
19    <div id="box">
20    测试文本测试文本测试文本测试文本测试文本测试文本测试文本测试文本测试文本
21    测试文本测试文本测试文本测试文本测试文本测试文本测试文本测试文本测试文本
22    测试文本测试文本测试文本测试文本测试文本测试文本测试文本测试文本测试文本
23    测试文本测试文本测试文本测试文本测试文本测试文本测试文本测试文本测试文本
24    测试文本测试文本测试文本测试文本测试文本测试文本测试文本测试文本测试文本
25    测试文本测试文本测试文本测试文本测试文本测试文本测试文本测试文本测试文本
26    </div>
27    </body>
28    </html>
```

在浏览器中打开该网页，显示效果如下图所示。

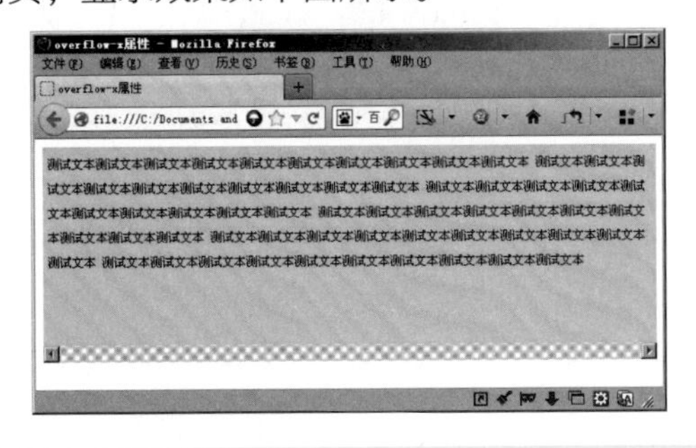

12.5.3 overflow-y

overflow-y 属性用于设置当对象的内容超过其指定的高度时应该如何处理。其定义语法格式如下。

overflow-y：visible|auto|hidden|scroll

overflow-y 属性的用法和兼容性与 overflow 属性的用法和兼容性完全相同，如代码清单 12-5-3-1 所示。

【范例 12.16】 Overflow-y 属性（代码清单 12-5-3-1）

```
01   <!DOCTYPE HTML PUBLIC "-//W3C//DTD HTML 4.01 Transitional//EN" "http://www.w3.org/TR/ html4/loose.dtd">
02   <html>
03   <head>
04   <meta http-equiv="Content-Type" content="text/html; charset=utf-8">
05   <title>overflow-y 属性 </title>
06   <style type="text/css">
07      #box{
08          width:600px;
09          height:200px;
10          font-size:12px;
11          line-height:24px;
12          padding:5px;
13          background-color:#9f0;
14          overflow-y:scroll;
15      }
16   </style>
17   </head>
18   <body>
19   <div id="box">
20   ……// 此处有代码省略
21   </div>
22   </body>
23   </html>
```

在浏览器中打开该网页，显示效果如下图所示。

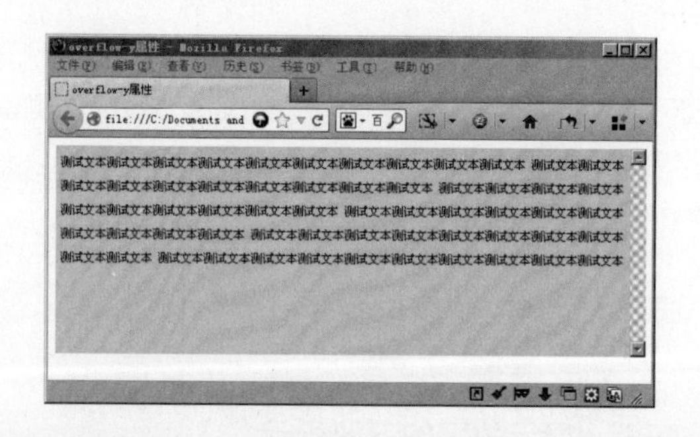

高手私房菜

本节视频教学录像：2 分钟

技巧：将多个 DIV 紧靠页面的左侧或者右侧

在实际网页制作中，经常需要解决这样的问题，如何将多个 DIV 都紧靠页面的左侧或者右侧？

方法很简单，只需要修改这几个 DIV 的 margin 值即可。如果要使它们紧贴浏览器窗口左侧，可以将 margin 设置为“0 auto 0 0”，即只保留右侧的一根“弹簧”，即可把内容挤到左边；反之，如果要使它们紧贴浏览器窗口右侧，可以将 margin 设置为“0 0 0 auto”，即只保留左侧的一根“弹簧”，即可把内容挤到最右边。

第3篇 JavaScript篇

第13章 JavaScript程序基础

第14章 JavaScript开发基础

第15章 事件机制

第16章 JavaScript的调试与优化

第13章 JavaScript程序基础

本章视频教学录像：1小时4分钟

本章导读

本章先介绍 JavaScript 概述，并通过分析 JavaScript 的核心 ECMAScript，让读者从底层了解 JavaScript 的编写，包括 JavaScript 的基本语法、变量、关键字、保留字、语句、函数和 BOM 等。

重点导读

- 了解 JavaScript 的基础知识
- 掌握 JavaScript 的语法、语句及函数
- 掌握 JavaScript 的函数
- 掌握 BOM 基础

13.1 JavaScript 简介

本节视频教学录像：8 分钟

1992 年前后，一家名为 Nombas 的公司（后来被 Openwave 收购）开发了一种嵌入式脚本语言，并将其命名为 C–minus–minus（简称 Cmm）。Cmm 背后的设计思想很简单：要足够强大，可以取代宏，同时还要与 C（以及 C++）非常相似，以便开发人员能够迅速掌握它。这个脚本语言被打包到共享软件 CEnvi 中，许多开发人员就是通过该软件首次体验到了它的强大功能。最终，Nombas 公司把 Cmm 改名为 ScriptEase。而 ScriptEase 则成为了这家公司产品开发的主要驱动力。在 Netscape Navigator 受到人们的狂热追捧之际，Nombas 公司开发了能够嵌入网页中的 CEnvi 版本。而这种嵌入 CEnvi 的早期试验性网页被叫做 Espresso Pages（浓咖啡版网页），它们是在万维网上首次使用脚本语言的标志。相信当初的 Nombas 公司不太可能意识到，他们这种在网页中嵌入脚本的想法会在很大程度上左右未来 Internet 的发展。

13.1.1 JavaScript 概述

首先需要强调一下，虽然 JavaScript 是 Netscape 公司与 Sun 公司合作开发的，但是它与 Sun 公司开发的 Java 程序语言没有任何联系。JavaScript 的前身是 Netscape 公司开发的 LiveScript，1995 年 11 月，Netscape 公司和 Sun 公司联合把其改名为 JavaScript，至于为什么要叫 JavaScript，大概是因为当时 Java 的发展势头强劲，如日中天，为了让它也沾上 Java 的光。这个命名使得在此后不得不向每位初学者一再澄清，JavaScript 和 Java 毫无关系。

在网页中添加 JavaScript 代码，与在网页中添加其他任何 HTML 内容一样，也使用标记来标识脚本代码的开始和结束。该标记就是 <script>，它告诉浏览器，在 <script> 开始标记和 </script> 结束标记之间的文本块并不是要显示的 HTML，而是需要处理的脚本代码。由 <script> 标记和 </script> 标记包围的代码块称为脚本块。JavaScript 不仅仅是网页中的代码，而且是需要浏览器解释执行，并且可以和 HTML 元素以及浏览器某些元素交互，实现特定功能的代码。JavaScript 使得网页的交互性更强，更加生动灵活。在浏览网页时执行某种操作就产生一个事件，JavaScript 所编写的程序可对相应的事件做出反应。

13.1.2 JavaScript 的实现

JavaScript 脚本语言是与浏览器窗口以及在浏览器窗口中显示的文档紧密相关的。也就是说，JavaScript 的实现由 3 个部分组成。

(1) ECMAScript。

(2) Document Object Model (DOM)：文档对象模型。

(3) Browser Object Model(BOM)：浏览器对象模型。

下面逐一介绍 JavaScript 的 3 个组成部分。

1. ECMAScript

ECMAScprit 是在 1997 年中期，由 Microsoft 和 Netscape 公司与欧洲计算机制造商协会（European Computer Manufacturers Association，ECMA）协作制定的，遵从 ECMA-262 标准化的脚本语言。JavaScript 和 JScript 与 ECMAScript 相容，但包含了超出 ECMAScript 的功能，是 ECMA-262 标准的实现和扩展。Microsoft 的浏览器 Internet Explorer 9，Google 的 Chrome 以及 Mozilla Firefox 都已经支持 ECMAScript 的第五个版本。最新的版本“Harmony”正在制定中，将会以“ECMAScipt 6”发布。

2. DOM

DOM（文档对象模型）简单地说，就是一套对文档的内容进行抽象和概念化的方法，在浏览器内部，以树形结构表示。在 W3C 发布的用于表示 HTML/XML 文档及其元素的标准（DOM 1、DOM 2、DOM 3）之前，早期的 DOM 称为 DOM 0，由 Netscape 公司发明并与 JavaScript 同时发布。DOM 0 在处理表单、图片、链接等元素时的方便性和实用性，使得后期的 DOM 版本对 DOM 0 仍然支持得很好。当浏览器将 HTML 加载后，会以树形数据结构形式存储，页面上的所有元素都是对象树中的对象。对于文档中的表单，JavaScript 处理时，会根据表单在文档中出现的次序创建表单数组。访问时可以根据 document.forms[0]、document.forms[1] 等访问表单。同样，页面中的其他元素，如图片、链接等也以数组方式存储，方便 JavaScript 遍历访问。

3. BOM

BOM（浏览器对象模型），也就是经常见到的浏览器窗口所固有的对象。整个窗口是对象树的顶层，其下包括 window（窗口）、navigator（导航器）、frames（帧框架）、document（文档）、history（历史记录）、location（位置）以及 screen（显示器）。如果想要 JavaScript 操纵窗口，就需要使用 window 对象及其相关属性和方法。对于 DOM 对象的访问，则需要通过 windows.document 来建立关联以便访问。这样，借助于 BOM 以及DOM，JavaScript就可以通过对象，从window 对象树逐层向下操纵页面中的所有元素。

4. 新的开始

虽然 Microsoft 的 IE 浏览器在和 Netscape 的 Navigator 浏览器的竞争中获得了胜利。但是 IE 令人诟病的诸如安全以及 JavaScript 的解释执行效率等问题，也让 Microsoft 的“领头羊”地位受到了挑战，以至于后续的浏览器，如诞生于 2004 年的 Firefox、2008 年的 Chrome 等得到了发展壮大的机会。IE 的平台依赖性也制约了它的发展，而 Firefox、Chrome 基于开源基础的浏览器对于多平台的良好支持能力、强大的标准支持能力以及高效的 JavaScript 解释执行能力也吸引了众多追随者。以至于 Chrome 后来居上，占有率在 2012 年 5 月超过 IE，成为新的老大。

13.2 制作一个简单的 JavaScript 程序

本节视频教学录像：7 分钟

日期选择器在网页中经常出现，主要用于方便选择时期，取代手工输入。实现的代码稍微有些长，功能虽然单一，但却用到了很多的JavaScript技术。日期选择器一般包括年份选择、月份选择；能够根据相应的月份显示对应月份的日期和星期；对于相应的日期，要能够单击，以便选择日期能显示在想要的位置，如文本框中。

日期选择器的示例代码如代码清单 13–2–1 所示。

【范例 13.1】 日期选择器（代码清单 13–2–1）

```
01    <html>
02    <head>
03       <meta http-equiv="Content-Type" content="text/html; charset=gb2312">
04       <meta http-equiv="Content-Language" content="zh-cn">
05       <style>
06          <!--
07          td, input { font-size: 10pt;  color: #3399FF; }
08          -->
09       </style>
10    </head>
11    <body>
12       <div align="center">
13          <center>
14             <table width="248" border="0">
15                <tr>
16    <td nowrap width="600"> 时间选择 :<input onclick="PopCalendar(regdate, regdate);
return false" type="text" name="regdate" size="10">
17             </td>
18             </tr>
19          </table>
20          </center>
21       </div>
22       <script>
23          // 具体脚本区域，详细内容请参考 Chap1.3.html 文件中的相关内容
24       </script>
25    </body>
26    </html>
```

【运行效果】

在 IE 浏览器中的运行效果如下图所示。

13.3 JavaScript 的语法

本节视频教学录像：3 分钟

正如 C、Java 及其他语言一样，JavaScript 也有自己的语法，但只要熟悉其他语言就会发现 JavaScript 的语法非常简单。ECMAScript 的基础概念可以归纳为以下几点。

1. JavaScript 脚本代码的出现位置

(1) 放置在 <script></script> 标签对之间。

(2) 放置在一个单独的文件（.js）中，再用 <script> 引用，如 <script src="script.js" language="javascript"></script>。

(3) 将脚本程序代码作为属性值，如 <a href="javascript: alert(new Date());">。

2. JavaScript 的语法要素

JavaScript 的语法基本要素可概括为以下 5 项。

(1) 区分大小写。

JavaScript 中的标识符，由大小写字母、数字、下画线（_）、美元号（$）组成，不能以数字开头，不能是保留关键字，标识符区分大小写，如 computer 与 Computer 是两个不同的标识符。

(2) 变量不区分类型。

定义一个变量，系统就会为之分配一块内存，程序可以用变量来表示这块内存中的数据。

声明变量要使用 var 关键字，例如：

var name;

声明变量的同时为其赋值，例如：

var name = “zhongguo”;

(3) 每条功能语句结尾必须以分号结尾。和 C 语言、Java 语言一样，凡是功能语句必须以“;”结束，而作为属性值的 JavaScript 脚本最后一条语句结尾处的分号（;）可以省略。例如，下面两行代码都是正确的。

```
01    var name = “张三”;
02    var name = “张三”
```

(4) 注释与 C、C++、Java、PHP 相同，分为两种注释，分别用于单行注释和多行注释，例如：

```
01    // 单行注释 注释内容
02    /* 多行注释
03    注释内容
04    */
```

(5) 代码段要封闭。代码段是一系列顺序执行的代码，这些代码要封装在 {} 中。

13.4 关键字和保留字

本节视频教学录像：2 分钟

ECMA-262 定义了 ECMAScript 支持的一套关键字（keyword）。根据规定，关键字是保留的，不能用作变量名或函数名。

ECMAScript 的关键字如下表所示。

break	case	catch	continue	default
delete	do	else	finally	for
function	if	iln	ilnstanceof	new
return	switch	this	throw	try
typeof	var	void	while	with

如果把关键字用作变量名或函数名，可能得到诸如 "Identifier Expected"（应该有标识符、期望标识符）这样的错误消息。

ECMA-262 定义了 ECMAScript 支持的一套保留字（reserved word）。保留字在某种意思上是为将来的关键字而保留的单词。因此保留字不能用作变量名或函数名。

ECMA-262 第三版中的保留字如下表所示。

abstract	boolean	Byte	char	class
const	debugger	doublc	enum	export
extends	final	float	goto	ilmplements
import	int	interface	long	native
package	private	protected	public	short
static	super	synchronized	trhrows	transient
volatile				

13.5 变量

本节视频教学录像：2 分钟

变量是用来临时存储数值的容器。在程序中，变量存储的数值是可以变化的，变量占据一段内存，通过变量的名称可以调用内存中的信息。

1. 变量的声明

在使用一个变量之前，要先声明这个变量。在 JavaScript 中，使用 var 来声明变量。

2. 变量的命名规则

(1) 变量名可以是任意长度。

(2) 变量名的第一个字符必须是英文字母，或者下画线 _。

(3) 变量名的第一个字母不能是数字。其后的字符可以是英文字母、数字和下画线。

(4) 变量名不能是 JavaScript 的保留字，如 Infinity、NaN、undefined（参见 JavaScript 保留字）。

(5) 虽然 JavaScript 变量表面上没有类型，但是 JavaScript 内部还是会为变量赋予相应的类型，匈牙利命名法是一位微软程序员发明的，多数的 C、C++ 程序员都是用此命名法。

【范例 13.2】 变量定义示例 2（代码清单 13-5-1）

```
01 	<script>
```

```
02    var myName = "zhangsan";
03    alert(myName);
04    myName = "lisi";
05    alert(myName);
06    </script>
```

【运行效果】

在 IE 浏览器中的运行效果如下图所示。

13.6 数据类型

本节视频教学录像：12 分钟

JavaScript 共有 9 种数据类型，分别是未定义（Undefined）、空（Null）、布尔型（Boolean）、字符串（String）、数值（Number）、对象（Object）、引用（Reference）、列表（List）和完成（Completion）。其中后 3 种类型仅作为 JavaScript 运行时中间结果的数据类型，因此不能在代码中使用。本节主要介绍常用的数据类型。

13.6.1 字符串

字符串由 0 个或者多个字符构成。字符可以包括字母、数字、标点符号和空格，字符串必须放在单引号或者双引号中。

1. JavaScript 字符串定义方法

方法一：

var str = “字符串”；

方法二：

var str = new String（“字符串”）；

2. 使用 JavaScript 字符串的注意事项

(1) 字符串类型可以表示一串字符，如“www.haut.edu.cn”、“中国”。

(2) 字符串类型应使用双引号 (") 或单引号 (') 括起来。

3. 字符串的使用

JavaScript 的特性之一就是能够连接字符串。将加号（+）运算符用于数字，表示将两个数字相加。将它用于字符串，表示将这两个字符串连接起来，将第二个字符串连接在第一个字符串之后，例如：

【范例 13.3】 连接字符串示例（代码清单 13-6-1-1）

```
01	<script>
02	var msg = "hello";
03	msg = msg + " world";
04	alert(msg);
05	</script>
```

【运行效果】

在 IE 浏览器中的运行效果如下图所示。

确定一个字符串的长度（包含字符的个数），可以使用字符串的 length 属性。例如，变量 s 包含一个字符串，可以使用 s.length 方法访问它的长度。

【范例 13.4】 获取字符串长度示例（代码清单 13-6-1-2）

```
01	<script>
02	var str = "every dog has his day！ ";
03	alert("every dog has his day！ 的字符个数: " + str.length);
04	</script>
```

【运行效果】

在 IE 浏览器中的运行效果如下图所示。

4. 字符串的大小写转换

在某些情况下，需要对字符串的大小写进行转换，这需要使用 toLowerCase() 和 toUpperCase() 方法实现。

【范例 13.5】 字符串大小写转换（代码清单 13-6-1-3）

```
01	<script>
02	var city = "ShanGHai";
03	city = city.toLowerCase();
04	city = city.toLowerUpperCase();
05	alert(city); // city is "shanghai" now.
06	alert(city); // city is "SHANGHAI" now
07	</script>
```

【运行效果】

在 IE 浏览器中的运行效果如下图所示。

5. 在 Unicode 值和字符串中的字符间转换

要获得字符的 Unicode 编码，可以使用 string.charCodeAt(index) 方法，其语法格式为：

```
strObj.charCodeAt(index)
```

index 为指定字符在 strObj 对象中的位置（基于 0 的索引），返回值为 0~65535 的 16 位整数。例如：

【范例 13.6】 获得字符的 Unicode 编码（代码清单 13-6-1-4）

```
01    var strObj = "ABCDEFG";
02    var code = strObj.charCodeAt(2); // Unicode value of character 'C' is 67
```

【运行效果】

在 IE 浏览器中的运行效果如下图所示。

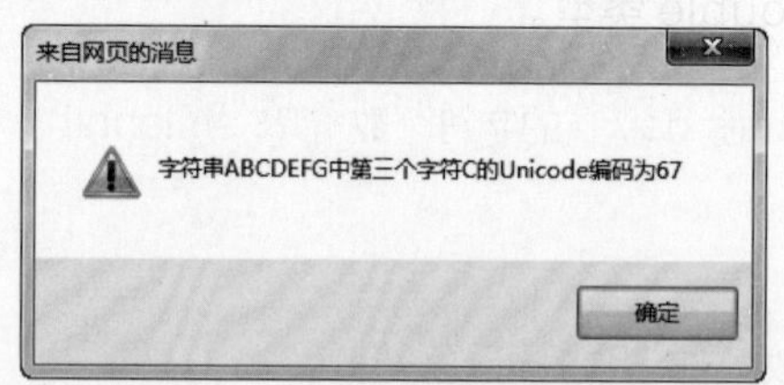

如果 index 指定的索引处没有字符，则返回值为 NaN。

将 Unicode 编码转换为一个字符，使用 String.fromCharCode() 方法。注意它是 String 对象的一个"静态方法"，即在使用前不需要创建字符串。例如：

```
String.fromCharCode(c1, c2, ...)
```

它接受 0 个或多个整数，返回一个字符串，该字符串包含了各参数指定的字符，例如代码清单 13-6-1-5。

【范例 13.7】 获得 Unicode 编码所对应字符串（代码清单 13-6-1-5）

```
01    var str = String.fromCharCode(72, 101, 108, 108, 111);
02    // str == "Hello"
```

【运行效果】

在 IE 浏览器中的运行效果如下图所示。

13.6.2 数值

JavaScript 数值类型表示一个数字，如 5、12、-5、2e5。

在 JavaScript 中，数值有正数、负数、指数等类型，与其他语言基本相同。例如，2e3 为指数表示法，等价于 2*10*10*10。

【范例 13.8】 获得 Unicode 编码对应的字符串（代码清单 13-6-2-1）

```
01    var iA=5;
02    var iB=2e3
```

【运行效果】

在 IE 浏览器中的运行效果如下图所示。

> **提示** JavaScript 中只有浮点型一种数字类型，而且内部使用的是 64 位浮点型，等同于 C# 或 Java 中的 double 类型。

13.6.3 布尔型

布尔（Boolean）型只有两个值，分别由 true 和 false 表示。布尔值通常是在程序中比较所得的结果。Boolean 类型的 toString() 方法输出 "true" 或 "false"，例如代码清单 13-6-3-1。

【范例 13.9】 布尔类型转换字符串（代码清单 13-6-3-1）

```
01    var bFound = false;
02    alert(bFound.toString()); // 输出 "false"
```

【运行效果】

在 IE 浏览器中的运行效果如下图所示。

13.6.4 类型转换

1. 转换成字符串

ECMAScript 的 Boolean 值、数字和字符串都有 toString() 方法，用于把它们的值转换成字符串。

Boolean 类型的 toString() 方法只输出 true 或 false，结果由变量的值决定。

Number 类型的 toString() 方法比较特殊，它有两种模式，即默认模式和基模式。采用默认模式，toString() 方法只用相应的字符串输出数字值（无论是整数、浮点数还是科学计数法），例如：

```
01    var iNum1 = 10;
02    var iNum2 = 10.0;
03    alert(iNum1.toString()); // 输出 "10"
04    alert(iNum2.toString()); // 输出 "10"
```

在默认模式中，无论最初采用什么表示法声明数字，Number 类型的 toString() 方法返回的都是数字的十进制表示。因此，以八进制或十六进制字面量形式声明的数字输出的都是十进制形式的。

采用基模式时，可以用不同的基输出数字。例如，二进制的基是 2，八进制的基是 8，十六进制的基是 16。

基只是要转换成的基数的另一种加法而已，它是 toString() 方法的参数。例如：

```
01    var iNum = 10;
02    alert(iNum1.toString(2)); // 输出 "1010"
03    alert(iNum1.toString(8)); // 输出 "12"
04    alert(iNum1.toString(16)); // 输出 "A"
```

在上面的代码中，以 3 种形式输出了数字 10，即二进制、八进制和十六进制。HTML 采用十六进制表示每种颜色，这种功能在处理数字时非常有用。

对数字调用 toString(10) 与调用 toString() 相同，它们返回的都是该数字的十进制形式。

2. 转换成数字

有两种把非数字的原始值转换成数字的方法，即 parseInt() 和 parseFloat()。前者把值转换成整数，后者把值转换成浮点数。这两种方法只对 String 类型有效，对其他类型返回的都是 NaN。

(1) parseInt()。

parseInt() 方法用于将非数字转换成数字，先查看位置 0 处的字符，判断它是否是有效数字；如果不是，该方法返回 NaN，不再继续执行其他操作。如果该字符是有效数字，则该方法查看位置 1 处的字符，进行同样的测试。这一过程将持续到发现非有效数字的字符为止，此时 parseInt() 把该字符之前的字符串转换成数字。

(2) parseFloat()。

parseFloat() 方法与 parseInt() 方法的处理方式相似，从位置 0 开始查看每个字符，直到找到第一个非有效字符为止，然后把该字符之前的字符串转换成整数。

13.6.5 数组

数组就是某类数据的集合，数据类型可以是整型、字符串，甚至是对象。JavaScript 不支持多维数组，但是因为数组可以包含对象（数组也是一个对象），所以数组可以通过相互嵌套实现类似多维数组的功能。

1. 数组的定义

数组有 4 种定义方式。例如：

(1) 使用构造函数。

```
01    var a = new Array();
02    var b = new Array(8);
03    var c = new Array("first", "second", "third");
```

(2) 数组直接量。例如：

```
var d = ["first", "second", "third"];;
```

(3) 在无法提前预知数组元素的最终个数时，声明数组时可以不用指定具体个数。例如：

```
01    var mycars=new Array();
02    mycars[0]="Saab";
03    mycars[1]="Volvo";
04    mycars[2]="BMW";;
```

(4) 定义和初始化同时进行。例如：

```
var mycars=new Array("Saab","Volvo","BMW");
```

JavaScript 用一维数组来模拟二维数组。

2. 数组长度

JavaScript 的数组不需要设定长度，会自己进行扩展，数组名 .length 返回元素个数 。

3. 常用函数

(1) toString()：用于把数组转换成一个字符串。

【范例 13.10】 数组 toString 方法（代码清单 13-6-5-1）

```
01    var arr = new Array(3);
02    arr[0] = "George";
03    arr[1] = "John";
04    arr[2] = "Thomas";
05    alert(arr.toString());
```

【运行效果】

在 IE 浏览器中的运行效果如下图所示。

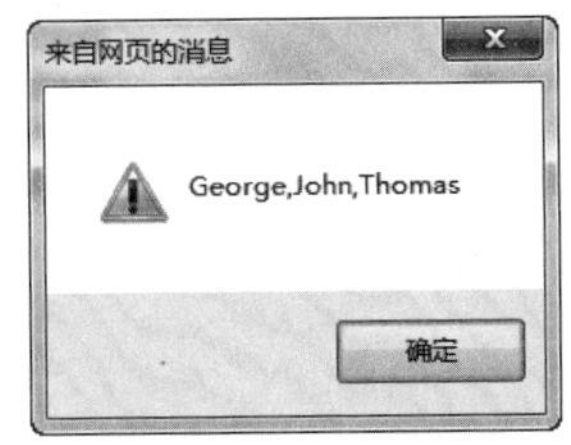

(2) shift()：用于把数组的第一个元素从其中删除，并返回第一个元素的值。其语法格式如下。

```
arrayObject.shift();
```

如果数组是空的，那么 shift() 方法将不进行任何操作，返回 undefined 值。请注意，该方法不创建新数组，而是直接修改原有的 arrayObject，并且会改变数组的长度。

【范例 13.11】 数组的 shift 方法（代码清单 13-6-5-2）

```
01    var arr = new Array(3)
02    arr[0] = "George"
03    arr[1] = "John"
04    arr[2] = "Thomas"
05    alert(arr + "\n" + arr.shift() + "\n" + arr);
```

【运行效果】

在 IE 浏览器中的运行效果如下图所示。

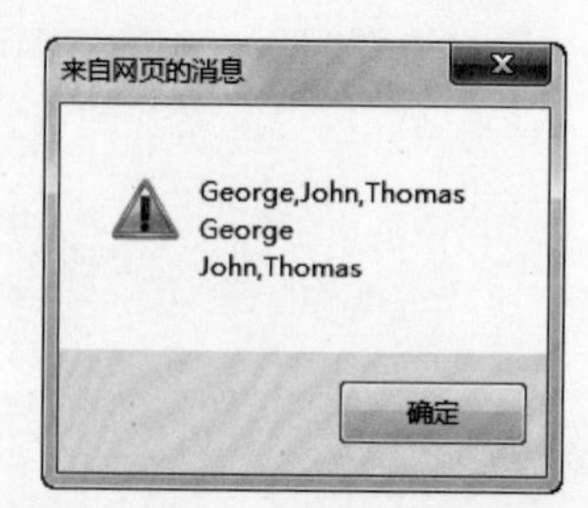

(3) unshift()：用于向数组的开头添加一个或更多元素，并返回新的长度。

(4) push()：用于向数组的末尾添加一个或多个元素，并返回新的长度。其语法格式如下。

```
arrayObject.push(newelement1,newelement2,....,newelementX);
```

push() 方法可把它的参数顺序添加到 arrayObject 的尾部。它直接修改 arrayObject，而不是创建一个新的数组。

(5) concat()：用于连接两个或多个数组。

该方法不会改变现有的数组，而只返回被连接数组的一个副本。其语法格式如下。

```
arrayObject.concat(arrayX,arrayX,......,arrayX);
```

在范例 13.12 中，我们创建了两个数组，然后使用 concat() 把它们连接起来。

【范例 13.12】 数组的 concat 方法（代码清单 13-6-5-3）

```
01    var arr = new Array(3)
02    arr[0] = "George"
03    arr[1] = "John"
04    arr[2] = "Thomas"
05    var arr2 = new Array(3)
06    arr2[0] = "James"
07    arr2[1] = "Adrew"
08    arr2[2] = "Martin"
09    alert(arr.concat(arr2);
```

【运行效果】

在 IE 浏览器中的运行效果如下图所示。

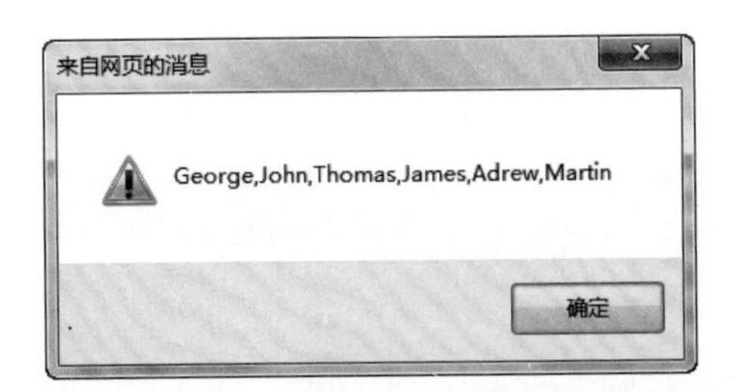

13.7 基本语句

本节视频教学录像：12 分钟

JavaScript 中的基本语句包括条件语句和循环语句两种。

13.7.1 条件语句

和其他程序设计语言一样，JavaScript 也具有用于判断流程的各种条件语句，下面对其进行简单介绍。

1. if 语句

if 条件语句用于根据不同的条件来执行不同的操作。if 语句有以下两种形式。

(1) If 语句。

```
01    if ( 条件 ) {
02    只有当条件为 true 时执行的代码
03     };
```

(2) If...else if...else 语句。

使用 if....else if...else 语句可以选择多个代码块之一来执行。

其语法格式如下。

```
01    if ( 条件 1)
02     {
03     当条件 1 为 true 时执行的代码
04     }
05    else if ( 条件 2)
06     {
07     当条件 2 为 true 时执行的代码
08     }
09    else
10     {
11     当条件 1 和 条件 2 都不为 true 时执行的代码
12     };
```

2. switch 语句

switch 语句是 if 语句的兄弟语句。

可以用 switch 语句为表达式提供一系列的情况（case）。

switch 语句的语法格式如下。

```
01    switch (expression)
02      case value: statement;
03        break;
04      case value: statement;
05        break;
06      case value: statement;
07        break;
08      default: statement;
```

每个情况（case）都是表示“如果 expression 等于 value，就执行 statement”。

关键字 break 会使代码跳出 switch 语句。如果没有关键字 break，代码执行就会继续进入下一个 case。关键字 default 说明了表达式的结果不等于任何一种情况时的操作。

13.7.2 循环语句

循环语句的作用是反复地执行同一段代码，尽管其分为几种不同的类型，但基本的原理类似，只要给定的条件仍满足，包括在循环条件语句中的代码就会重复执行下去，直到条件不再满足时终止。下面简要介绍 JavaScript 中常用的几种循环语句。

1. While 语句

while 语句的语法格式如下。

```
01    while( 表达式 )
02    {
03          语句 ;
04    };
```

while 为不确定性循环，当表达式的结果为真（true）时，执行循环体中的语句；表达式为假（false）时不执行循环 (true 和 false 是 JavaScript 布尔类型)。

2. do…while 语句

do...while 语句的语法格式如下。

```
01    do
02    {
03          语句 ;
04    }while( 表达式 );
```

do...while 为不确定性循环，先执行大括号中的语句，当表达式的结果为真（true）时，执行循环体中的语句；表达式为假（false）时不执行循环，并退出 do...while 循环。

while 与 do...while 的区别是：do...while 先执行一遍大括号中的语句，再判断表达式的真假。这是它与 while 的本质区别。

3. for 语句

for 语句的语法格式如下。

```
01    for( 初始化表达式 ; 判断表达式 ; 循环表达式 )
02    {
03        语句 ;
04    };
```

for 语句非常灵活，完全可以代替 while 与 do...while 语句。它先执行“初始化表达式”，再根据“判断表达式”的结果判断是否执行循环，当判断表达式为真 true 时，执行循环体中的语句，最后执行“循环表达式”，并继续返回循环的开始处进行新一轮的循环；表达式为假 false 时不执行循环，并退出 for 循环。

4. break 和 continue 语句

前面讲到 break 可以跳出 switch...case 语句，继续执行 switch 语句后面的内容。break 语句还可以跳出循环，即结束循环语句的执行。continue 语句用于结束本次循环，接着判断下一次是否执行循环。

continue 与 break 的区别是：break 是彻底结束循环，而 continue 是结束本次循环。

在 www.haut.edu.cn 字符串中找到第一个 u 的位置，可以使用 break，如代码清单 13-7-2-1 所示。

【范例 13.13】 break 语句示例（代码清单 13-7-2-1）

```
01    var sUrl = " www.haut.edu.cn";
02    var iLength = sUrl.length;
03    var iPos = 0;
04    for(var i=0;i<iLength;i++)
05    {
06      if(sUrl.charAt(i)=="u") // 判断表达式 2
07      {
08      iPos=i+1;
09      break;
10      }
11    }
12    alert(" 字符串 "+sUrl+" 中的第一个 u 字母的位置为 "+iPos);
```

【运行效果】

在 IE 浏览器中的运行效果如下图所示。

打印出 www.haut.edu.cn 字符串中小于字母 d 的字符（下面的示例只是为了说明 continue 语句的用法），可以使用 continue，如代码清单 13-7-2-2 所示。

【范例 13.14】 continue 语句示例（代码清单 13-7-2-2）

```
01    var sUrl = " www.haut.edu.cn ";
02    var iLength = sUrl.length;
03    var iCount = 0;
04    for(var i=0;i<iLength;i++)
05    {
06       if(sUrl.charAt(i)>="d") // 判断表达式 2
07       {
08    continue;
09      }
10      alert(sUrl.charAt(i));
11    };
```

【运行效果】

在 IE 浏览器中的运行效果如下图所示。

5. for...in 语句

for...in 语句用于遍历数组或者对象的属性（对数组或者对象的属性进行循环操作）。for... in 循环中的代码每执行一次，就会对数组的元素或者对象的属性进行一次操作。

语法格式如下。

```
01    for ( 变量 in 对象 )
02    {
03       在此执行代码
04    };
```

“变量”用来指定变量，指定的变量可以是数组元素，也可以是对象的属性。

13.8 函数

本节视频教学录像：5 分钟

函数是完成某个功能的一组语句，它接受 0 个或者多个参数，然后执行函数体来完成某个功能，最后根据需要返回或者不返回处理结果。

13.8.1 定义和调用函数

函数是可以重复使用的代码块，可以由一个事件执行，或被调用执行。函数是 ECMAScript 的核心。

函数的声明方式为：关键字 function、函数名、一组参数，以及置于括号中的待执行代码。函数的基本语法如下。

```
01    function functionName(arg0, arg1, ... argN) {
02      statements
03    };
```

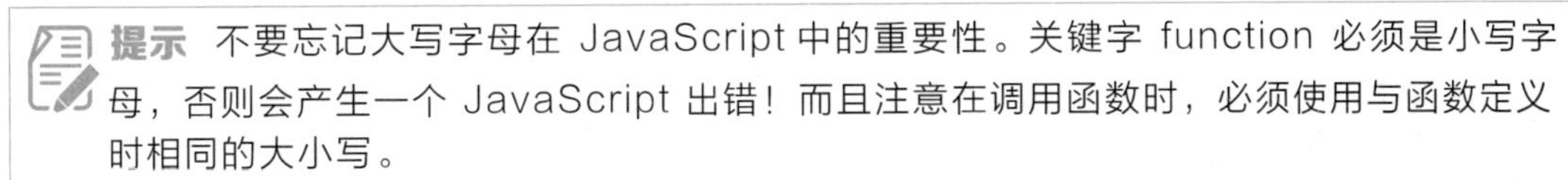

提示 不要忘记大写字母在 JavaScript 中的重要性。关键字 function 必须是小写字母，否则会产生一个 JavaScript 出错！而且注意在调用函数时，必须使用与函数定义时相同的大小写。

1. 函数的调用

函数的调用很简单，可以通过其名称加上括号中的参数进行调用，如果想使用多个参数，调用范例 13.14 中的那个函数，可以使用如下的代码。

```
sayHi("David", " Nice to meet you!");
```

【范例 13.15】 Js 函数调用示例（代码清单 13-8-1-1）

```
01    <!DOCTYPE html>
02    <html>
03    <head>
04    <script>
05    function myFunction()
06    {
07    alert("Hello World!");
08    }
09    </script>
10    </head>
11    <body>
12    <button onclick="myFunction()"> 点击这里 </button>
13    </body>
14    </html>;
```

【运行效果】

在 IE 浏览器中的运行效果如下图所示。

2. 函数如何返回值

即使函数确实有值，也不必明确地声明它。该函数只需要在return运算符后接要返回的值即可。

```
01    function sum(iNum1, iNum2) {
02      return iNum1 + iNum2;
03    };
```

如果函数没有返回值，那么可以调用没有参数的return运算符，随时退出函数。例如：

```
01    function sayHi(sMessage) {
02      if (sMessage == "bye") {
03        return;
04      }
05      alert(sMessage);
06    };
```

在这段代码中，如果sMessage等于"bye"，则永远不显示警告框。

13.8.2 用arguments对象访问函数的参数

使用arguments对象的示例如下。

【范例13.16】 argument示例（代码清单13-8-2-1）

```
01    <html>
02    <head>
03    <script type="text/javascript">
04    function hello(name,age)
05    {
06       alert("I am " + name + ", My old is " + age + " years！ ");
07    }
08    </script>
09    </head>
10    <body>
11    <input type="button" onclick="hello('Jim')"  value="OK"/>
12    <!--input type="button" onclick="hello('Jim')" value="OK" /-->
13    </body>
14    </html>;
```

【运行效果】

上述代码在IE浏览器中的运行效果如下图所示，其中左下图为没有注释部分的运行结果，右下图为注释部分的运行结果。

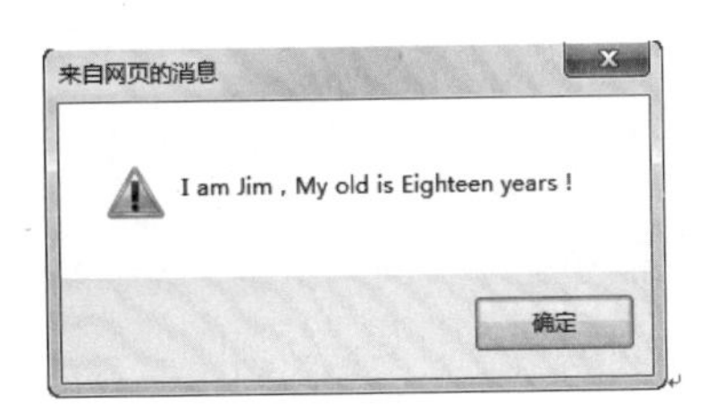

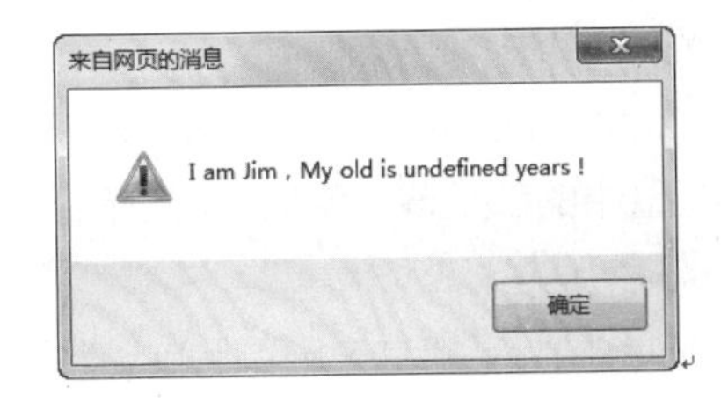

JavaScript 函数并没有严格要求哪些参数是必选参数，哪些参数是可选参数，因此传入的参数个数允许不等于定义函数时的参数个数。如果在函数中使用了未定义的参数，则会提示语法错误（参数未定义），JavaScript 代码不会正常运行，如果参数已经定义，但未正确传入参数，相关参数值就会以 undefined 替换，JavaScript 代码仍正常运行。

13.9 对象

本节视频教学录像：4 分钟

对象是 JavaScript 比较特殊的功能之一，严格来说，前面章节介绍的所有，包括函数都是对象的概念。本节将简单介绍对象，并介绍 Date 和 Math 对象。

13.9.1 对象简介

1. 对象

ECMA-262 把对象（object）定义为“属性的无序集合，每个属性存放一个原始值、对象或函数”。严格来说，这意味着对象是无特定顺序的值的数组。

尽管 ECMAScript 如此定义对象，但它更通用的定义是基于代码的名词（人、地点或事物）的表示。

2. 对象的构成

在 ECMAScript 中，对象由特性（attribute）构成，特性可以是原始值，也可以是引用值。如果特性存放的是函数，它将被看作对象的方法（method），否则该特性被看作对象的属性（property）。

3. 声明和实例化

对象的创建方式是用关键字 new 后面接实例化的类的名称。

```
01    var oObject = new Object();
02    var oStringObject = new String();
```

第一行代码创建了 Object 类的一个实例，并把它存储到变量 oObject 中。第二行代码创建了 String 类的一个实例，把它存储在变量 oStringObject 中。如果构造函数无参数，括号则不是必需的。因此可以采用下面的形式重写上面的两行代码。

```
01    var oObject = new Object;
02    var oStringObject = new String;
```

4. 对象引用

在 ECMAScript 中，不能访问对象的物理表示，只能访问对象的引用。每次创建对象，存储在变量中的都是该对象的引用，而不是对象本身。

5. 对象废除

ECMAScript 拥有无用存储单元收集程序，这意味着不必专门销毁对象来释放内存。当不再引用某个对象时，则称该对象被废除了。运行无用存储单元收集程序时，所有废除的对象都被销毁。当函数执行完它的代码，无用存储单元收集程序都会运行，释放所有的局部变量，还有在一些其他不可预知的情况下，无用存储单元收集程序也会运行。

把对象的所有引用都设置为 null，可以强制性废除对象。当变量 oObject 设置为 null 后，对第一个创建的对象的引用就不存在了。这意味着下次运行无用存储单元收集程序时，该对象将被销毁。每用完一个对象后，就将其废除，以释放内存，这是个好习惯。

13.9.2 时间日期：Date 对象

时间、日期与日常生活息息相关，在 JavaScript 中有专门的 Date 对象来处理时间、日期。ECMAScript 把日期存储为距离 UTC 时间 1970 年 1 月 1 日 0 点的毫秒数。

Date 对象用于处理日期和时间。

可以通过 new 关键词来定义 Date 对象。以下代码定义了名为 myDate 的 Date 对象。

```
var myDate=new Date();
```

在下面的例子中，只演示几个比较重要而且常用的日期、时间方法。

【范例 13.17】 返回当前的日期和时间（代码清单 13-9-2-1）

```
01	<html>
02	<body>
03	<script type="text/javascript">
04	alert(Date())
05	</script>
06	</body>
07	</html>;
```

【运行效果】

在 IE 浏览器中的运行效果如下图所示。

获得日期和时间的方法有：

(1) getTime()。getTime() 返回从 1970 年 1 月 1 日至今的毫秒数。

(2) getDay()。getDay() 返回从 1970 年 1 月 1 日至今的星期数。

【范例 13.18】 使用数组和 getDay 方法显示当前星期（代码清单 13-9-2-2）

```
01    <html>
02    <body>
03    <script type="text/javascript">
04    var d=new Date()
05    var weekday=new Array(7)
06    weekday[0]=" 星期日 "
07    weekday[1]=" 星期一 "
08    weekday[2]=" 星期二 "
09    weekday[3]=" 星期三 "
10    weekday[4]=" 星期四 "
11    weekday[5]=" 星期五 "
12    weekday[6]=" 星期六 "
13    document.write(" 今天是 " + weekday[d.getDay()])
14    </script>
15    </body>
16    </html>;
```

【运行效果】

在 IE 浏览器中的运行效果如下图所示。

13.9.3 数学计算：Math 对象

1. Math 对象

Math（算数）对象用于执行普通的算数任务。

Math 对象提供多种算数值类型和函数。无需在使用这个对象之前对它进行定义。

2. 算数值

JavaScript 提供 8 种可被 Math 对象访问的算数值。

(1) 常数。

(2) 圆周率。

(3) 2 的平方根。

(4) 1/2 的平方根。

(5) 2 的自然对数。

(6) 10 的自然对数。

(7) 以 2 为底的 e 的对数。

(8) 以 10 为底的 e 的对数。

3. 算数方法

Math 对象的常用的函数（方法）如下。

(1) round()：用于对一个数进行四舍五入。

【范例 13.19】 Math 对象 round 方法（代码清单 13-9-3-1）

```
01    <html>
02    <body>
03    <script type="text/javascript">
04    document.write(Math.round(0.60) + "<br />")
05    document.write(Math.round(0.50) + "<br />")
06    document.write(Math.round(0.49) + "<br />")
07    document.write(Math.round(-4.40) + "<br />")
08    document.write(Math.round(-4.60))
09    </script>
10    </body>
11    </html>;
```

【运行效果】

在 IE 浏览器中的运行效果如下图所示。

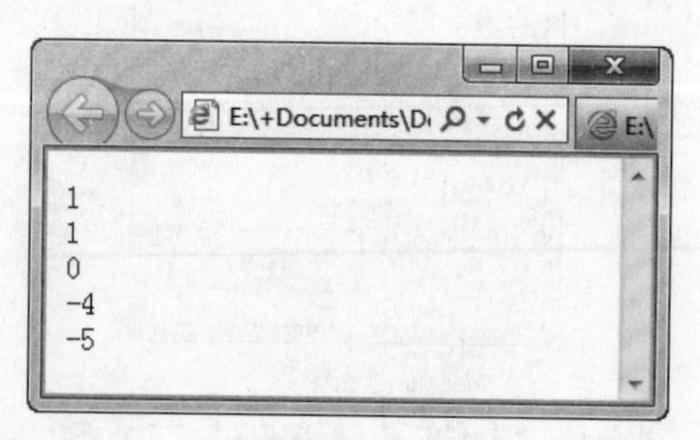

(2) random()：用于返回一个 0 ~ 1 的随机数。

【范例 13.20】 Math 对象 random 方法（代码清单 13-9-3-2）

```
01    <html>
02    <body>
03    <script type="text/javascript">
04    document.write(Math.random())
05    </script>
06    </body>
07    </html>;
```

【运行效果】

在 IE 浏览器中的运行效果如下图所示。

(3) max()：用于返回两个给定数中的较大数。

【范例 13.21】 Math 对象 max 方法（代码清单 13-9-3-3）

```
01    <html>
02    <body>
03    <script type="text/javascript">
04    document.write(Math.max(5,7) + "<br />")
05    document.write(Math.max(-3,5) + "<br />")
06    document.write(Math.max(-3,-5) + "<br />")
07    document.write(Math.max(7.25,7.30))
08    </script>
09    </body>
10    </html>
```

【运行效果】

在 IE 浏览器中的运行效果如下图所示。

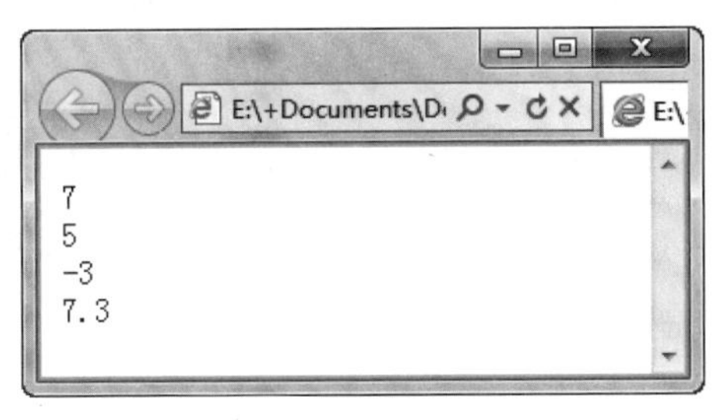

(4) min()：用于返回两个给定数中的较小数。

13.10 BOM 基础

本节视频教学录像：6 分钟

浏览器对象模型（browser object model，BOM）提供了独立于内容而与浏览器窗口进行交互的对象，并且每个对象都提供了很多方法与属性。由于 BOM 主要用于管理窗口与窗口之间的通信，因此其核心对象是 window。

下面介绍一些与浏览器窗口交互的对象，如用于移动、调整浏览器大小的 window 对象，用于导航的 location 对象与 history 对象，用于获取浏览器，操作系统与用户屏幕信息的 navigator 与 screen 对象，使用 document 作为访问 HTML 文档的入口，管理框架的 frames 对象等。

BOM 有一些事实上的标准，如窗口对象、导航对象等，但每种浏览器都为这些对象定义或扩展了属性及方法。它由著名的 W3C 制定，目前最高的级别是 level 3，不过 3 还没有彻底完成。

13.10.1 window 对象

window 对象是客户端 JavaScript 的最高层对象之一，只要打开浏览器窗口，不管该窗口中是否有打开的网页，当遇到 body、frameset 和 frame 元素时，都会自动建立 window 对象的实例。另外，该对象的实例也可由 window.open() 方法创建。

在 JavaScript 中还有许多函数，由于数量太多，下面介绍经常使用的几个，其他的函数读者可以自行查阅。

1. alert() 函数

用于弹出消息对话框提示用户信息，如在表单中输入了错误的数据时。

消息对话框是由系统提供的，因此字体样式在不同浏览器中可能不同。消息对话框是排它的，也就是在单击对话框的按钮前，不能进行任何其他操作。消息对话框通常可以用于调试程序。

由于之前已经使用到了 alert 函数，这里不再举例。

2. confirm() 函数

弹出包含一个 OK 按钮和一个 Cancel 按钮的消息对话框。

(1) confirm 函数语法：confirm(str);

(2) confirm 函数参数：str 表示要显示在消息对话框中的文本。

(3) confirm 函数返回值：Boolean 值，当单击 OK 按钮时，返回 true；当单击 Cancel 按钮时，返回 false。通过返回值可以判断用户单击了什么按钮。

【范例 13.22】 confirm 对话框示例（代码清单 13-10-1-1）

```
01    if(confirm(" 确定要离开当前页面吗？ "))
02    {
03      alert("886 my friend.");
04    }
05    else
06    {
07      alert("Welcome!");
08    }
```

【运行效果】

在 IE 浏览器中的运行效果如下图所示。

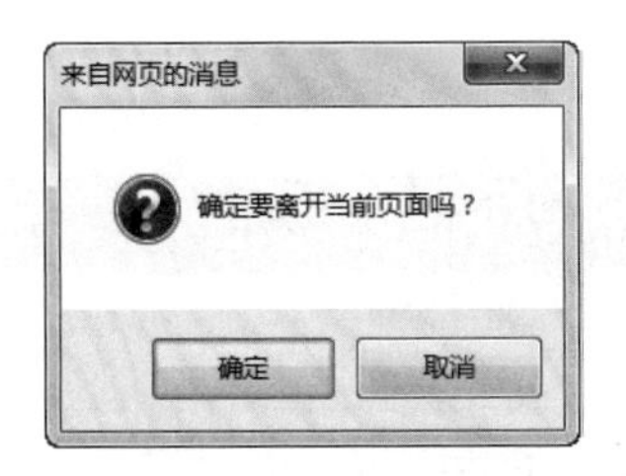

3. JavaScript prompt() 函数

用于弹出包含一个 OK 按钮、一个 Cancel 按钮和一个文本框的消息对话框。

(1) prompt 函数语法。

prompt(str1, str2);

(2) prompt 函数参数。

str1：要显示在消息对话框中的文本，不可修改。

str2：文本框中的内容，可以修改。

(3) prompt 函数返回值。

单击 OK 按钮，文本框中的内容将作为函数返回值。

单击 Cancel 按钮，将返回 null。

【范例 13.23】 prompt 函数使用示例（代码清单 13-10-1-2）

```
01    var sResult=prompt(" 请在下面输入你的姓名 ", " 张闻强老师 ");
02    if(sResult!=null)
03    {
04      alert(" 你好 "+sResult);
05    }
06    else
07    {
08       alert(" 你好 my friend.");
09    }
```

【运行效果】

在 IE 浏览器中的运行效果如下图所示。

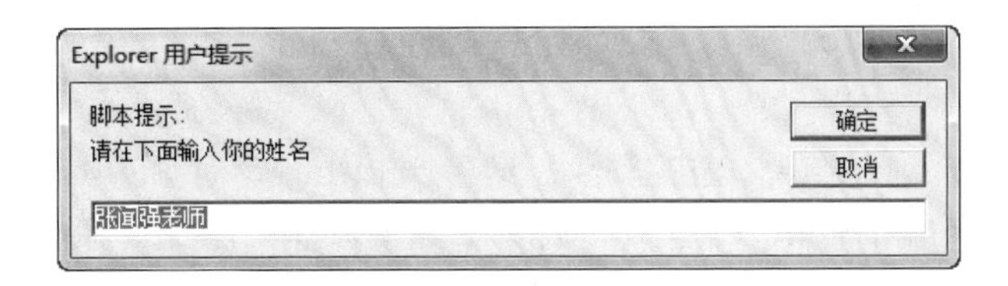

13.10.2 document 对象

1. Document 对象描述

Document 用于表现 HTML 页面当前窗体的内容，是 Window 对象的一部分，可通过 window.document 属性对其进行访问。

2. Document 对象属性

Document 对象的属性如下表所示。

属性	描述
body	提供对 <body> 元素的直接访问 对于定义了框架集的文档，该属性引用最外层的 <frameset>
cookie	设置或返回与当前文档有关的所有 cookie
domain	返回当前文档的域名
lastModified	返回文档被最后修改的日期和时间
referrer	返回载入当前文档的文档的 URL
title	返回当前文档的标题
URL	返回当前文档的 URL

3. Document 对象方法

方法	描述
close()	关闭用 document.open() 方法打开的输出流，并显示选定数据
getElementById()	返回对拥有指定 id 的第一个对象的引用
getElementsByName()	返回带有指定名称的对象集合
getElementsByTagName()	返回带有指定标签名的对象集合
open()	打开一个流，以收集来自任何 document.write() 或 document.writeln() 方法的输出
write()	向文档写 HTML 表达式 或 JavaScript 代码
writeln()	等同于 write() 方法，不同的是在每个表达式之后输入一个换行符

13.10.3 location 对象

location 对象用于获取或设置窗体的 URL，并且可以用于解析 URL，是 BOM 中最重要的对象之一。window.location 对象用于获得当前页面的地址 (URL)，并把浏览器重定向到新的页面。

(1) location 既是 window 对象的属性，又是 document 对象的属性。

(2) location 包含 8 个属性，其中 7 个都是当前窗体的 URL 的一部分，剩下最重要的一个是 href 属性，代表当前窗体的 URL。

(3) location 的 8 个属性都是可读写的，但只有 href 与 hash 的写才有意义。例如，改变 location.href 会重新定位到一个 URL，而修改 location.hash 会跳到当前页面中的 anchor(<a id="name"> 或者 <div id="id"> 等) 名称的标记 (如果有)，而且页面不会被重新加载。

location 的 8 个属性如下。

(1) hash 属性：返回 URL 中 # 符号后面的内容。

(2) host 属性：返回域名。

(3) hostname 属性：返回主域名。

(4) href 属性：返回当前文档的完整 URL 或设置当前文档的 URL。

(5) pathname 属性：返回 URL 中域名后的部分。

(6) port 属性：返回 URL 中的端口。

(7) protocol 属性：返回 URL 中的协议。

(8) search 属性：返回 URL 中的查询字符串。

(9) assign() 函数：设置当前文档的 URL。

(10) replace() 函数：设置当前文档的 URL，并在 history 对象的地址列表中删除这个 URL。

(11) reload() 函数：重新载入当前文档 (从 server 服务器端)。

(12) toString() 函数：返回 location 对象 href 属性当前的值。

13.10.4 navigator 对象

window.navigator 对象包含有关访问者浏览器的信息。navigator 中最重要的属性是 userAgent，用于返回包含浏览器版本等信息的字符串，其次是 cookieEnabled 属性，使用它可以判断用户浏览器是否开启 cookie。

【范例 13.24】 cookieEnabled 使用示例 (代码清单 13-10-4-1)

```
alert(navigator.cookieEnabled)
```

【运行效果】

在 IE 浏览器中运行时显示“true”。

13.10.5 screen 对象

screen 对象用于获取用户的屏幕信息。

screen 对象属性如下。

(1) availHeight 属性：窗口可以使用的屏幕高度，单位为像素。

(2) availWidth 属性：窗口可以使用的屏幕宽度，单位为像素。

(3) colorDepth 属性：用户浏览器表示的颜色位数，通常为 32 位 (每像素的位数)。

(4) pixelDepth 属性：用户浏览器表示的颜色位数，通常为 32 位 (每像素的位数) (IE 不支持此属性)。

(5) height 属性：屏幕的高度，单位为像素。

(6) width 属性：屏幕的宽度，单位为像素。

高手私房菜

本节视频教学录像：3 分钟

技巧 1：如何快速检查语法

在开始学习JavaScript程序时，遇到错误经常会找不到原因，对于简短的小程序，浏览器测试环境过于繁琐，这里推荐一个快速进行语法检查方法，它可以发现绝大多数语法错误，也可以作为在线编辑器，提高编程效率。

地址：http://www.jslint.com/（建议用 Firefox 浏览器打开）

示例：var 3a = 3;

用 Firefox 打开 http://www.jslint.com/，在上方文本域输入以上代码，注意不要混有 HTML 代码。

单击下方的【jslint】按钮，按钮下方会提示错误信息。

```
01    Expected an identifier and instead saw '3'.
02    var 3a = 3
```

上面一句说明错误原因，这里变量名不应该以数字开始。下面一句表明出错的代码行，帮助快速定位。结尾不需要加分号。

技巧 2：简略语句

JavaScript 可以使用简略语句快速创建对象和数组，例如：

```
01    var  box = new Object().
02    box.width= 100
03    box.height=200
04    box.weight=3
05    box.label="mybox"
```

可以使用如下简略语句。

```
01  var  box = {.
02  width:100
03  height:200
04  weight:3
05  label:"mybox"
06  }
```

创建对象 box，不过需要特别注意，结尾不需要加分号。

第 14 章

JavaScript 开发基础

本章视频教学录像：23 分钟

高手指引

前面章节对 JavaScript 的语法以及函数有了初步的认识，但程序开发过程中需要对代码程序进行不断的调试以及优化才能达到理想的效果，JavaScript 也同样需要一套有力的开发工具，本章简单介绍常用的 JavaScript 开发工具及其用法。

重点导读

- JavaScript 的应用环境
- 常用的开发工具
- 用好 5 个常用的 JavaScript 调试工具
- 用 JavaScript 计算借贷支出

14.1 JavaScript 的应用环境

本节视频教学录像：5 分钟

在大多数人看来，JavaScript 的应用环境都是 Web 浏览器，这也的确是该语言最早的设计目标。然而从很早开始，JavaScript 语言就已经在其他的复杂应用环境中使用，并受这些应用环境的影响而发展出新的语言特性了。

JavaScript 的应用环境主要由宿主环境（host environment）与运行期环境构成。其中，宿主环境是指外壳程序（Shell）和 Web 浏览器等，运行期环境则是由 JavaScript 引擎内建的。

宿主环境一般由外壳程序创建和维护，它不仅为 JavaScript 语言提供服务，还可能运行很多种脚本语言。宿主环境一般会创建一套公共对象系统，这套对象系统对所有脚本语言开放，并允许它们自由访问。宿主环境还会提供公共接口，用来装载不同的脚本语言引擎。这样就可以在同一个宿主环境中装载不同的脚本引擎，并允许它们共享宿主对象。

执行期环境是由宿主环境通过脚本引擎创建的，它实际上就是由 JavaScript 引擎创建的一个代码解析初始化环境。初始化的内容主要包括如下几点。

(1) 一套与宿主环境相联系的规则。

(2) JavaScript 引擎内核（基本语法规范、逻辑、命令和算法）。

(3) 一组内置对象和 API。

(4) 其他约定。

当然，不同的 JavaScript 引擎定义的初始化环境是不同的，这就形成了所谓的浏览器兼容问题，因为不同的浏览器使用不同的 JavaScript 引擎。不同 JavaScript 引擎在解析相同的 JavaScript 代码时，实现的逻辑和算法可能存在分歧，当然运行的结果也会迥异。

14.1.1 客户端 JavaScript

客户端一定有相应的服务器端，而 JavaScript 主要是应用在客户端，JavaScript 服务器端最早实现动态网页的技术是 CGI（Common Gateway Interface，通用网关接口）技术，它可根据用户的 HTTP 请求数据动态从 Web 服务器返回请求的页面。

当用户从 Web 页面提交 HTML 请求数据后，Web 浏览器将用户的请求发送到 Web 服务器上，服务器运行 CGI 程序，CGI 程序提取 HTTP 请求数据中的内容初始化设置，同时交互服务器端的数据库，然后将运行结果返回 Web 服务器，Web 服务器根据用户请求的地址将结果返回该地址的浏览器。从整个过程来讲，CGI 程序运行在服务器端，同时需要与数据库交换数据，这需要开发者拥有一定的技巧，同时拥有服务器端网站开发工具，程序的编写、调试和维护过程十分复 杂。

同时，整个处理过程全部在服务器端处理无疑是服务器处理能力的一大硬伤，而且客户端页面的反应速度不容乐观。基于此，客户端脚本语言应运而生，它可直接嵌入HTML页面中，及时响应用户的事件，大大提高页面反应速度。

脚本分为客户端脚本和服务器端脚本，其主要区别如下表所示。

脚本类型	运行环境	优缺点	主要语言
客户端脚本	客户端浏览器	当用户通过客户端浏览器发送 HTTP 请求时，Web 服务器将 HTML 文档部分和脚本部分返回客户端浏览器，在客户端浏览器中解释执行并及时更新页面，脚本处理工作全部在客户端浏览器完成，减轻服务器负荷，同时增加 页面的反应速度，但浏览器差异性导致的页面差异问题不容忽视	JavaScript、JScript、VBScript 等
服务器端脚本	Web 服务器	当用户通过客户端浏览器发送 HTTP 请求时，Web 服务器运行脚本，并将运行结果与 Web 页面的 HTML 部分结合返回至客户端浏览器，脚本处理工作全部在服务器端完成，增加了服务器的负荷，同时客户端反应速度慢，但减少了由于浏览器差异带来的运行结果差异，提高了页面的稳定性	PHP、JSP、ASP、Perl、LiveWire 等

客户端脚本与服务器端脚本各有其优缺点，在不同需求层次上得到了广泛的应用。JavaScript 作为一种客户端脚本，在页面反应速度、减轻服务器负荷等方面的效果非常显著，但由于浏览器对其支持的程度不同导致的页面差异性问题也不容小觑。

14.1.2 其他环境中的 JavaScript

除了 Web 应用的相关领域之外，JavaScript 还能够在多种不同的环境中运行。在较早一些的时候，Microsoft 已经在 Windows 系统中支持一种 HTA 应用，这可以看作是由 JavaScript + HTML 编写的类似 GUI 的应用程序。在 .net framework 的新版本中，Microsoft 更是直接支持了 Jscript.net。

Jscript.net 是一个较少人知道的秘密，Microsoft 并未在 Visual Studio.net 中集成 Jscript.net 的可视化编辑器，却在 .net 的核心环境中实现了 Jscript.net。Jscript.net 可以看作是一种 CLR 托管的 JavaScript，实际上是 .net 家族的一种编程语言实现。读者如果安装了较新版本的 .net framework，可以试着编写 Jscript.net 并在命令行中编译执行。有关 Jscript.net 的更多内容可参考 Microsoft 的官方文档。

随着计算机技术的发展，越来越多的应用程序将某种动态语言作为嵌入式脚本，以增强系统的交互能力和扩展性。例如，在 WinCVS 中直接引入了 Python 作为命令行脚本扩展，但那还不是一种真正的嵌入式脚本实现。在 AutoCAD 中引入了 Lisp 作为嵌入式脚本语言，而 LabView 则有自己的类 C 脚本实现。相对更为著名的 ActionScript 是 Macromedia 公司的 Flash 中所支持的动态脚本语言，有趣的是，ActionScript 是在 ECMAScript 标准发布后被模型化的，在后面的章节中会介绍 ECMAScript 实际上是标准化的 JavaScript。不过，有些遗憾的是，ActionScript 并不是真正的 JavaScript。

14.1.3 客户端的 JavaScript：网页中的可执行内容

目前绝大多数浏览器中都嵌入了某个版本的 JavaScript 解释器。当 JavaScript 被嵌入客户端浏览器后，就形成了客户端的 JavaScript。大多数人提到 JavaScript 时，通常指的是客户端的 JavaScript，本书重点介绍的内容，也是 JavaScript 的客户端应用。

一个 Web 浏览器嵌入 JavaScript 解释器后，就允许可执行的内容以 JavaScript 的形式在用户客户端浏览器中运行。

经典程序“Hello World!”的 JavaScript 运行实现如代码清单 14-1-3-1 所示。

【范例 14.1】 带有浏览器检测的 Hello World 程序（代码清单 14-1-3-1）

```
01      <html>
02      <head>
03      <title>Example Hello World!</title>
04      </head>
05      <body>
06      <h1>
07      <script type="text/JavaScript">
08        document.write("Hello World!");
09      </script>
10      <noscript> 您的浏览器不支持 JavaScript，请检查浏览器版本
11      或者安全设置，谢谢！ </noscript>
12      </h1>
13      <hr/>
14      <p> 第一个例子展示了 document.write 是浏览器提供的一个方法，
15      用来向 document 文档对象输出内容，至于什么是文档对象，相信你在第二章已经掌握了。
</p>
16      </body>
17      </html>
```

相关的示例请参考 Chap1.14.html 文件。在 IE 浏览器中的运行效果如下图所示。

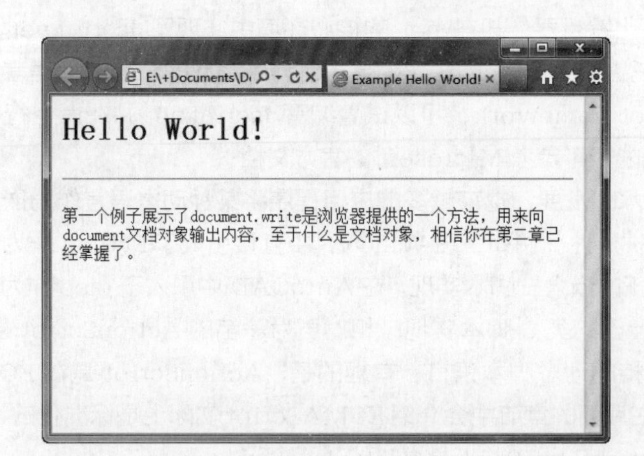

如果浏览器显示的是“您的浏览器不支持 JavaScript……”的字样，则需要检查浏览器的版本和安全设置，以确定浏览器能正确支持 JavaScript。

JavaScript 当然不仅仅是用来简单地向 HTML 文档输出文本内容，事实上它可以控制大部分浏览器相关的对象，浏览器为 JavaScript 提供了强大的控制能力，使得它不仅能够

控制 HTML 文档的内容，而且能够控制这些文档元素的行为。在后面的章节里，会了解到 JavaScript 通过浏览器对象接口访问和控制浏览器元素，通过 DOM 接口访问和控制 HTML 文档，通过给文档定义“事件处理器”的方式响应由用户触发的交互行为。

14.1.4 客户端 JavaScript 的特性

JavaScript 是一种基于对象（Object）和事件驱动（Event Driven）并具有安全性能的脚本语言。使用它的目的是与 HTML 超文本标记语言、Java 脚本语言（Java 小程序）一起实现在一个 Web 页面中连接多个对象，与 Web 客户交互作用，从而可以开发客户端的应用程序等。它是通过嵌入或调入标准的 HTML 中实现的。JavaScript 具有以下几个基本特点。

(1) 是一种脚本编写语言。JavaScript 是一种脚本语言，它采用小程序段的方式实现编程。像其他脚本语言一样，JavaScript 同样已是一种解释性语言，它提供了一个易于开发的过程。但它不像这些语言一样，需要先编译，而是在程序运行过程中被逐行地解释。

(2) 基于对象的语言。JavaScript 是一种基于对象的语言，同时也可以看作是一种面向对象的语言。这意味着它能运用已经创建的对象。

(3) 简单性。JavaScript 的简单性主要体现在：首先它是一种基于 Java 基本语句和控制流之上的简单而紧凑的设计，从而对于学习 Java 是一种非常好的过渡。其次它的变量类型采用弱类型，并未使用严格的数据类型。

(4) 安全性。JavaScript 是一种安全性语言，它不允许访问本地硬盘，不能将数据存入服务器上，不允许对网络文档进行修改和删除，只能通过浏览器实现信息浏览或动态交互，从而有效防止数据丢失。

(5) 动态性的。JavaScript 是动态的，它可以直接对用户或客户输入做出响应，无须经过 Web 服务程序。它对用户的反映响应是以事件驱动的方式进行的。后续章节会对事件驱动进行详细的介绍。

(6) 跨平台性。JavaScript 依赖于浏览器本身，与操作环境无关，只要计算机能运行浏览器，并支持 JavaScript 的浏览器就可正确执行，从而实现了“编写一次，走遍天下”的梦想。实际上 JavaScript 最杰出之处在于可以用很小的程序做大量的事。

14.2 常用的开发工具

本节视频教学录像：4 分钟

由于 JavaScript 缺少合适的开发工具的支持，编写 JavaScript 程序，特别是超过 500 行以上的 JavaScript 程序变得极具挑战性——没有代码诱导功能，没有实时错误检查，没有断点跟踪调试，等等。在代码中不小心增加了一个多余的“(”或“{”，整段代码可能就崩溃了。

不管是 JavaScript 新手还是经验丰富的开发者，有得力的工具将事半功倍，所使用的工具直接影响你的工作效率。开放源代码运动使得拥有得力的工具不再意味着付一大笔钱，实际上你什么都不用付出。

下面简要介绍常用的 JavaScript 开发工具。

14.2.1 附带测试的开发工具——TestSwarm

TestSwarm 是 Mozilla 实验室推出的一个新项目，它旨在为开发者提供在多个浏览器版本上快速轻松测试 JavaScript 代码的方法。John Resig 最初发起这个项目是想将 TestSwarm 作为支持 jQuery 团队的一个工具。TestSwarm 目前支持 7 种操作系统，从 Windows 2000 到 OS X10.5。这个项目会在所有主流的浏览器上进行测试。当某个浏览器出现错误时，TestSwarm 都会返回错误的详细数据，其界面如左下图所示。

TestSwarm 最终的结果会显示成一个页面，如右下图所示。

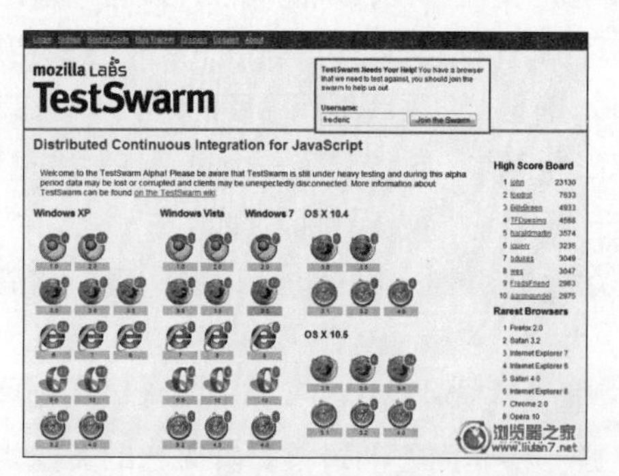

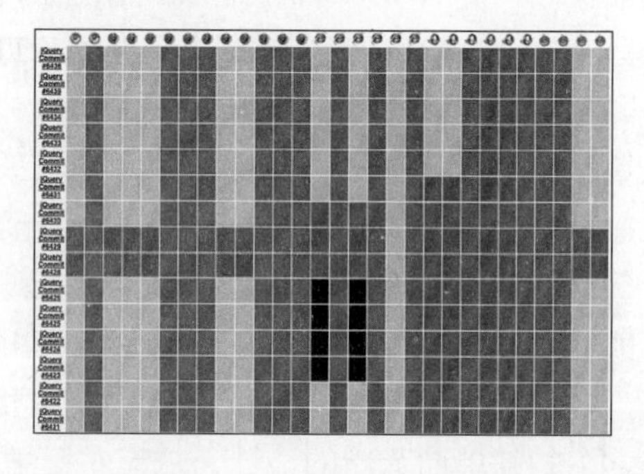

目前，TestSwarm 正在测试许多开发人员都依靠的诸多流行的开源 JavaScript 库，其中包括 jQuery、YUI、Dojo、MooTools 和 Prototype。如果想在项目中使用 TestSwarm，可以下载并在自己的服务器上安装 TestSwarm。

14.2.2 半自动化开发工具——Minimee

在互联网领域，速度就是一切。这意味着当面对 CSS 和 JavaScript 文件时，文件大小是一个重要的要素。Minimee 可以自动最小化以及对文件进行组合，帮助化繁为简。其下载地址为：http://johndwells.github.io/Minimee/。

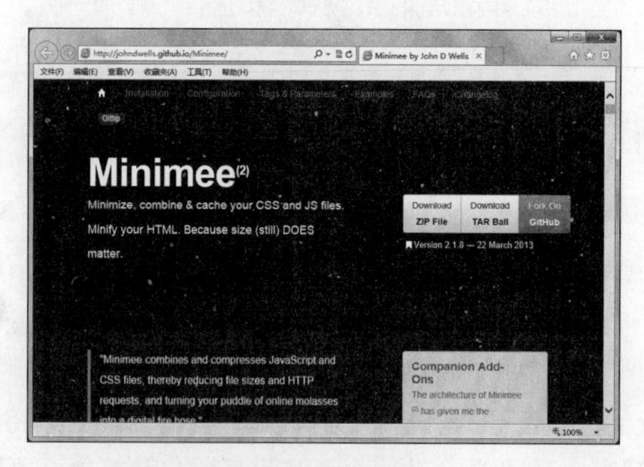

14.2.3 轻松建立 JS 库的开发工具——JavaScript Boilerplate

JavaScript Boilerplate 是基于 HTML/CSS/JS 的一个快速、健壮和面向未来的网站模板。经过 3 年的迭代开发，推出了最佳的 Web 开发实践，包括跨浏览器的正常化、性能优化、还有可选功能，如 AJAX 跨域和 Flash 处理等。这个模板包含一个 .htaccess 配置文件，它的功能包括 Apache 缓存设置、网站播放 HTML 5 视频设置、使用 @font-face 和允许使用 gzip 设置。

它同样可以工作在手机浏览器，拥有 IOS、Android、Opera 所支持的标签和 CSS 骨架。

Boilerplate 具有以下特性。

(1) 支持 HTML 5。

(2) 跨浏览器兼容，包括对 IE 6 的支持。

(3) 高速缓存和压缩规则，最佳实践配置。

(4) 移动浏览器优化。

(5) 单元测试套件 Javascript 分析。

(6) 移动与特定 CSS 规则的 IOS 和 Android 的浏览器支持。

14.3 5 个常用的 JavaScript 调试工具

本节视频教学录像：3 分钟

JavaScript 技术已经变得非常流行，每一天都是日益增长的、多样化的。为了调试 JavaScrit 代码涉及各种各样的工作。

当有效使用时，JavaScript 调试器能找出 JavaScript 代码中的错误。要想成为一名高级 JavaScript 调试员，需要知道可用到的一些调试器、典型的 JavaScript 调试工作流程，以及高效调试的核心条件。

当调查一个特定问题时，通常将遵循以下过程。

(1) 在调试器的代码查看窗口找出相关代码。

(2) 在觉得将发生有趣的事的地方设置断点。

(3) 若是行内脚本，则在浏览器中重载页面，若是一个事件处理器，则单击按钮。

(4) 一直等到调试器暂停执行并通过代码。

(5) 查看变量值。例如，查看那些本该包含一个值却显示未定义的变量。

(6) 如果需要，使用命令行对代码进行求值，或者为测试改变变量。

(7) 通过学习导致错误情况发生的代码段或输入来找出问题所在。

下面介绍 5 种常用的 JavaScript 调试工具。

14.3.1 万能调试工具——Drosera

Drosera 可以调试任何基于 WebKit 的应用，其调试界面如下图所示。

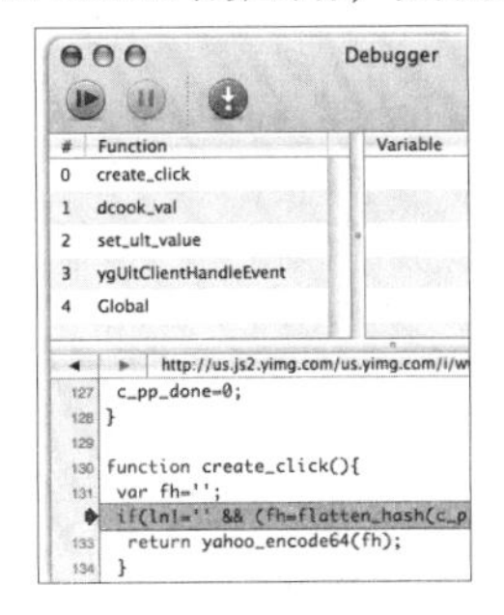

14.3.2 最规则的调试工具——Dragonfly

Dragonfly 可以使语法和断点高亮显示，搜索功能强大，可以搜索当前选择的脚本。可以用文本、正则表达式来加载所有的 JavaScript 文件。其界面如下图所示。

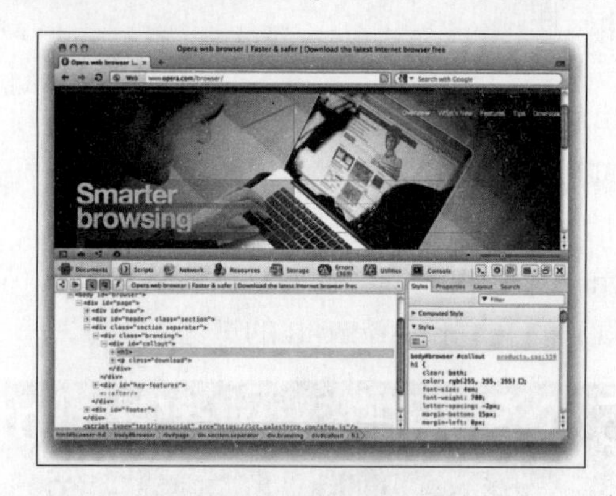

14.3.3 Firefox 的集成工具——Firebug

Firefox 集成了 Firebug，它提供了一个丰富的 Web 开发工具，可以在任何网页编辑、调试和监控的 CSS、HTML 和 JavaScript。其界面如下图所示。

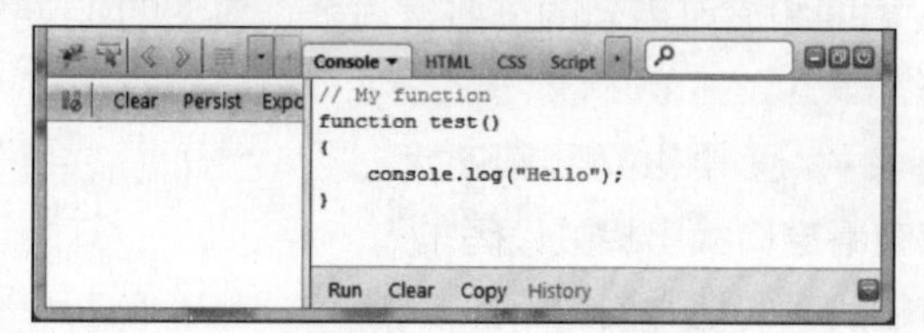

14.3.4 前端调试利器——Debugbar

在 IE 8 之前，在 IE 中调试只能使用 alert 命令，虽然可以在 Visual Studio 中调试，但太麻烦了。一个做得比较好的工具是Debugbar，但它与Firebug比起来还是有很大的差距。

Debugbar 虽然可以与 Firebug 一样获取页面元素、调试源代码和 CSS 调试，但功能实在有限，其界面如下图所示。

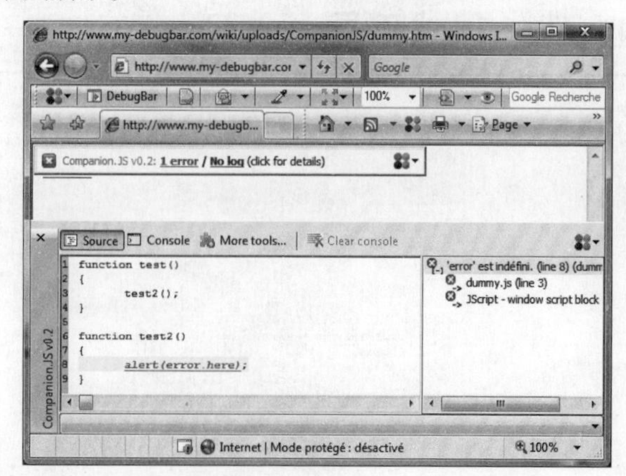

14.3.5 支持浏览器最多的工具——Venkman

Venkman 是 Mozilla 的 JavaScript degugger 的代码名称。它可以在用户界面上和控制台命令中使用断点管理、调用栈检查、变量 / 对象检查等功能，可以让用户以最习惯的方式调试。

Venkman 可 以 从 http://www.hacksrus.com/~ginda/venkman/ 下 载， 然 后 在 Firefox 中打开得到的 xpi 文件，自动进行安装，重启 Firefox，选择【工具】➤ JavaScript Debugger 命令启动 Venkman，如下图所示。

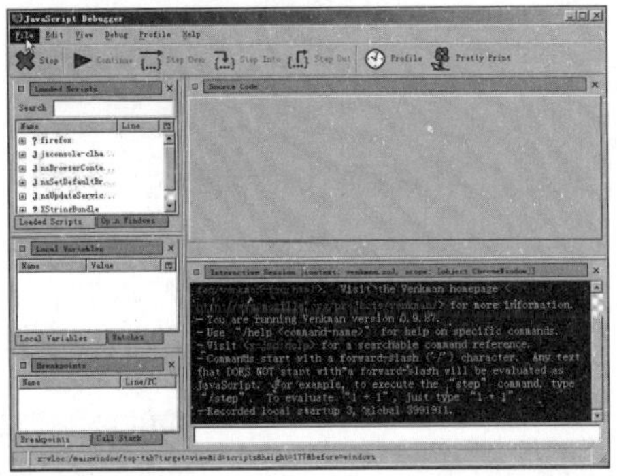

窗口布局很清晰，Loaded Scripts 窗口中显示当前可用的 JavaScript，单击文件旁边的加号，会打开一个详细列表，列出该文件中的所有函数，其他窗口就不用再介绍了。

断点跟踪才是我们关注的重点，venkman 支持两种断点: 硬(hard)断点和将来(future)断点。

两者的区别是，将来断点设置在函数体之外的代码行上。一旦这些代码行加载到浏览器上就会立即执行。

例如，一个 js 文件 DebugSample.js 和一个调用页面 CallPage.html。

```
01    // DebugSample.js
02    var dateString = new Date().toString();
03    function doFoo(){
04        var x = 2 + 2;
05        var y = "hello";
06        alert("test");
07    }
08    // CallPage.html
09    <html>
10        <title>test page</title>
11        <script language="JavaScript" src="DebugSample.js"></script>
12        <body>
13            <form id="test">
14                <input type="button" value="test" onclick="doFoo()"/>
15            </form>
16        </body>
17    </html>
```

在 Firefox 中打开 CallPage.html，启动 Venkman，在所需的代码行上设置一个断点，单击代码行左侧的边栏即可。每单击一次该行，这行就会轮流切换为以下 3 种：无断点、硬断点、将来断点。硬断点由一个红色的 B 指示，将来断点由橙色的 F 指示。函数体外的代码行只能切换为无断点和将来断点。

在 var y = "hello"；这一行设置一个断点，如图所示。

```
-  1  var dateString = new Date().toString();
-  2  function doFoo(){
-  3      var x = 2 + 2;
B  4      var y = "hello";
-  5      alert("test");
   6  }
```

然后单击页面的“test”按钮，可以看到在断点处停止了。

接下来的操作和其他的 debugger 用法相同。下面介绍 venkman 的一个强大特性，右键单击一个断点，选择 Breakpoint Properties（断点属性），如左下图所示，打开 Breakpoint Properties 对话框，允许修改断点的行为，如右下图所示。

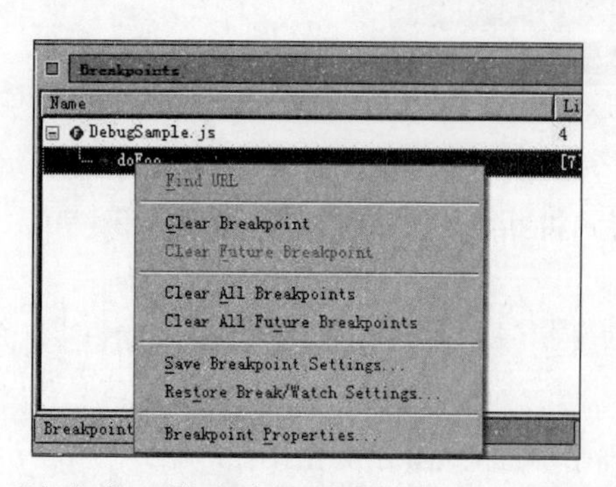

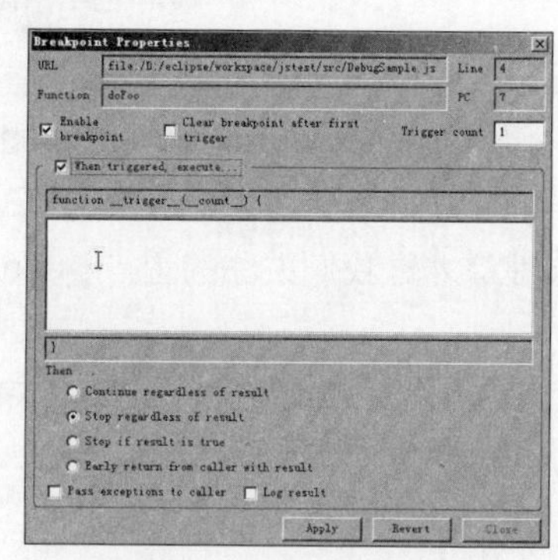

这个窗口的强大之处在于，选中“Wen triggered，execute…”（如果触发，则执行…）复选框，会设置一个文本框有效，可以编写 js 代码，每次遇到断点时都会执行此代码，向这个定制脚本传递的参数名为 _count_，它表示遇到断点的次数，在【Then…】区域中的 4 个单选按钮中，以“Stop if result is true”的功能相对较强大，它表示只有当定制代码的返回值为 true 时，断点才会暂停执行。

14.4 综合实战 1——用 JavaScript 计算借贷支出

本节视频教学录像：4 分钟

下面是第一个 JavaScript 综合案例——计算借贷支出，读者可以自己动手编写程序，经过出错、调试反复检验，将程序完善。

【范例 14.2】 用 JavaScript 计算借贷支出（代码清单 14-4-1）

```
01    <html>
02    <head>
03        <meta http-equiv="Content-Type" content="text/html; charset=GB2312">
04           <title>study 1-3 用 JavaScript 自动计算借贷支付金额 </title>
```

```
05      </head>
06      <body bgcolor="white">
07        <form name="loandata">
08         <table>
09         <tr><td colspan="3"><b> 输入贷款信息：</b></td></tr>
10         <tr>
11         <td>(1)</td>
12          <td> 贷款总额：</td>
13         <td><input type="text" name="principal" size="12" onchange="calculate();"></
input></td>
14         </tr>
15          <tr>
16         <td>(2)</td>
17        <td> 年利率 (%)：</td>
18             <td><input type="text" name="interest" size="12" onchange="calculate();"></
input></td>
19          </tr>
20           <tr>
21            <td>(3)</td>
22          <td> 借款期限 ( 年 )：</td>
23           <td><input type="text" name="years" size="12" onchange="calculate();"></
input></td>
24             </tr>
25          <tr><td colspan="3"><input type="button" value=" 计算 " onclick="calculate();"></
td></tr>
26            <tr><td colspan="3"><b> 输入还款信息：</b></td></tr>
27            <tr>
28           <td>(4)</td>
29          <td> 每月还款金额：</td>
30      <td><input type="text" name="payment" size="12" ></input></td>
31          </tr>
32           <tr>
33             <td>(5)</td>
34          <td> 还款总金额：</td>
35          <td><input type="text" name="total" size="12" ></input></td>
36           </tr>
37          <tr>
38           <td>(6)</td>
39            <td> 还款总利息：</td>
40         <td><input type="text" name="totalinterest" size="12" ></input></td>
41                  </tr>
42        </table>
```

```
43    </form>
44    </body>
45    <script type="text/javascript">
46     function calculate(){
47       // 贷款总额
48         // 把年利率从百分比转换成十进制，并转换成月利率。
49        // 还款月数
50    ……// 此处有代码省略
51    </script>
52    </html>
```

相关的示例请参考代码清单 14-4-1 文件。在 IE 浏览器中的运行效果如下图所示。

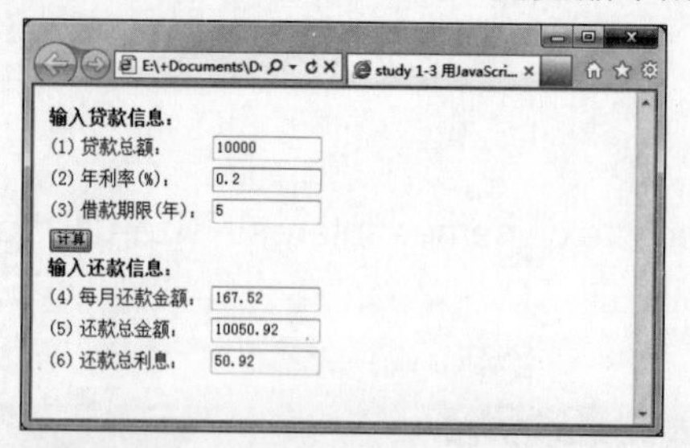

14.5 综合实战 2——九九乘法表

本节视频教学录像：2 分钟

下面是第二个 JavaScript 综合实例——九九乘法表，与上一个案例不同的是，这里锻炼的是读者的循环语句控制运用能力，在出结果之前，一般需经过反复调试以达到理想结果。

【范例 14.3】 九九乘法表（代码清单 14-5-1）

```
01    <!DOCTYPE HTML PUBLIC "-//W3C//DTD HTML 4.0 Transitional//EN">
02    <html>
03    <head>
04    <title> New Document </title>
05    <meta name="Generator" content="EditPlus">
06    <meta name="Author" content="">
07    <meta name="Keywords" content="">
08    <meta name="Description" content="">
09    </head>
10    <body>
11    <script language="JavaScript" type="text/javascript">
12    <!--
13    // 这里是注释
14    var a=1;   // 注释可以跟在语句后面
15    /*
16    程序功能：打印九九乘法表
```

```
17    建立日期：2013 年 1 月 30 日
18    */
19    label1:for(var i=1;i<=9;i++){
20       document.write("<br>");
21       for(var j=1;j<=9;j++){
22          if(j>i){
23             continue label1;
24          }
25          document.write(i+"×"+j+"="+i*j+"  ");
26       }
27    }
28    //-->
29    </script>
30    </body>
31    </html>
```

相关的示例请参考代码清单 14-5-1 文件。在 IE 浏览器中的运行效果如下图所示。

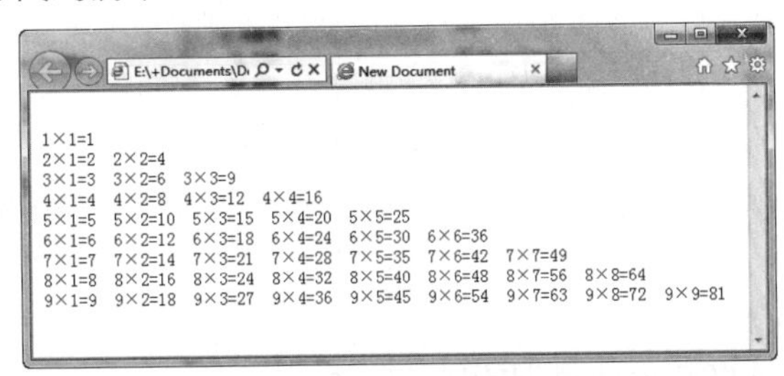

高手私房菜

本节视频教学录像：5 分钟

技巧 1：更多的 Venkman 调试方法

作为支持浏览器最多的调试工具，Venkman 其中一个独特的功能是它可以设置变量监视器。监视器可以监视变量内容的改动，并及时在 Watches 视图中反映出来。

要添加监视器，可在 Local Varaibles 视图中选择一个变量，右键单击，并选择 Add Watch Expression。也可以在 Interactive 视图中使用 /watch-expr 命令来完成同样的工作。

/watch-expr variable_name

将变量加入 Watches 视图后，Watches 视图的行为就与 Local Variables 视图一样了，可以显示每个变量当前可用的值以及对象的特性。

Watches List（监视列表）与 Local Variables 窗口几乎相同，它也可以显示运行在当前作用域中变量的相关信息。区别在于，开发人员可以决定监视列表中显示哪些变量，与此不同，Local Variables 窗口会显示当前执行脚本所有可用的变量。可以把监视列表认为是缩水后的局部列表。可以向监视列表增加一个变量。

提示 因为 Venkman 中的监视器都与变量名相关，但不是直接对应，所以如果在不同的范围中有两个相同的变量名，会适时显示它们的值。

Venkman 另外一个独特的功能是具有对执行进行剖析的能力。如果执行剖析（profiling），Venkman 会跟踪每个函数的情况，记录它的调用次数和每次调用花费的时间。

可以单击工具栏上的 Profile 按钮来开关执行剖析功能。Venkman 正在剖析时，在 Profile 按钮上会出现一个绿色的标志：如果未出现该标志，说明它不在进行剖析。当 Venkman 处于剖析模式时，可以运行脚本。在对测试满意后，可以执行【Profile】➤【Save Profile Data As】命令，打开【Save File】对话框，选择保存测试结果的位置，并保存测试结果。

默认情况下，对话框会建议将文件保存为 HTML 格式，但这是错误的，应该将文件保存为纯文本。

对脚本执行数据剖析后，每个函数都会在文件中有如下单独的一节。

```
01 <file:/c:/Chapter%2014/Examples/ThrowExample.htm>
02 ThrowExample.htm: 1000 – 5000 milliseconds
03 Function Name: addTwoNumbers (Lines 5 – 10)
04 Total Calls: 1 (max recurse 0)
05 Total Time: 4696.75 (min/max/avg 4696.75/4696.75/4696.75)
```

每一节都以包含函数的文件的位置开头，接下来是包含在文件中的每一个函数。每一个函数会显示以下内容。

(1) 出现的行号。

(2) 对函数调用的总次数和最大达到的递归层次（max recurse 后的数字）。

(3) 运行这个函数总共使用的时间（单位为毫秒）、单个调用最短的时间和最长的时间，以及每次调用的平均时间。

这些信息对于找出代码中的瓶颈十分有用。

遗憾的是，剖析的数据包含了浏览器和调试器自身的信息，所以需要通读文件才能找到需要的信息。

也可以指定要禁用剖析的函数。右键单击 Locaded Script 视图，选择【File Options】➤【Don't Profile contained Function】，可以设置整个文件不被剖析。如果要对某个单独的函数禁用 profiling，可以在 Loaded Scripts 视图中右键单击这个函数，选择【Function Options】➤【Don't Profile】。

技巧 2：开发中常用到的快速数组创建方法

创建数组的传统方法如下。

```
var mylist = new Array('element1','element2','element3');
```

如果使用简略语句，则代码如下。

```
var mylist = ['element1','element2','element3'];;
```

这样，提高代码简洁性的同时，也加快了编码速度。

第 15 章

事件机制

本章视频教学录像：21 分钟

高手指引

JavaScript 中的事件就是可以被 JavaScript 侦测到的行为，如鼠标单击、按下键盘按键、选择列表框等。JavaScript 获知某一事件之后，可以通过此事件触发某个函数来对网页中的内容做相应的处理。本章将介绍 JavaScript 的事件机制、常用事件函数、事件模式的使用。

重点导读

- 了解 jQuery 的事件机制
- 掌握 jQuery 的常用事件函数
- 掌握 jQuery 事件模式的使用方法

15.1 事件机制简介

本节视频教学录像：6 分钟

作为基于对象的语言，JavaScript 也具有事件这一典型特征。常见的鼠标或键盘动作也就是事件，而由此引发的一连串程序动作，则称为事件驱动。

15.1.1 事件处理机制的类别

通过事件处理机制可以创造自定义的行为，如改变样式、显示效果、提交等，使网页更加丰富。

事件处理机制包括页面加载、事件绑定、事件委派、事件切换共 4 种。

15.1.2 JavaScript 中的切换事件

当有两个以上的事件绑定于一个元素上时，在元素的动作间进行切换的行为称为“切换事件”。例如，一个超级链接标记 <a> 若要实现当鼠标指针悬停时触发一个事件，鼠标指针移出时又触发一个事件，可以用切换事件来实现。有两个方法用于切换事件：hover() 和 toggle()。

需要设置切换鼠标悬停触发事件和鼠标移出触发事件，使用 hover() 方法。范例 15.1 演示了当鼠标指针悬停在文字上时，显示一段文字的效果。

【范例 15.1】 hover() 切换事件示例（代码清单 15-1-2-1）

```
01    <html>
02    <head>
03    <meta http-equiv="Content-Type" content="text/html; charset=utf-8" />
04    <title>hover() 切换事件 </title>
05    <script type="text/javascript" src="jquery.min.js"></script>
06    <script type="text/javascript">
07    $(function(){
08      $(".clsTitle").hover(function(){
09          $(".clsContent").show();
10      },
11      function(){
12          $(".clsContent").hide();
13      })
14    })
15    </script>
16    </head>
17    <body>
18    <div class="clsTitle">jQuery 简介 </div>
```

```
19      <div class="clsContent">jQuery 是一个开源项目，目的是以更少的代码，实现更多的功能
</div>
20      </body>
21      </html>
```

【运行结果】

运行效果如左下图所示，当鼠标指针移动到“jQuery 简介”文字上时，运行结果如右下图所示。

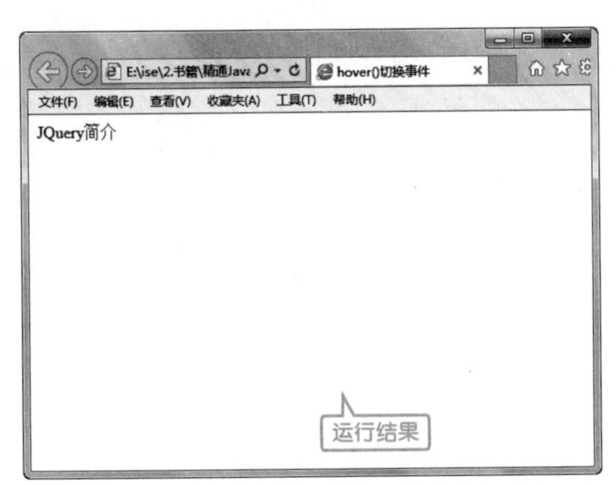

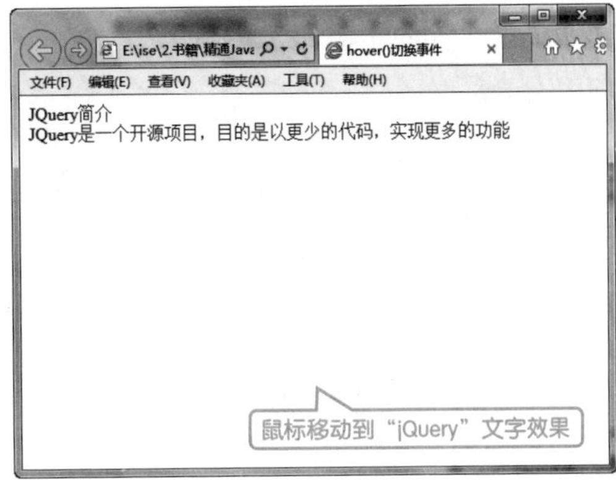

Toggle 事件绑定两个或更多函数：当指定元素被单击时，在两个或多个函数之间轮流切换。

如果规定了两个以上的函数，则 toggle() 方法将切换所有函数。例如，如果存在 3 个函数，则第一次单击调用第一个函数，第二次单击调用第二个函数，第三次单击调用第 3 个函数。第四次单击再次调用第一个函数，以此类推。语法格式如下：

```
$(selector).toggle(function1(),function2(),functionN(),...)
```

【范例 15.2】 toggle () 切换事件示例（代码清单 15-1-2-2）

```
01      <html>
02      <head>
03      <meta http-equiv="Content-Type" content="text/html; charset=utf-8" />
04      <title>toggle() 切换事件 </title>
05      <script type="text/javascript" src="jquery.min.js"></script>
06      <script type="text/javascript">
07      $(document).ready(function(){
08        $("button").toggle(function(){
09          $("body").css("background-color","red");},
10          function(){
11          $("body").css("background-color","yellow");},
12          function(){
13          $("body").css("background-color","green");}
```

```
14        );
15        });
16        </script>
17        </head>
18        <body>
19        <button> 请单击切换不同的背景颜色 </button>
20        </body>
21        </html>
```

【运行结果】

运行效果如左下图所示，当单击按钮时，背景颜色在红色与黄色之间切换，运行结果如右下图所示。

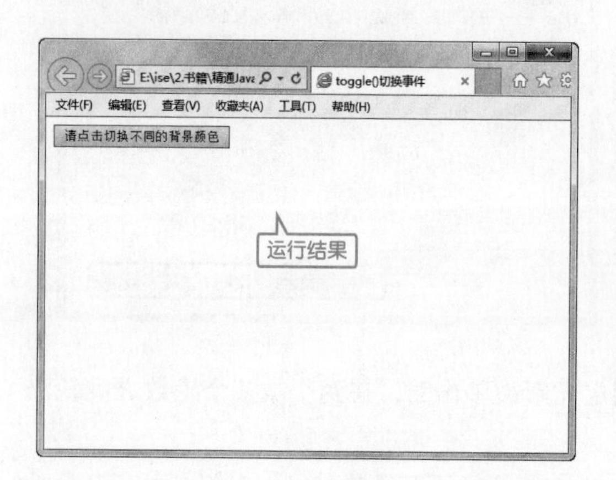

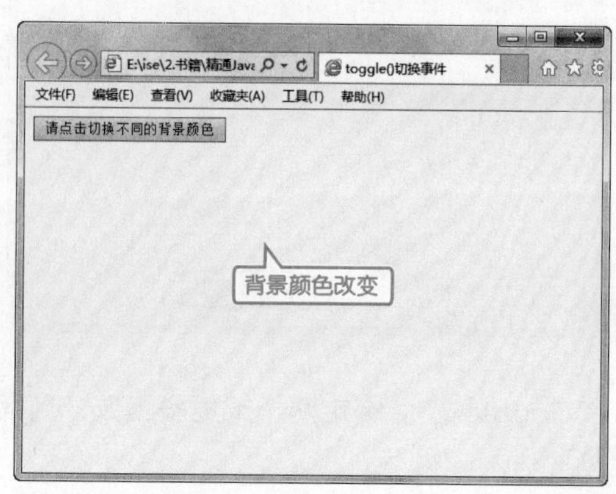

15.1.3 事件冒泡

在介绍方法之前，有必要介绍响应事件的两种策略，一种是事件捕获(Event capturing)，一种是事件冒泡(Event bubble)，这两种策略是相对立的，是分别由 Netscape 和 Microsoft 提出的完全相反的两种事件传播模型。

事件冒泡定义为在一个对象上触发某类事件（如单击 onclick 事件），如果此对象定义了此事件的处理程序，那么此事件就会调用这个处理程序；如果没有定义事件处理程序（或者事件返回 true），那么这个事件会向这个对象的父级对象传播，从里到外，直至它被处理（或者它到达了对象层次的最顶层）。

事件捕获则与事件冒泡恰好相反，处理事件是从对象的最外层往里传播，直到终止。因为事件捕获 Bug 较多，目前 IE 不支持事件捕获，其他浏览器基本两种都支持。

【范例 15.3】 事件冒泡（代码清单 15-1-3-1）

```
01        <html>
02        <head>
03        <title> 冒泡型事件 </title>
04        <script language="javascript">
05        function add(Text){
```

```
06    var Div = document.getElementById("display");
07    Div.innerHTML += Text;   // 输出单击顺序
08    }
09    </script>
10    </head>
11    <body onclick="add('div 的父标记 body<br>');">
12    <div onclick="add('p 的父标记 div<br>');">
13    <p onclick="add(' 最下层 p<br>');"> 单击，触发 </p>
14    </div>
15    <div id="display"></div>
16    </body>
17    </html>
```

【运行结果】

可以看出，以上代码为 p、div、body 都添加了 onclick() 函数，当单击 p 的文字时，触发事件，并且触发顺序是由最底层依次向上触发，运行结果如下图所示。

15.2 常用的事件函数

本节视频教学录像：6 分钟

常用事件函数主要包括一些鼠标、键盘操作事件以及页面加载、表单提交、获得焦点、失去焦点等事件。下面介绍常用的鼠标和键盘事件。

15.2.1 鼠标操作事件

鼠标事件是用户常用到的事件，常见的与鼠标操作相关的事件如下表所示。

方法	属性
mousedown()	触发或将函数绑定到指定元素的 mouse down 事件（鼠标按键被按下）
mouseenter()	触发或将函数绑定到指定元素的 mouse enter 事件（鼠标指针进入（穿过）目标时）
mouseleave()	触发或将函数绑定到指定元素的 mouse leave 事件（鼠标指针离开目标时）
mousemove()	触发或将函数绑定到指定元素的 mouse move 事件（鼠标指针在目标的上方移动时）

续表

方法	属性
mouseout()	触发或将函数绑定到指定元素的 mouse out 事件（鼠标指针移出目标的上方）
mouseover()	触发或将函数绑定到指定元素的 mouse over 事件（鼠标指针移到目标的上方）
mouseup()	触发或将函数绑定到指定元素的 mouse up 事件（鼠标的按键被释放弹起）
click()	触发或将函数绑定到指定元素的 click 事件（单击鼠标的按键）
dblclick()	触发或将函数绑定到指定元素的 double click 事件（双击鼠标按键）

下面分别就其中的几个鼠标事件举例介绍事件的使用和示例效果。

鼠标 mouseover 和 mouseout 事件示例如下。

【范例 15.4】 鼠标 mouseover 和 mouseout 事件（代码清单 15-2-1-1）

```
01  <html>
02  <head>
03  <meta http-equiv="Content-Type" content="text/html; charset=utf-8" />
04  <title>mouseover 和 mouseout 事件 </title>
05  <script type="text/javascript" src="jquery.min.js"></script>
06  <script type="text/javascript">
07  $(document).ready(function(){
08    $("p").mouseover(function(){
09      $("p").css("background-color","yellow");
10    });
11    $("p").mouseout(function(){
12      $("p").css("background-color","#E9E9E4");
13    });
14  });
15  </script>
16  </head>
17  <body>
18  <p style="background-color:#E9E9E4"> 请把鼠标指针移动到这个段落上 !</p>
19  </body>
20  </html>
```

【运行结果】

上述代码在 mouseover 和 mouseout 事件触发时修改段落的背景颜色。

执行后的显示结果如左下图所示，当鼠标指针移动到段落上时，显示结果如右下图所示。

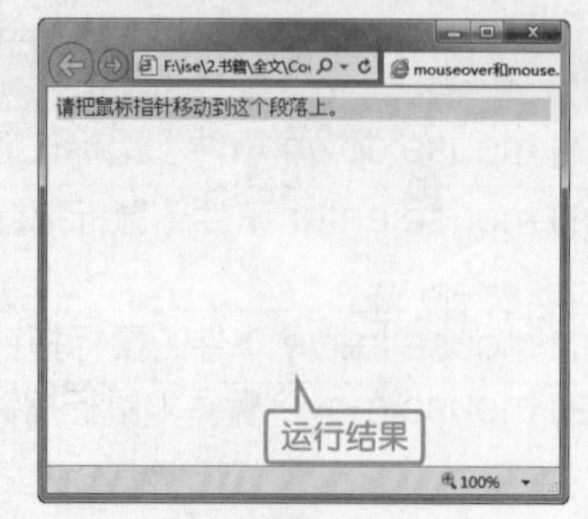

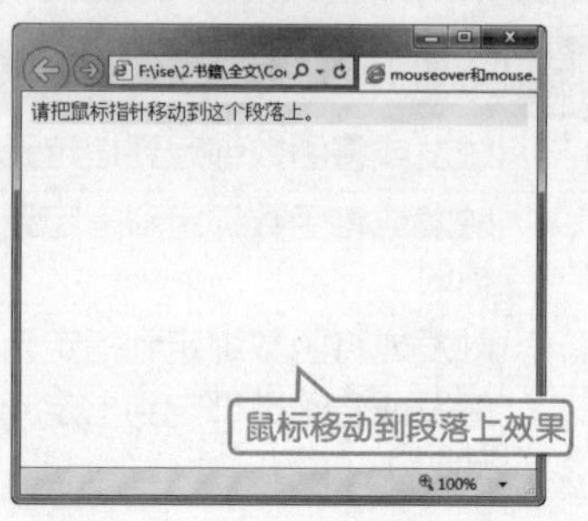

鼠标 click 和 dblclick 事件示例如下。

【范例 15.5】 鼠标 click 和 dblclick 事件（代码清单 15-2-1-2）

```
01	<html>
02	<head>
03	<meta http-equiv="Content-Type" content="text/html; charset=utf-8" />
04	<title>click 和 dblclick 事件 </title>
05	<script type="text/javascript" src="jquery.min.js"></script>
06	<script type="text/javascript">
07	$(document).ready(function(){
08	  $("#btn1").click(function(){
09	    $("#id1").slideToggle();
10	  });
11	  $("#btn2").dblclick(function(){
12	    $("#id2").slideToggle();
13	  });
14	});
15	</script>
16	</head>
17	<body>
18	<div id="id1"> 这是一个段落 1。</div></p>
19	<button id="btn1">click 切换 </button></p>
20	<div id="id2"> 这是一个段落 2。</div></p>
21	<button id="btn2">dblclick 切换 </button></p>
22	</body>
23	</html>
```

【运行结果】

从上述代码中可知，在触发按钮“btn1”的 click 事件时，显示或者隐藏 id 为“id1”的 div 的内容。在按钮“btn2”的 dblclick 事件中，控制 id 为“id2”的 div 的内容。

执行后的显示结果如下图所示。

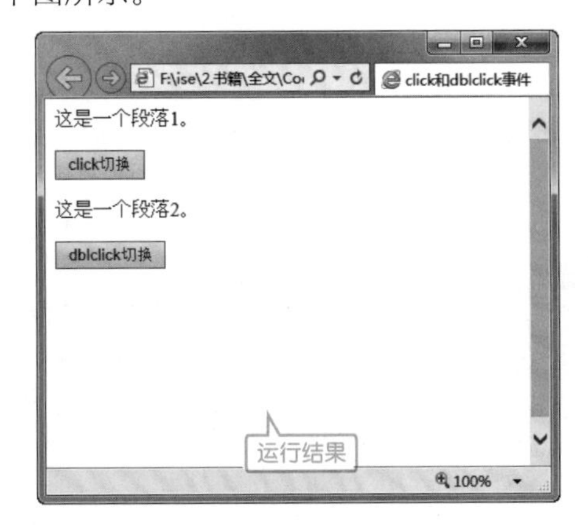

当单击【click 切换】、【dblclick 切换】按钮时，显示结果如左下图和右下图所示。

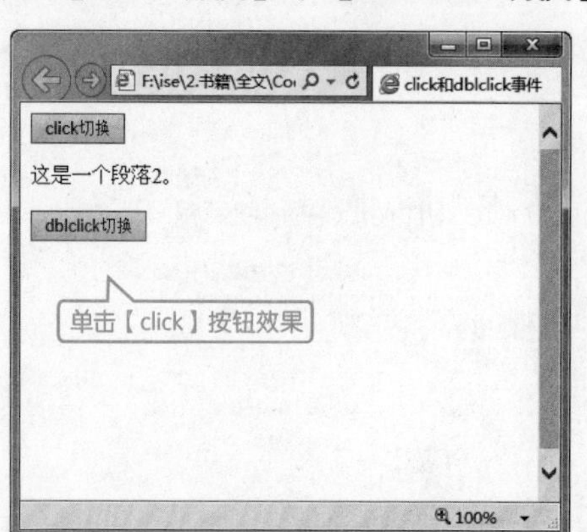

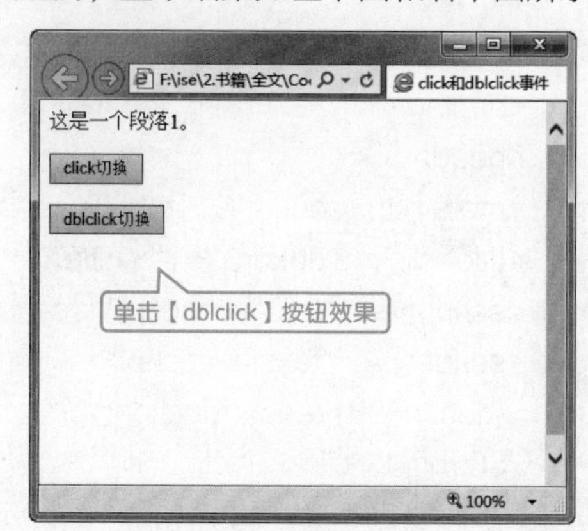

15.2.2 键盘操作事件

在日常使用中，除了鼠标操作，最常用的就是键盘操作了。但键盘事件只有下表列出的 3 种。

方法	属性
keydown()	触发或将函数绑定到指定元素的 key down 事件（按下键盘上的某个按键时触发）
keypress()	触发或将函数绑定到指定元素的 key press 事件（按下某个按键并产生字符时触发）
keyup()	触发或将函数绑定到指定元素的 key up 事件（释放某个按键时触发）

【范例 15.6】 键盘 keydown 和 keyup 事件（代码清单 15-2-2-1）

```
01    <html>
02    <head>
03    <meta http-equiv="Content-Type" content="text/html; charset=utf-8" />
04    <title> 键盘 keydown 和 keyup 事件 </title>
05    <script type="text/javascript" src="jquery.min.js"></script>
06    <script language="javascript">
07    $(document).ready(function(){
08      $("input").keydown(function(){
09        $("input").css("background-color","red");
10      });
11      $("input").keyup(function(){
12        $("input").css("background-color","yellow");
13      });
14    });
15    </script>
16    </head>
17    <body>
18    请输入内容 <input type="text" />
```

```
19      <p> 当发生 keydown 和 keyup 事件时，输入域会改变颜色 !!</p>
20      </body>
21      </html>
```

【运行结果】

当按下键盘按键时，输入框背景色变为红色，释放时变为黄色。

执行后的显示结果如下图所示。

当键盘按键按下时，显示结果如左下图所示，当键盘按键释放时，显示结果如右下图所示。

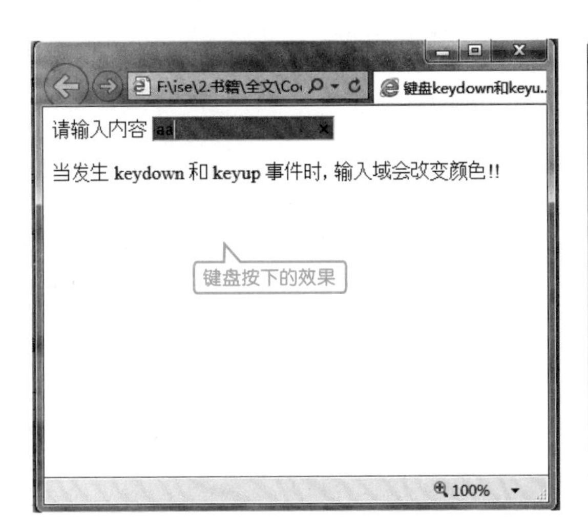

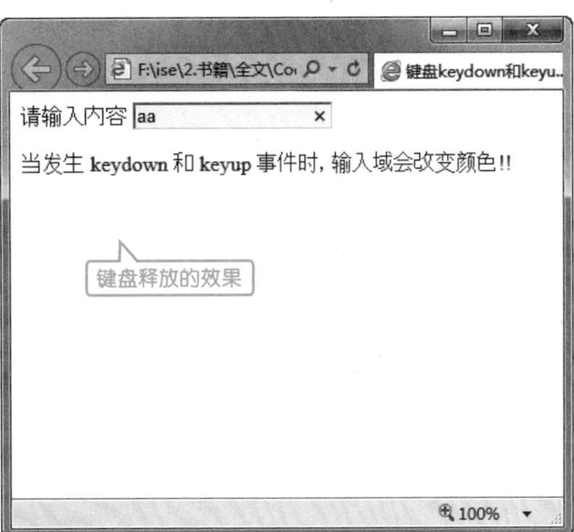

15.2.3 其他事件

jQuery 事件除了常用的鼠标、键盘事件外，还有一些页面加载、表单提交、焦点触发等事件，常用的如下表所示。

方法	属性
blur()	触发或将函数绑定到指定元素的 blur 事件（有元素或者窗口失去焦点时触发事件）
change()	触发或将函数绑定到指定元素的 change 事件（文本框内容改变时触发事件）

续表

方法	属性
error()	触发或将函数绑定到指定元素的 blur 事件（有元素或者窗口失去焦点时触发事件）
resize()	触发或将函数绑定到指定元素的 resize 事件
scroll()	触发或将函数绑定到指定元素的 scroll 事件
focus()	触发或将函数绑定到指定元素的 focus 事件（有元素或者窗口获取焦点时触发事件）
select()	触发或将函数绑定到指定元素的 select 事件（文本框中的字符被选中之后触发事件）
submit()	触发或将函数绑定到指定元素的 submit 事件（表单“提交”之后触发事件）
load()	触发或将函数绑定到指定元素的 load 事件（页面加载完成后在 window 上触发，图片加载完在自身触发）
unload()	触发或将函数绑定到指定元素的 unload 事件（与 load 相反，即卸载完成后触发）

下面介绍其中的 select 事件的使用和示例效果。

【范例 15.7】select 事件（代码清单 15-2-3-1）

```
01    <html>
02    <head>
03    <meta http-equiv="Content-Type" content="text/html; charset=utf-8" />
04    <title>select 事件 </title>
05    <script type="text/javascript" src="jquery.min.js"></script>
06    <script type="text/javascript">
07    $(document).ready(function(){
08      $("input").select(function(){
09        $("input").after(" 输入域中的内容被选中 !");
10      });
11    });
12    </script>
13    </head>
14    <body>
15    <input type="text" name="txtName" value="Hello World" />
16    <p> 请选取输入域中的文本，看看会出现什么结果！ </p>
17    </body>
18    </html>
```

【运行结果】

上述代码在 input 输入域的 select 方法中，在输入域之后会显示“输入域中的内容被选中！”。

执行后的显示结果如左下图所示，当键盘按下时，显示结果如右下图所示。

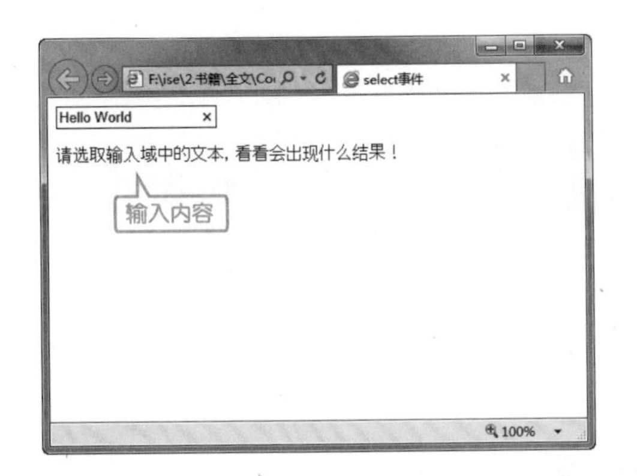

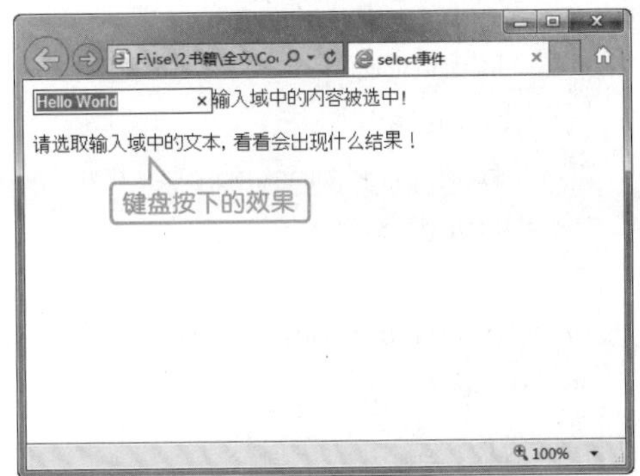

15.3 事件模式的使用

本节视频教学录像：5 分钟

事件模式类似于 DOM leve2 事件模式，因为在事件触发时已经做过异常捕获，并且兼容多个浏览器版本，所以在使用时并不需要考虑要触发的事件是否支持该浏览器。它主要展示如下功能。

(1) 提供建立事件处理程序的统一方法。

(2) 允许在每个元素上为每个事件类型建立多个处理程序。

(3) 采用标准的事件类型名称。

(4) 使 Event 实例可用作处理程序的参数。

(5) 对 Event 实例的常用属性进行规范化。

(6) 为取消事件和阻塞默认操作提供统一方法。

15.3.1 绑定事件

可以用 bind() 函数给 DOM 对象绑定一个事件，例如，$('img').bind('click', function(event){alert('I am here!');}); 表示是给页面内所有图片上的 click 事件绑定一个 alert('I am here!');，这样当单击任何图片时都会执行 alert('I am here!')。

bind() 函数的语法如下。

bind(eventType,[data],listener)

参数说明：

eventType (String)：指定的名称，该事件类型。

data (Object)：可选，是传递到 listenter 的参数，是 key/value 的数据对象。

listener (Function)：处理的程序（函数）。

【范例 15.8】 bind() 绑定事件示例（代码清单 15-3-1-1）

```
01    <html>
02    <head>
03    <title> 绑定事件 </title>
04    <script type="text/javascript" src="jquery.min.js">
05    </script>
```

```
06    <script type="text/javascript">
07        $(function(){
08        $('#vstar')
09        .bind('click',function(event) {
10        say('once!');
11        })
12        .bind('click',function(event) {
13        say('twice!');
14        })
15        .bind('click',function(event) {
16        say('three times!');
17        });
18        });
19        function say(text) {
20        $('#console').append('<div>'+text+'</div>');
21        }
22    </script>
23    </head>
24    <body>
25    <button id="vstar"> 请单击 </button>
26    <div id="console"></div>
27    </body>
28    </html>
```

【运行结果】

运行后单击按钮显示的结果如下图所示。

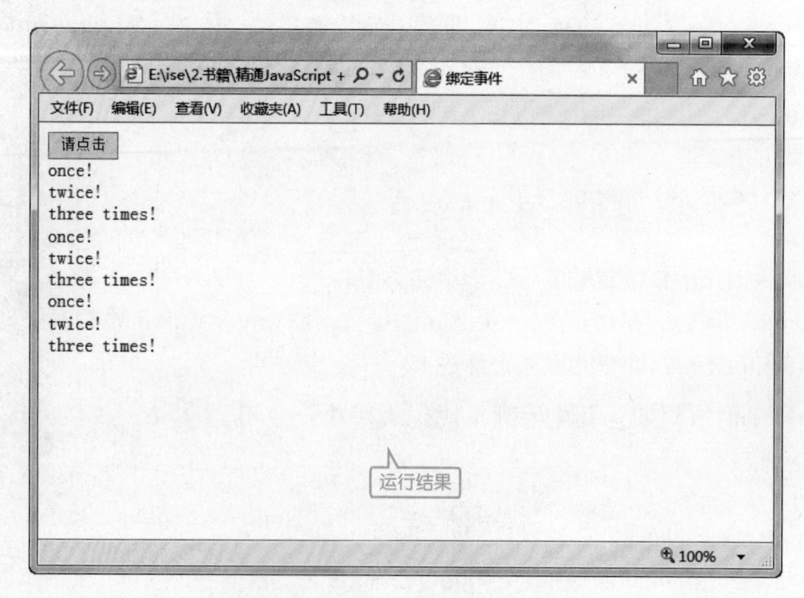

15.3.2 触发事件和移除事件

1. 触发事件

触发事件的方法主要通过 trigger() 函数实现，该方法触发某一元素上的事件，绑定在该元素上的方法可以是匿名方法，当然也是可以是显式定义的全局函数。

trigger() 函数的语法如下。

trigger(eventType)

参数说明：

eventType（String）表示事件类型，如 click、dblclick。

返回值：数组对象。

提示 trigger 方法和浏览器真正的触发事件是不一样的，它不会像浏览器一样有事件冒泡，真正的作用就是调用选中元素事件中绑定的函数。

【范例 15.9】 trigger () 触发事件示例（代码清单 15-3-2-1）

```
01    <html>
02    <head>
03    <title>trigger() 触发事件 </title>
04    <head>
05    <script type="text/javascript" src="jquery.min.js"></script>
06    <script type="text/javascript">
07    $(document).ready(function(){
08      $("input").select(function(){
09        $("input").after(" 文本被选中！ ");
10      });
11      $("button").click(function(){
12        $("input").trigger("select");
13      });
14    });
15    </script>
16    </head>
17    <body>
18    <input type="text" name="FirstName" value=" 文本内容 " />
19    <br />
20    <button> 激活文本域的 select 事件 </button>
21    </body>
22    </html>
```

【运行结果】

运行后单击按钮显示的结果如下图所示。

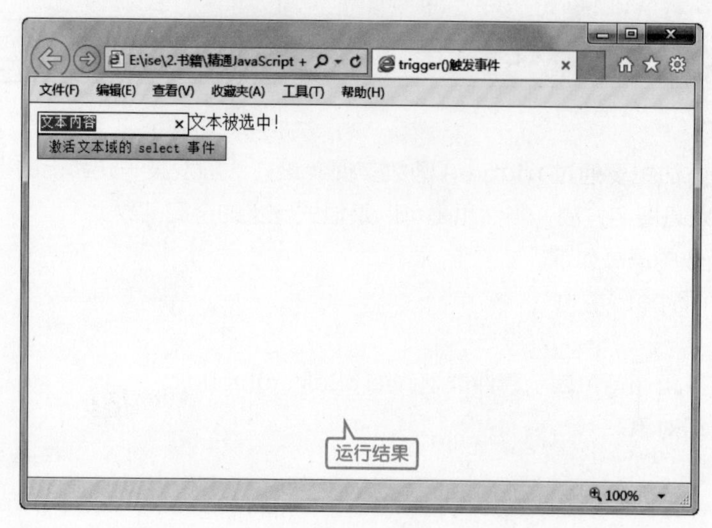

2. 移除事件

一般情况下，事件一旦绑定，就永久存在。但是在一些交互情况下，需要移除先前绑定的事件。jQuery 提供的 one 函数可以执行一次，之后自动移除，但在大多数情况下，需要自己控制是否移除，jQuery 提供了一个和 bind 对应的 unbind 函数，用来控制移除已经绑定的事件。

unbind () 函数的语法如下。

unbind(eventType, listener)

参数说明：

eventType（String）：可选，事件类型。

Listener （Funtion）：可选，要从每个匹配元素的事件中解除绑定事件的处理函数。

返回值：jQuery 数组对象。

【范例 15.10】 unbind () 移除事件示例（代码清单 15-3-2-2）

```
01    <html>
02    <head>
03    <title> 移除事件 </title>
04    <script type="text/javascript" src="jquery.min.js"></script>
05    <script type="text/javascript">
06    $(document).ready(function(){
07      $("p").click(function(){
08        $(this).slideToggle();
09      });
10      $("button").click(function(){
11        $("p").unbind();
12      });
13    });
14    </script>
15    </head>
```

```
16      <body>
17      <p> 段落 1。</p>
18      <p> 段落 2。</p>
19      <p> 段落 3。单击任何段落可以令其消失。包括本段落。</p>
20      <button> 删除段落 p 元素的事件处理器 </button>
21      </body>
22      </html>
```

【运行结果】

运行后单击按钮显示的结果如下图所示。

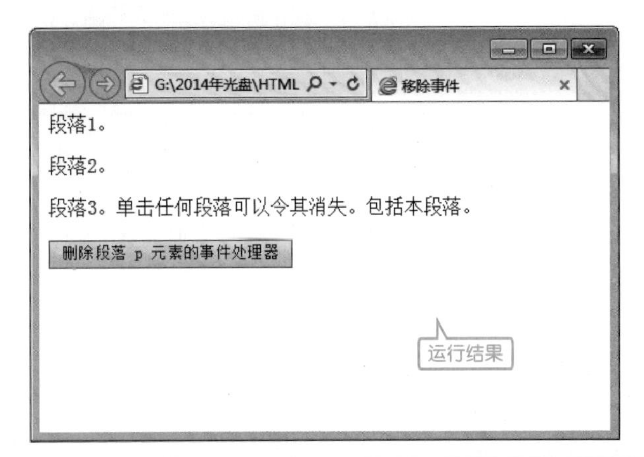

高手私房菜

本节视频教学录像：4 分钟

技巧 1：事件处理技巧

在实际事件编程时，需要把要实现的功能转化为对应的事件，具体的步骤如下。

(1) 确定事件的来源，需要选择实现起来最方便的来源。例如，单击按钮事件，可以通过鼠标单击事件来捕捉，但最方便的还是普通元素的 onclick 事件，常用事件及其来源可从下表查询。

来源	事件名	说明
普通网页元素	onclick	网页元素被单击时
普通网页元素	ondblclick	网页被双击时
鼠标	onmousedown	按下鼠标时
鼠标	onmouseup	鼠标按下后松开鼠标时
鼠标	onmousemove	鼠标指针移动时
普通网页元素	onmouseout	鼠标指针离开某一个对象范围时
普通网页元素	onmouseover	鼠标指针移动到某一个对象范围时
键盘	onkeypress	键盘的某一个键被按下并且释放时
键盘	onkeydown	键盘的某一个键被按下时
键盘	onkeyup	键盘的某一个键被释放时

续表

来源	事件名	说明
图片	onabort	图片下载被用户中断时
Ajax 等	onerror	出现错误时
容器元素	onbeforunload	当前页面的内容将要被改变时
容器元素、图片等	onload	页面内容完成时
浏览器窗口	onmove	浏览器的窗口被移动时
浏览器窗口	onresize	当浏览器窗口大小被改变时
滚动条	onscroll	浏览器滚动条位置发生变化时
浏览器窗口	onstop	浏览器的停止按钮被按下时，触发此事件或者正在下载的文件被中断时
容器元素、图片等	onunload	当前页面将被改变时
普通网页元素	onblur	当前元素失去焦点时
普通网页元素	onchange	当前元素失去焦点并且元素的内容发生变化时
普通网页元素	onfocus	某个元素获得焦点时
表单	onreset	表单中 RESET 的属性被激活时
表单	onsubmit	一个表单被提交时
Marquee	onbounce	在 Marquee 内的内容移到 Marquee 范围之外时
Marquee	onfinish	Marquee 元素完成需要显示的内容时
Marquee	onstart	Marquee 元素开始显示内容时

(2) 了解事件提供的信息，并构思程序。具体事件的信息可查询附录中的参考手册。

(3) 当熟悉大部分事件之后，会有助于设计出更炫的事件响应程序。

技巧 2：jQuery 中 mouseover 和 mouseenter 的区别

在 jQuery 中，mouserover() 和 mouseenter 都在鼠标进入元素时触发，唯一的区别是子元素中事件冒泡不同。

(1) 没有子元素时，mouserover() 和 mouseenter() 事件结果一致。

(2) 如果元素内置有子元素，则二者会出现不同的结果。下面通过一个 outerBox 的 div，内嵌一个 innerBox 来测试二者的区别（测试代码见随书光盘中的“示例文件 \ch15\代码清单 15-4.html”文件）。

运行结果如左下图所示，鼠标指针在不同的 OuterBox 移入移出之后的显示效果如右下图所示。

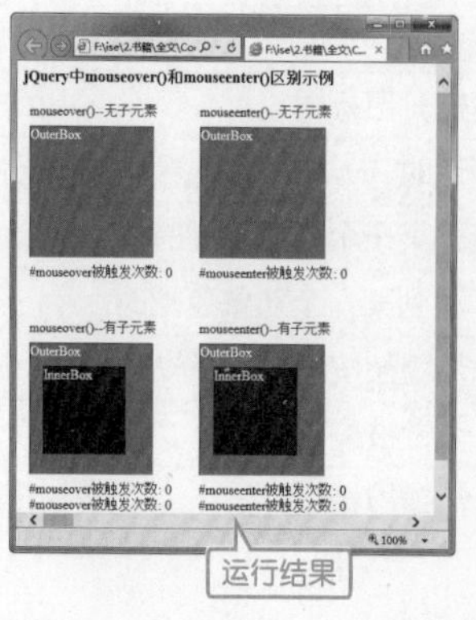

运行结果

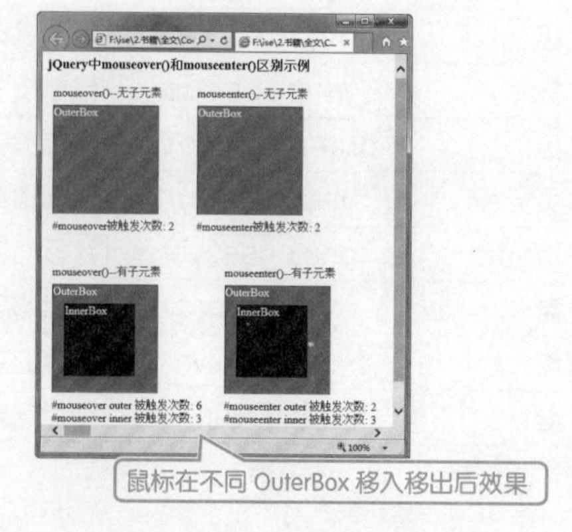

鼠标在不同 OuterBox 移入移出后效果

第16章 JavaScript 的调试与优化

本章视频教学录像：28 分钟

高手指引

调试程序是程序员必备的基本技能。而代码的优化对于提高页面的友好性，提升用户体验非常重要，它是决定网站性能的一个重要因素。

重点导读

- 常见的错误和异常
- 错误处理
- 使用调试器
- JavaScript 代码优化

16.1 常见的错误和异常

本节视频教学录像：6 分钟

在编写程序时都会出现或多或少的错误或者异常。一般来说，错误在编译时就可以发现，而异常是在执行过程中发生的意外，通常是由潜在的错误机率导致的。本节主要介绍编写 JavaScript 程序时常见的错误和异常。

16.1.1 拼写错误

拼写错误是编码人员非常容易也经常犯的错误，通常出现拼写错误时，编码人员还浑然不知，这种错误比较不容易发现。因此，避免这个错误就需要在编码时非常细心，并出现这种错误时一定要耐心地检查。

例如，编写代码时容易把 getElementById() 写成 getElementByID()，如果细心，就可以发现，JavaScript 中的变量或者方法命名规则通常都是首字母小写，如果是由多个单词组成的，那么除了第一个单词的首字母小写外，其余单词的首字母都是大写，其余字母都是小写，这样就容易避免这个错误了。有时还容易把 getElementsByTagName() 写成 getElementByTagName()，或者将 getElementById() 写成 getElementsById()，要知道为什么在通过标签查找元素时要加 s，而通过 id 查找时却不加“s”。因为通过标签查找时，查找到元素的个数有时不止一个，所以要加“s”，而通过 id 查找到的一定只有一个，所以不加“s”。

还有一些大小写的问题，也一定要注意。例如，将 if 写成了 If，将 Array 写成了 array，这些都会导致语法错误。

在编写代码的软件中，通常会高亮显示关键字，所以一些关键字的拼写错误可以通过这种方法来找到，但其他的一些错误就不那么容易发现了。所以编码人员，在编写代码时一定要细心，并养成良好的代码编程习惯，这样就可以避免非常多的错误。

16.1.2 访问不存在的变量

通常变量都需要先声明再使用，并且声明变量时需要指定变量的类型。在 JavaScript 中声明变量时，通常都要在变量前使用关键字 var。但因为 JavaScript 对变量类型的约束比较弱，所以它也允许省略关键字直接定义变量，但是不提倡这样做，因为这种做法会在无形中给错误检查增加麻烦。另外，声明一个变量后，在引用该变量时一定要注意前后的一致性，也就是说，在引用时不要把变量的名称拼写错误，从而导致出现访问不存在的变量这样的错误。例如，以下代码。

```
01      var usrname = "zhangsan";
02      document.write(" 用户名为："+username)
```

这样就会出现 username 变量没有定义的错误，因为前面声明的变量名是 usrname，而后面调用的却是 username。

另外，为了避免出现访问不存在的变量这种错误，还有主要局部变量和全局变量的作用域。在 JavaScript 中，全局变量的声明可以位于任何函数的外面，它可以在整个 HTML 文档中使用，而局部变量的声明只能位于要使用它的函数中，它只能在创建该变量的函数内使用。

16.1.3 括号不匹配

括号不匹配也是编程中常出现的一种错误。在嵌套语句比较多时，在修改或删除括号中代码后容易出现花括号“{”和“}”个数不匹配，或者“（”，“）”个数不匹配的错误，所以除了要养成良好的编程习惯外，需要输入括号时，先输入一对括号，再在括号中输入其他内容，还要在修改或删除这部分代码时格外细心。

另外，编写代码有时需要输入中文字符，编程人员很容易在输完中文字符后忘记切换输入法，从而导致输入的小括号、分号或者引号等出现错误。当然，这种错误输入在大多数编程软件中显示的颜色会与正确输入显示的颜色不一样，较容易发现，但还是应该细心谨慎来减少错误的出现。

16.1.4 字符串和变量连接错误

在 JavaScript 中，当想一次输出多个字符串和变量时，需要使用加号和引号来连接这些字符串和变量。字符串和变量相连时要注意，字符串需要加双引号，而变量不需要加引号。例如：

```
01    var user = document.getElementById ("txt1").text;
02    var psw = document.getElementById ("txt2").text;
03    alert(" 用户名为: " + user + " 密码为: " + psw)
```

在这种情况下，由于引号、加号、冒号比较多，所以很容易出错，如将 alert 语句写成：

```
alert(" 用户名为: " + user + " 密码为: + psw);
```

又或者写成：

```
alert(" 用户名为: " + user " 密码为: " + psw);
```

第一种错误写法是在连接第二个字符串“密码为：”时少了后引号，第二种错误写法是在第一个变量 user 连接第二个字符串“密码为：”时没有用加号连接。

在实际应用中，有时在输出多个字符串和变量时，还要用空格或其他符号把它们隔开，这样就增加了加号和引号的数量，编写代码时就更容易出错。例如，上面的例子在输出用户名和密码时用一个空格将它们隔开，代码如下所示。

```
alert(" 用户名为: " + user + " " + " 密码为: " + psw)
```

这时引号数量增加，就更容易混淆了，所以在需要连接字符串和变量时，一定要成对地输入符号。例如，在上面的例子中，输出的组合是字符串 1+ 变量 1+ 字符串 2+ 变量 2，那么可以先输入一对双引号，把字符串 1 输进引号中；再输入一对加号，将变量 1 放进两个加号中间；以此类推，输入最后一个变量时就只需在变量前输入一个加号。

16.1.5 符号与赋值混淆

因为等号与赋值符号混淆的错误一般较常出现在 if 语句中，而且这种错误在 JavaScript 中不会产生错误信息，所以在查找错误时往往不容易被发现。例如：

```
01    if(s = 0)
02      alert(" 没有找到相关信息 ");
```

上面的代码在逻辑上是没有问题的，它的运行结果是将 0 赋值给了 s，如果成功，则弹出对话框，而不是对 s 和 0 进行比较，这不符合开发者的本意。

16.2 错误处理

本节视频教学录像：7 分钟

如果是一小段代码，可以通过仔细检查来排除错误，但如果程序稍微复杂些，调试 JavaScript 程序就变得困难了。JavaScript 提供了一些能够帮助编程人员解决部分错误的方法。

16.2.1 用 alert() 和 document.write() 方法监视变量值

在 JavaScript 调试错误的方法中，alert() 和 document.write 是比较常用且简单有效的方法。

alert() 方法在弹出对话框显示变量值的同时，会停止代码的继续运行，直到用户单击“确定”按钮。如果要中断代码的运行，监视变量的值，则使用 alert() 方法；而 document.write() 在输出值后还会继续运行代码，当需要查看的值很多时，使用 document.write() 方法能够避免反复单击“确定”按钮。例如：

```
01    <script type="text/javascript">
02    var a=["bag","bad","egg"];
03    function show(){
04      var b=new Array("");
05      for(var i=0;i<a.length;i++){
06        if(a[i].indexOf("b")!=0){
07          b.push(a[i]);
08        }
09      }
10    }
11    </script>
```

上面的代码要将数组 a 中的以“b”开头的字符串添加到数组 b 中。要检测添加到数组 b 中的值，可以在 if 语句中根据加入数组中值的多少来选择 alert() 语句或 document.write() 语句，代码如范例 16.1 所示。

【范例 16.1】 用 document.write() 方法监视变量值（代码清单 16-2-1-1）

```
01    <html>
02    <head>
03    <meta http-equiv="Content-Type" content="text/html; charset=gb2312" />
04    <title>alert 和 document.write 方法监视变量值 </title>
05    <script type="text/javascript">
06    var a=["bag","bird","egg","bit","cake"];
07    function show(){
08      var b=new Array("");
09      for(var i=0;i<a.length;i++){
10        if(a[i].indexOf("b")==0)
11          document.write(a[i]+" ");
12       b.push(a[i]);
13      }
14    }
15    </script>
16    </head>
17    <body>
18    <input type="button"  value=" 检测数据 "  onclick="show()"/>
19    </body>
20    </html>
```

【运行结果】

单击“检测数据”按钮，运行结果如下图所示。

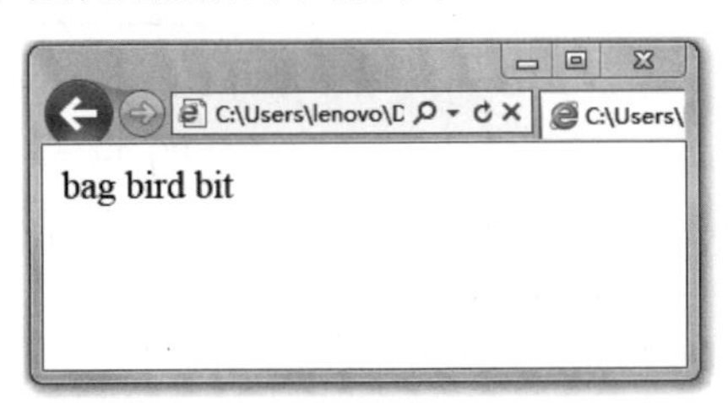

16.2.2 用 onerror 事件找到错误

在 JavaScript 中产生异常时会在 window 对象上触发 onerror 事件，如果需要利用 OnError 事件，就必须创建一个处理错误的函数，该处理函数提供了 3 个参数来确认错误信息，如范例 16.2 所示。

【范例 16.2】 onerror 事件处理错误（代码清单 16-2-2-1）

```
01    <html
02    <head>
03    <meta http-equiv="Content-Type" content="text/html; charset=gb2312" />
04    <title></title>
```

```
05    <script language="javascript">
06    window.onerror = function(sMessage,sUrl,sLine){
07       alert(" 出错了！ \n" + sMessage + "\nUrl：" + sUrl + "\n 出错行：" + sLine);
08       return true;   // 屏蔽系统事件
09    }
10    </script>
11    </head>
12    <body onload="aa();">
13    </body>
14    </html>
```

【运行结果】

从代码中可以看到，body 的 onload 事件调用了一个未声明的方法 aa()，导致页面出现错误，从而触发 onerror 事件显示错误信息。

运行结果如下图所示。

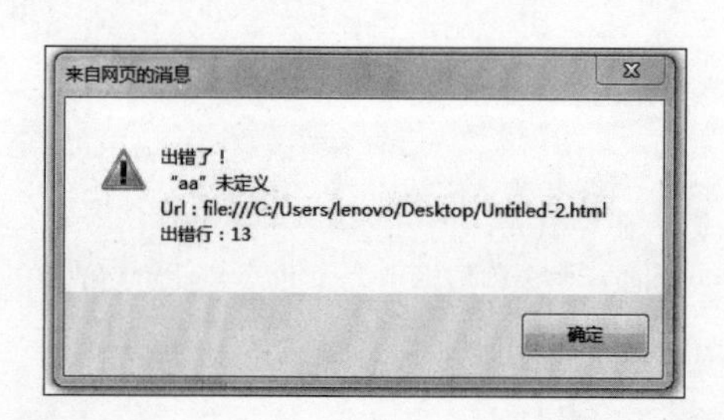

16.2.3 用 try...catch 语句找到错误

在 JavaScript 中，try...catch 语句可以用来捕获程序中某个代码块中的错误，同时不影响代码的运行。该语句首先运行 try 中的代码，代码中的任何一个语句发生异常，try 代码块都会结束运行，并开始运行 catch 代码块，如果最后还有 finally 语句块，那么无论 try 代码块是否有异常，该代码块都会执行。该语句的语法如下。

```
01    try {
02    tryStatements
03    }
04     catch(exception){
05    catchStatements
06    }
07     finally {
08       finallyStatements
09    }
```

其中，catch 语句中的参数是一个局部变量，用来指向 Error 对象或其他抛出错误的对象。另外，在一个 try 语句块之后，可以有多个 catch 语句块来处理不同的错误对象。

范例 16.3 是一个简单的例子，当 try 语句块出现异常时，弹出异常信息。

【范例 16.3】 try...catch 语句（代码清单 16-2-3-1）

```
01	<html>
02	<head>
03	<meta http-equiv="Content-Typeetion" content="text/html; charset=gb2312" />
04	<title>try...catch 语句 </title>
05	<script language="javascript">
06	try{
07	  document.write(str);
08	}catch(e){
09	  var myError = "";
10	  for(var i in e){
11	    myError += i + ":" + e[i] + "\n";
12	  }
13	  alert(myError);
14	}
15	</script>
16	</head>
17	<body>
18	</body>
19	</html>
```

【运行结果】

从代码中可以看到，在 try 语句块中输出一个未定义的变量 str，引发异常的出现，从而要运行 catch 语句块来显示错误信息。运行结果如下图所示。

要注意的是，try...catch 语句可以很容易捕获到异常，但它并不能很好地处理一些语法上的错误。

16.3 使用调试器

本节视频教学录像：6 分钟

尽管在 JavaScript 中，可以编写简单的代码脚本来处理一些错误，但是对于复杂的程序脚本，就需要借助一些调试工具。虽然 JavaScript 没有自带调试功能，但在 Firefox 和 IE 浏览器中，可以使用相关的调试器对 JavaScript 程序进行调试。

16.3.1 用 Firefox 错误控制台调试

在 Firefox 中可以使用自带的 JavaScript 调试器，即错误控制台，来对 JavaScript 程序进行调试。可以通过执行菜单栏中的【工具】➤【web 开发者】➤【错误控制台】命令来打开它，其界面如下图所示。

从上图中可以看出，错误控制台显示了所有在浏览器中运行过的程序出现的错误和警告，单击相应的错误或警告链接可以打开相应的代码。

16.3.2 用 Microsoft Script Debugger 调试

在 IE 浏览器中，可以使用 Microsoft Script Debugger 调试器来对 JavaScript 程序进行调试。Microsoft Script Debugger 是 Microsoft 随 IE 4 一同发布的一个 IE 插件，它提供了很多除错功能，如设定断点、逐步追踪脚本程序等。可以从 Microsoft 的官方网站上下载该插件。在下载安装完该插件后，只有打开 IE 浏览器的调试选项才能使用，打开方法为：在 IE 浏览器中执行【工具】➤【Internet 选项】命令，打开【Internet 选项】对话框，选择【高级】选项卡，取消选中【禁用脚本调试（Internet Explorer）】复选框，如下图所示。

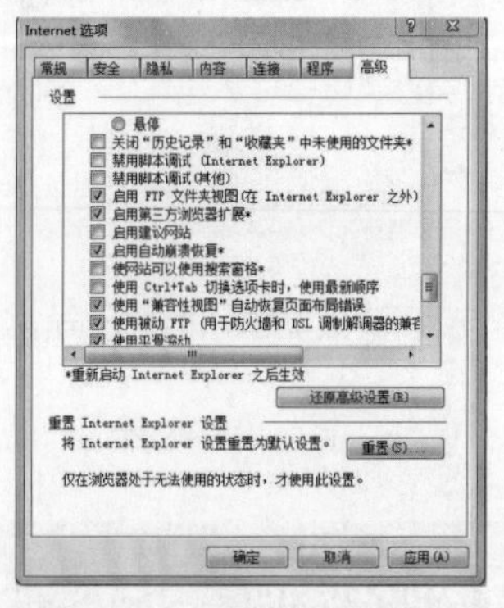

例如，下面这段代码使用了一个未声明的变量 str。

```
01    <script language="javascript">
02    window.onload=function(){
03        alert(str);
04    }
05    </script>
```

在 IE 浏览器中运行上面这段程序，会弹出如下图所示的对话框。

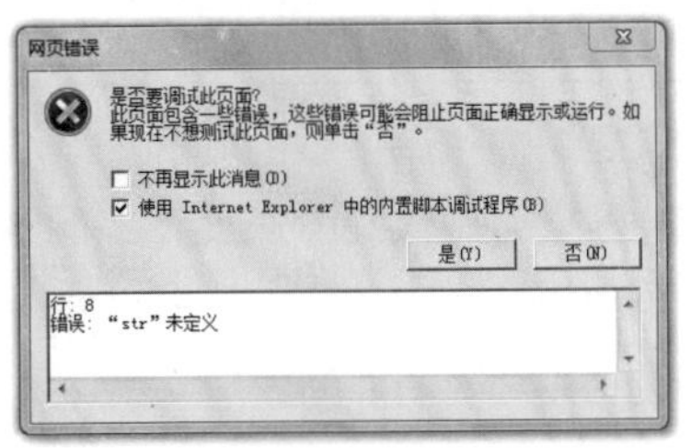

在对话框中单击“是”按钮，Microsoft Script Debugger会指出并定位错误，如下图所示。

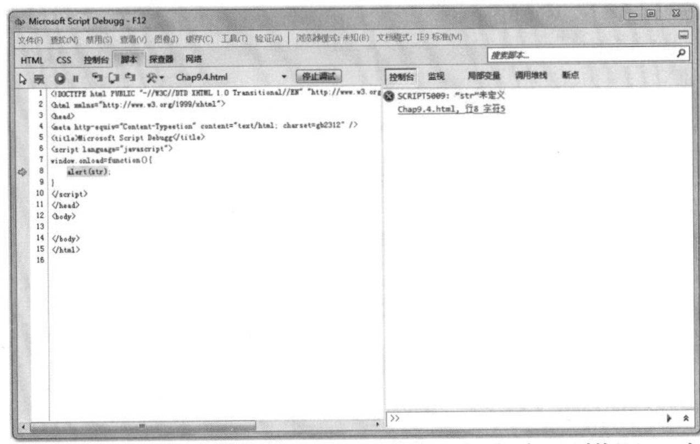

在调试复杂的程序脚本时，往往需要设置断点来发现错误，在 Microsoft Script Debugger 中可以按 F9 键来设置断点，并且还可以逐语句、逐过程地运行调试程序。

16.3.3 用 Venkman 调试

基于 Mozilla 的浏览器，如 Firefox 可以使用 Venkman 来调试 JavaScript。Venkman 是一个非常强大的 JavaScript 调试工具，在 3.3.5 中已经对它做了详细介绍了，此处不做过多的描述，只介绍调试步骤。

调试步骤如下。

(1) 打开 FireFox 游览器并启动 Venkman，在 FireFox 游览器中打开要调试的页面时，在 Loaded Scripts 窗口中可以看到刚打开的文件夹名。

(2) 在 Venkman 中设置断点、跟踪变量等。

(3) 返回 FireFox 窗口，进行常规操作或刷新页面使 JavaScript 重新执行。

(4) 当程序执行到设置的断点时会自动跳到 Venkman 窗口，在 Venkman 中可以控制代码的执行，查看变量的值。

16.4 JavaScript 优化

本节视频教学录像：7 分钟

JavaScript 主要优化脚本程序代码的下载时间和执行效率。因为 JavaScript 运行前不需要进行编译而直接在客户端运行，所以代码的下载时间和执行效率直接决定了网页的打开速度，从而影响客户端的用户体验效果。本节主要介绍 JavaScript 优化的原则和方法。

16.4.1 缩短代码下载时间

给 JavaScript 代码“减肥”是缩短代码下载时间的一个非常重要的原则。给代码“减肥”就是在将工程上传到服务器前，尽量缩短代码的长度，去除不必要的字符，包括注释、不必要的空格、换行等。例如，下面的代码。

```
01      function getUsersMessage(){
02        for(var i=0;i<10;i++){
03          if(i%2==0){
04            document.write(i+" ");
05          }
06        }
07      }
```

对于上面的代码可以优化为如下所示的代码。

```
function getUsersMessage(){for(var i=0;i<10;i++){if(i%2==0){document.write(i+" ");}}};
```

还可以进一步优化上面的代码，即在将代码提交到服务器之前，对于之前为了提高可读性而命名的长的变量名、函数名都可以重命名。例如，可将上面的函数名 getUsersMessage() 重命名为 a()。

此外，在使用布尔值 true 和 false 时，可以分别用 1 和 0 来替换它们；在一些非条件语句中，可以使用逻辑非操作符“！”来替换；定义数组时使用的 new array() 可以用“[]”替换，等等。这些都可以节省不少空间。例如，下面的代码：

```
01      if(str != null){//}
02      var myarray=new Array(1,2);
```

对于 JavaScript，还有一些非常实用的“减肥工具”，有时可以将几百行代码缩短到一行，感兴趣的读者可以查阅相关资料进行试验。

16.4.2 合理声明变量

在 JavaScript 中，变量的声明方式可分为显式声明和隐式声明，使用 var 关键字进行声明的是显式声明，而没有使用 var 关键字的是隐式声明。在函数中，显式申明的变量为局部变量，隐式声明的变量为全局变量。例如：

```
01      function test1(){
02        var a=0;
03        b=1;
04      }
```

变量 a 声明时使用了 var 关键字，为显式声明，所以 a 为局部变量；而声明变量 b 时没有使用 var 关键字，为隐式声明，所以 b 为全局变量。在 JavaScript 中，局部变量只在其所在的函数执行时生成的调用对象中存在，其所在函数执行完毕时，局部变量立即被销毁，而全局变量在整个程序的执行过程中都存在，直到浏览器关闭后才被销毁。例如，上面的函数执行完毕后，再分别执行函数 test2() 和 test3()。

```
01	function test2(){
02	  alert(a);
03	}
04	function test3(){
05	  alert(b);
06	}
```

这时会发现 test2() 函数运行时会报错，浏览器提示变量 a 未声明，而 test3() 函数可以顺利地执行。说明在执行了 test1() 函数后，局部变量 a 立即被销毁了，而全局变量 b 还存在。所以为了节省系统资源，当不需要全局变量时，在函数体中都要使用 var 关键字来声明变量。

16.4.3 使用内置函数缩短编译时间

与 C、Java 等语言一样，JavaScript 也有自己的函数库，函数库中有很多内置函数，用户可以直接调用这些函数。当然，也可以自己编写函数，但是 JavaScript 中的内置函数的属性方法都是经过 C、C++ 之类的语言编译的，而开发者自己编写的函数在运行前还要进行编译，所以 JavaScript 内置函数的运行速度要比自己编写的函数快很多。

16.4.4 合理书写 if 语句

在编写大的程序时几乎都要用到 if 语句，但有时需要判断的情况很多，需要写多个 else 语句，在运行时就需要判断多次才能找到符合要求的情况，从而大大影响了页面的执行速度。所以通常需要判断的情况超过 2 种以上时，就可以选择使用 switch 语句。使用 switch 语句还有一个很大的好处就是它的 case 分句允许任何类型的数据，在这种情况下使用 switch 语句，无论是在代码的执行速度方面，还是代码的编写方面都优于 if 语句。

如果在需要判断的情况很多时还是想使用 if 语句的话，为了提高代码的执行速度，在写 if 语句和 else 语句时，可以把各种情况按其可能性从高到低排列，这样就可以在运行时相对地减少判断的次数。

16.4.5 最小化语句数量

最小化语句数量的一个典型例子就是当在一个页面中需要声明多个变量时，可以使用一次 var 关键字来定义这些变量。例如：

```
01	var name = "zhangsan"
02	var age = 22;
03	var sex = " 男 ";
04	var myDate = new Date();
```

上面的代码使用了 4 次 var 关键字声明了 4 个变量，浪费了系统资源。可以将这段代码用如下代码替换。

```
var name = "zhangsan", age = 22, sex = " 男 ", myDate = new Date();;
```

16.4.6 节约使用 DOM

在 JavaScript 中使用 DOM 可以对节点进行动态访问和修改，使用 JavaScript 对网页进行操作，几乎都是通过 DOM 来完成的，因此 DOM 对 JavaScript 非常重要。但是，使用 DOM 来操作节点会改变页面的节点，需要重新加载整个页面，需要花费很多时间。例如，第 8 章在使用 DOM 动态删除单元格中有如下一段代码。

```
01    for(var i=1;i<objTable.tBodies[0].rows.length+1;i++){
02          var objColumn=document.createElement('td');
03          objColumn.innerHTML="<a href='#'> 删除 </a>";
04       objTable.tBodies[0].children[i].appendChild(objColumn);
05    }
```

在上面的代码中，需要循环调用 appendChild() 方法给表格每一行追加一列，因此运行时循环执行几次，浏览器就需要重新加载页面几次。应当尽量节约使用 DOM，并考虑使用 createDocumentFragment() 创建一个文档碎片，然后把所有新的节点附加该文档碎片上，最后再把文档碎片的内容一次性添加到所要添加的节点上。可以将上面的代码修改为如下形式。

```
01    var objTable = document.getElementById("score");
02    var objFrgment = createDocumentFragment();
03    for(var i=1;i<objTable.tBodies[0].rows.length+1;i++){
04    var objColumn=document.createElement('td');
05    objColumn.innerHTML="<a href='#'> 删除 </a>";                objFrament.
appendChild(objColumn);
06    }
07    objTable.appendChild(objFragment);
```

高手私房菜

本节视频教学录像：2 分钟

技巧：调试常见注意事项

(1) 若出现对象为 null 或找不到对象，则可能是 id、name 或 DOM 写法的问题。

(2) 若错误定位到一个函数的调用上，则说明函数体有问题。

(3) 用 /**/ 注释屏蔽掉运行正常的部分代码，然后逐步缩小范围检查。

(4) 多增加 alert(xxx) 来查看变量是否得到了期望的值，尽管这样比较慢，但是比较有效。

(5) IE 的错误报告行数往往不准确，出现此情况时，在错误行前后几行找错。

(6) 变量大小写、中英文符号的影响。大小写容易找到，但是有些编译器在对中英文标点符号的显示上，不易区分，此时可以尝试用其他的文本编辑工具查看。

第 4 篇

综合应用篇

第17章

CSS 与 HTML 的综合应用

本章视频教学录像：13 分钟

本章导读

制作网页需要掌握的最基本的语言基础就是 HTML，任何高级网站开发语言都是以 HTML 为基础实现的。因此本章主要介绍 CSS 与 HTML 的综合应用，并使用 CSS 和 HTML 制作一些简单的网页效果。

重点导读

- 掌握 CSS 与 HTML 结合使用的方法
- 掌握渐变式数据表的制作方法
- 掌握网页文字阴影特效的制作方法

17.1 CSS 与 HTML 的结合

本节视频教学录像：4 分钟

在学习 CSS 的过程中经常会遇到两种问题：一种是不理解 CSS 处理页面的原理，另一种是对于非常熟悉的表现层属性，不知该转换成对应的何种 CSS 语句。

事实上，在处理页面的整体表现时，应根据网页内容的语义和结构，并针对语义和结构添加 CSS 样式。通常在设计 HTML 网页文档时，考虑的主要因素是外观，但如果使用 CSS 布局 HTML 页面，则还要考虑页面内容的语义和结构。

在一个用 CSS 结构化的 HTML 页面中，每一个元素都可用于结构目的。例如，要缩进一个段落，不需要使用 blockquote 标记，而是使用 p 标记，并对 p 标记加一个 CSS 的 margin 规则即可。其中 p 是结构化标记，属于 HTML；margin 是表现属性，属于 CSS 样式。一个良好的 HTML 页面几乎没有表现属性的标记。如果在 HTML 中要使用表现属性的标记，可使用对应的 CSS 方法将其替换。下表是 HTML 属性和相对应的 CSS 方法。

HTML 属性	CSS 方法	说明
align =" left"　align= “right”	Float；left；right	使用 CSS 可以浮动任何元素，用 float 属性，给浮动定义一个宽度
marginwidth=" 0" leftmargin=" 0" marginheight=" 0" topmrgin=" 0"	margin:0	使用 CSS 中的 margin 表现属性可以对任何元素进行设置，不仅仅是 body 元素，也可以对元素 top、right、left 和 bottom 分别制定 margin 值
vlink=" #333399" alink=" #000000" link=" #3333ff"	a:link #3ff; a:visited:#339; a:hover:#999; a:active:#00f;	在 HTML 中，链接的颜色作为 body 的一个属性值来设置，其所有的链接风格都一样
bgcolor=" #ffffff"	background-color:#fff;	使用 CSS 进行结构化的 HTML 页面中，可以对任何元素设置背景颜色
border=" 3" cellspacing=" 3"	border-width:3px;	使用 CSS 可以定义 table 的边框为统一样式，也可以对 top、right、bottom 和 left 边框分别设置颜色、尺寸和样式
align=" center"	text-align:center; margin-right:auto; margin-left:auto;	Text-align 只能对文本对象进行设置

17.2 综合实战 1——渐变式数据表

本节视频教学录像：4 分钟

表格的渐变效果主要是使用 Alpha 滤镜在每个表格上加上一个透明渐变，通过 table 控制背景颜色，单个 td 控制另一个颜色的渐变，从而实现渐变式的数据表 。

【范例 17.1】 渐变式的数据表（代码清单 17-2-1）

```
01 <!DOCTYPE html PUBLIC "-//W3C//DTD XHTML 1.0 Transitional//EN" "http://www.
w3.org/TR/xhtml1/DTD/xhtml1-transitional.dtd">
02 <html xmlns="http://www.w3.org/1999/xhtml">
03 <head>
04 <meta http-equiv="Content-Type" content="text/html; charset=utf-8" />
05 <title> 无标题文档 </title>
06 <style type="text/css">
07 <!--
08 .Alpha{
09     FILTER: Alpha( style=1,opacity=25,finishOpacity=100,startX=0,finishX=100,startY=
0,finishY=100);
10     }
11 div
12 {
13  BACKGROUND-COLOR: #FF9900; border-collapse:collapse cellpadding="0"
width="400" height="25" border="1" bordercolor="#FF9900";
14
15 }
16 -->
17 </style>
18 </head>
19 <div class="Alpha">
20     <table>
21     <tr><td>
22     <p align="center"><font color=white  style="font-size: 9pt">
23     <font color="#FFFFFF"> 表一 </font></font>
24     </td></tr>
25     </table>
26 </div>
27 <br />
28 <br />
29 <div class="Alpha">
30 <table>
31 <tr><td>
```

```
32 <p align="center"><font color=white  style="font-size: 9pt">
33 <font color="#FFFFFF"> 表二 </font></font>
34    </td></tr>
35    </table>
36 </div>
37 <body>
38 </body>
39 </html>
```

【运行效果】

其显示效果如下图所示。

17.3 综合实战 2——网页文字阴影特效

本节视频教学录像：2 分钟

通过 text-shadow 属性可以设置对象中的文字是否有阴影以及模糊效果。可以设置多组效果，效果之间使用逗号“，”隔开。

Text-shadow 定义的语法如下。

text-shadow: none|<length>none|[<shadow>,]*<shadow> 或 none|<color>[,<color>]*

例如：

text-shadow:[颜色 (Color) x 轴 (XOffset) y 轴 (YOffset) 模糊半径 (Blur)],[颜色 (color)x 轴 (XOffset) y 轴 (YOffset) 模糊半径 (Blur)]...

其对应的取值如下。

(1) <length>：长度值，可以是负值。用来指定阴影的延伸距离。其中 X Offset 是水平偏移值，Y Offset 是垂直偏移值。

(2) <shadow>：阴影的模糊值，不可以是负值，用来指定模糊效果的作用距离。

(3) <color>：指定阴影颜色，也可以是 RGB 透明色。

例如：

text-shadow：2px 3px 2px #000;

表示沿 X 轴偏移 2px，沿 Y 轴偏移 3px，模糊半径为 2px，阴影颜色为黑色。

语法说明如下。

可以给一个对象应用一组或多组阴影效果，方式和前面的语法格式一样，用逗号隔开。text-shadow：X-Offset Y-Offset Blur Color 中的 X-Offset 表示阴影的水平偏移距离，其值为正值时，阴影向右偏移，其值为负值时，阴影向左偏移。Y-Offset 表示阴影的垂直偏移距离，其值是正值时，阴影向下偏移，其值是负值时，阴影向顶部偏移。Blur 表示阴影的模糊程度，其值不能是负值，值越大，阴影越模糊，反之阴影越清晰。如果不需要阴影模糊，则可以将 Blur 值设置为 0。Color 表示阴影的颜色，其可以使用 RGB 色。

不同版本的浏览器对 text-shadow 属性有不同的兼容性，在使用过程中，有些浏览器可能不能执行，特别是低版本的浏览器。

下面通过实例介绍如何使用 text-shadow 属性实现网页文字阴影特效。

【范例 17.2】 阴影效果（代码清单 17-3-1）

```
01 <!DOCTYPE html PUBLIC "-//W3C//DTD XHTML 1.0 Transitional//EN" "http://www.w3.org/TR/xhtml1/DTD/xhtml1-transitional.dtd">
02 <html xmlns="http://www.w3.org/1999/xhtml">
03 <head>
04 <meta http-equiv="Content-Type" content="text/html; charset=utf-8" />
05 <title>text-shadow</title>
06 <style type="text/css">
07    #box{
08        font-family:" 黑体 ";
09        font-size:24px;
10        font-weight:bold;
11        color:#FF6600;
12        text-shadow:5px 2px 6px #000;
13        }
```

```
14 </style>
15 </head>
16 <body>
17     <div id="box">CSS 3.0 中的 text-shadow 属性 </div>
18 </body>
19 </html>
```

【运行效果】

该实例在 IE 9.0 版本无法显示出效果，在 Firefox 中的显示效果如图所示。

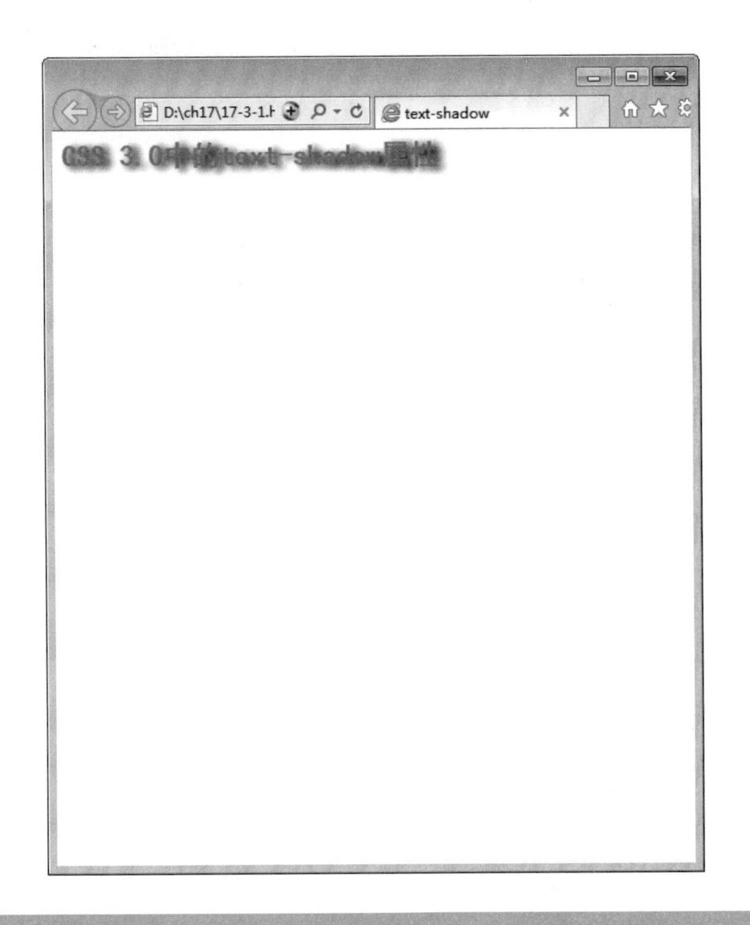

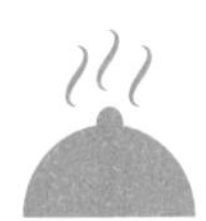

高手私房菜

本节视频教学录像：3 分钟

技巧 1：图片的标题

在网页中，每幅图片下方一般都有这个图片的简单介绍。一般在图片的下方增加一行文字，和图不是一个整体，要分开进行处理。在 HTML 5 中新增了 Figure 元素来实现这个功能。看下面这段代码。

```
01 <figure>
02 <img src="2.jpg" alt="About image" />
03 <figcaption>
04 <p> 图像的标题 </p>
05 </figcaption>
06 </figure>
```

通过 <figure> 元素将 <img> 和 <figcaption> 两个元素作为一个整体考虑，方便页面排版。

技巧 2：去掉了 CSS 标签的 type 属性

在 HTML 中调用 CSS 文件时，通常会在 <link> 中加上 type 属性，例如：

```
<LINK rel=stylesheet type=text/css href="stylesheet.css">
```

但在 HTML 5 中，不再需要 type 属性了，因为这显得有些多余，去掉之后可以让代码更为简洁。例如上面的代码可以写成：

```
<LINK href=" stylesheet.css">
```

第18章

CSS 与 JavaScript 的综合应用

本章视频教学录像：16 分钟

高手指引

前面介绍过 HTML 的基础知识，知道 HTML 是一种标记语言，只能定义内容的表现形式，不具有逻辑性，不能与用户进行交互。如果浏览器在解释 HTML 的基础上，还能够与用户交互，那么网页的功能将会大大扩展。一般通过在网页中嵌入用于编写嵌入文档中的程序的脚本代码，它由浏览器负责解释和执行，可以在网页上产生动态的显示效果，实现与用户交互。

重点导读

- 掌握应用 Spry 构件的方法
- 掌握在网页中应用 Spry 构件的方法
- 掌握制作婚纱摄影网站的方法

18.1 应用 Spry 构件

本节视频教学录像：7 分钟

Spry 构件是 Dreamweaver 软件（CS5 版本之后）内置的一个可以用来构建更加丰富的 Web 页面效果的 JavaScript 库，可以使用 HTML、CSS 和 JavaScript 将 XML 数据合并到 HTML 文档中，并可以创建用来显示动态数据的交互式页面元素，如菜单栏、可折叠面板等构件。本节将介绍 Dreamweaver CS6 中的 Spry 构件。

18.1.1 Spry 构件的基本结构

Spry 构件就是网页中的一个页面元素，通过 Spry 构件可以实现与用户交互效果，为用户提供更丰富的用户体验。

Spry 构件主要由以下几个部分组成。

(1) 构件结构：是用来定义构件结构组成的 HTML 代码块。

(2) 构件行为：是用来控制构件如何响应用户启动事件的 JavaScript 脚本代码。

(3) 构件样式：是用来指定构件外观的 CSS。

Spry 框架中的每个构件都与唯一的 CSS 和 JavaScript 文件相关联。CSS 文件中包含设置构件样式所需的全部信息，而 JavaScript 文件则赋予构件功能。当使用 Dreamweaver 界面插入构件时，Dreamweaver 会自动将这些文件链接到页面，以便构件中包含该页面的功能和样式。

在 Dreamweaver CS6 中，可以方便地插入 Spry 构件，然后设置构件的样式。框架行为包括允许用户执行下列操作的功能：显示或隐藏页面上的内容、更改页面的外观（如颜色）、与菜单项交互等。下面介绍如何在网页中插入 Spry 菜单、Spry 选项卡式面板、Spry 折叠式构件和 Spry 可折叠面板。

18.1.2 插入 Spry 菜单

Spry 菜单栏是一组可导航的菜单按钮，将鼠标指针悬停在其中的某个按钮上时，显示相应的子菜单。

插入 Spry 菜单的方法很简单，在 Dreamweaver 软件中，选择【插入】➤【Spry(S)】➤【Spry 菜单栏 (M)】命令，打开【Spry 菜单栏】对话框，如图所示。

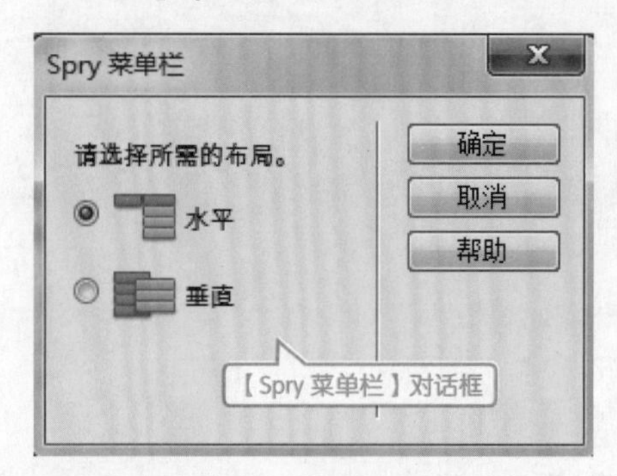

也可以选择【插入】➤【布局对象 (Y)】➤【Spry 菜单栏 (M)】命令。

然后选择【水平】或【垂直】单选按钮，单击【确定】按钮，在页面中插入 Spry 菜单栏，如下图所示。可以发现这个菜单栏有 4 个菜单项，分别为“项目 1”、“ 项目 2”、“ 项目 3”和“项目 4”。

在软件下方的【属性】面板中可以设置各参数及菜单名称，调整各菜单的位置，如图所示。

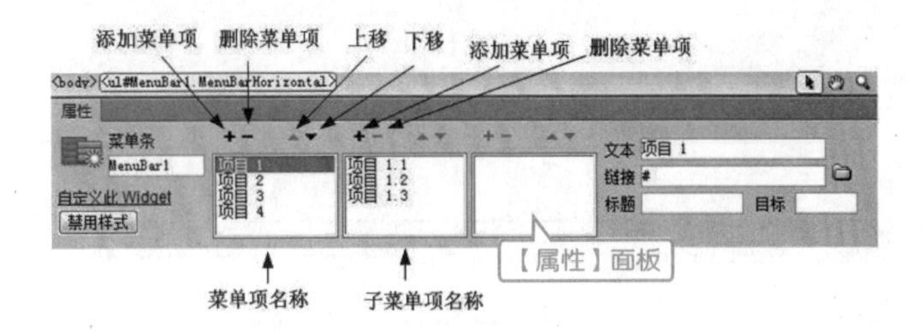

“菜单条”文本框：用于定义 Spry 菜单名称。

“添加菜单项”按钮：用于为该菜单项添加子菜单。

“删除菜单项”按钮：将该菜单项与子菜单同时删除。

“上移项”或“下移项”按钮：修改菜单项的显示排序。

“文本”文本框：对应所选项目的内容。例如，当前选中“项目 1”，“文本”文本框中显示“项目 1”菜单的内容，可以在此修改菜单名称。

“链接”文本框：输入链接的目标页面地址，或者单击“浏览”按钮浏览相应的文件。

“目标”文本框：指定要在哪个窗口打开所链接的页面。

18.1.3 插入 Spry 选项卡式面板

选项卡式面板是一组面板，用于将内容按类别存储在不同的面板上。

其插入方式和插入 spry 菜单相类似。

在 Dreamweaver 菜单栏中单击【插入】➤【Spry(S)】➤【Spry 选项卡式面板 (P)】选项，或者单击【插入】➤【布局对象 (Y)】➤【Spry 选项卡式面板】选项，插入一个 Spry 选项卡式面板，效果如图所示。

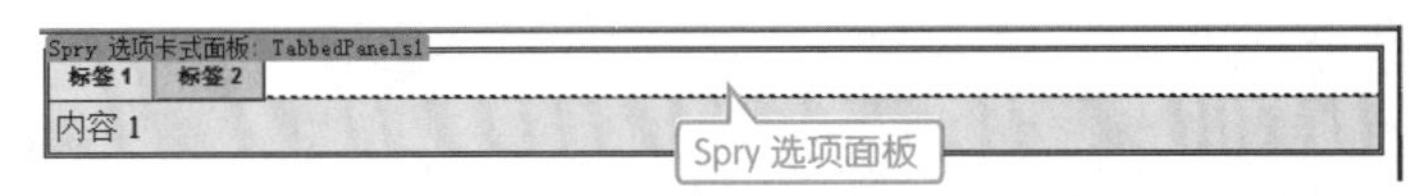

然后在窗口下面的代码视图【属性】面板中设置选项卡式面板的名称和选项卡名称，如图所示。

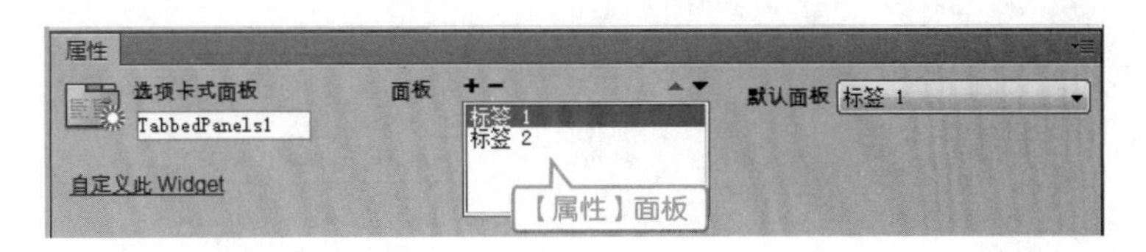

18.1.4 插入 Spry 折叠式构件

在 Dreamweaver 菜单栏中选择【插入】➤【Spry(s)】➤【Spry 折叠式 (A)】命令，或者单击菜单栏中的【插入】➤【布局对象 (Y)】➤【Spry 折叠式 (A)】命令，插入一个 Spry 折叠式，在【设计】视图中的效果如图所示。

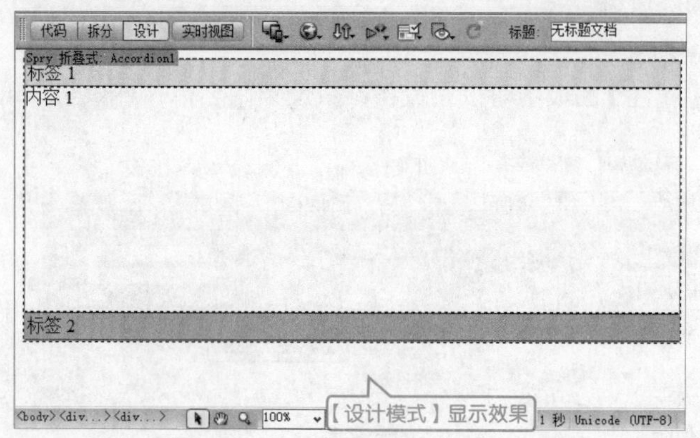

然后在窗口下方的代码视图【属性】面板中设置 Spry 折叠式构件的名称、添加或删除面板等，如图所示。

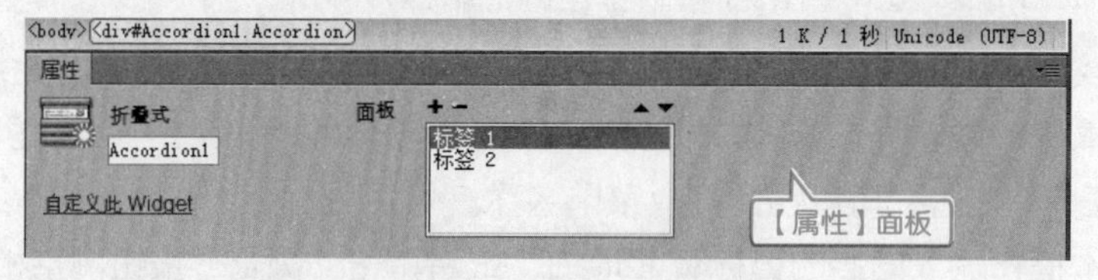

18.1.5 插入 Spry 可折叠面板

在 Dreamweaver 菜单栏中选择【插入】➤【Spry(S)】➤【Spry 可折叠面板 (C)】命令，也可以选择【插入】➤【布局对象 (Y)】➤【Spry 可折叠面板 (C)】命令，插入一个 Spry 可折叠面板，切换到【设计】视图，显示效果如图所示。

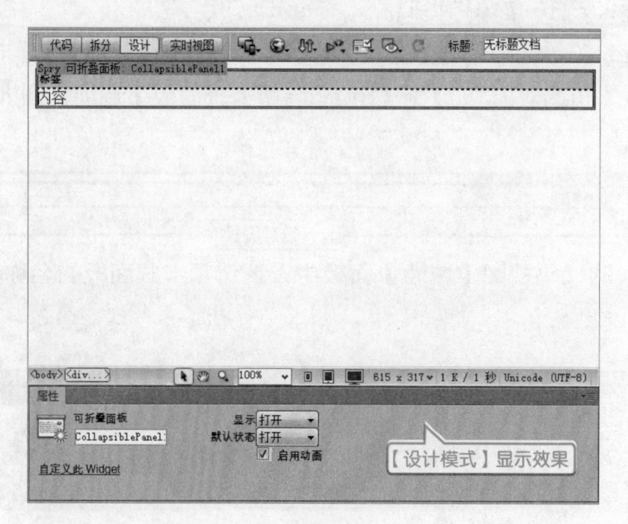

然后在【代码】视图的【属性】面板中设置可折叠面板的名称、显示、默认状态、启用动画，如图所示。

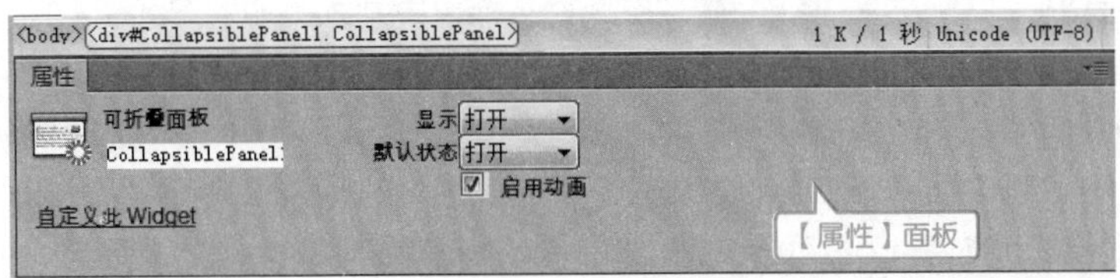

18.2 综合实战——在网页中应用 Spry 构件

本节视频教学录像：4 分钟

上一节介绍了 Spry 构件的概念和使用方法，现在通过一个综合案例来学习如何在网页中应用 Spry 构件。

18.2.1 设计分析

本案例在网页上分别显示汽车标志、铁路标志、公路标志和水路标志。这 4 个标志作为一级菜单，各级菜单下再增加二级菜单。例如，汽车标志下的二级菜单分别为国产标志、日本标志、美国标志等。下面介绍具体制作步骤。

18.2.2 制作步骤

【范例 18.1】 综合案例开发（代码清单 18-2-2-1）

❶ 打开Dreamweaver软件。单击【文件】➤【新建】➤【空白页】➤【html】命令，设置标题为“Spry 实例”，命名并保存为 18-4.html。

❷ 在代码中 <body> 标记后面单击鼠标左键，然后单击菜单【插入】➤【Spry(S)】➤【Spry 菜单栏 (M)】命令，在【Spry 菜单栏】对话框中选择【水平】单选按钮，单击【确定】按钮，在【属性】面板中编辑菜单条，其显示效果如图所示。

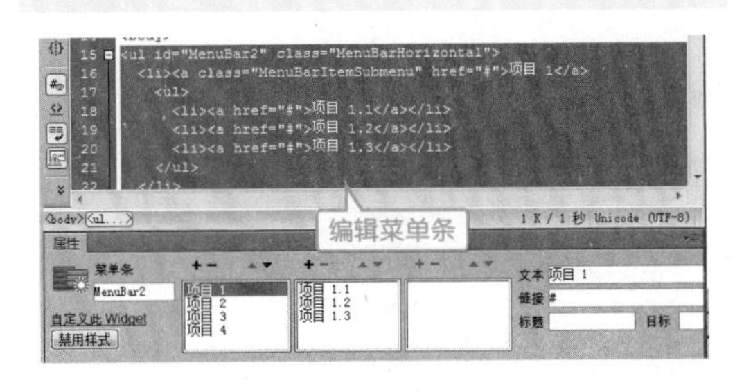

❸ 分别将一级菜单内容“项目 1”、“项目 2”、“项目 3”和“项目 4”修改为“汽车标志”、“铁路标志”、“公路标志”、“水路标志”。

将“汽车标志”二级菜单改为”国产标志”、”日本标志“和”美国标志“。

将“公路标志”二级菜单改为“警告标志”、“禁止标志”、“指示标志”和“指路标志”。在【实时视图】模式下的显示效果如图所示。

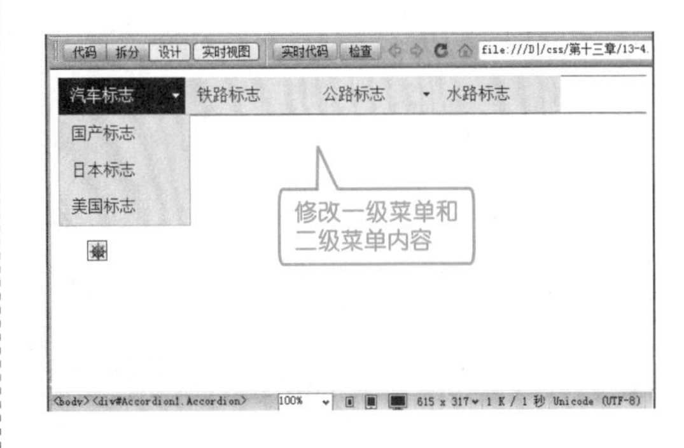

❹ 与上面的步骤类似，把鼠标指针移动到【代码】模式中 <body> 标记中刚才添加的 Spry 菜单代码的后面，即代码“<li class="TabbedPanelsTab" tabindex="0"> 美国汽车 </li> </ul> ”后面，单击鼠标左键，或者在【设计】模式下选中 Spry 菜单的选项卡面板。然后单击【插入】➤【Spry(S)】➤【spry 选项卡面板 (P)】命令，编辑选项卡面板，将面板名称“标签 1”、“标签 2”分别修改为“国产汽车”、“日本汽车”，并添加一个标签“美国汽车”，将对应汽车的介绍内容填写在代码文件中“内容 1”、“内容 2”和“内容 3”对应的位置。选项卡面板的代码如下图（上）所示，其显示效果如下图（下）所示。

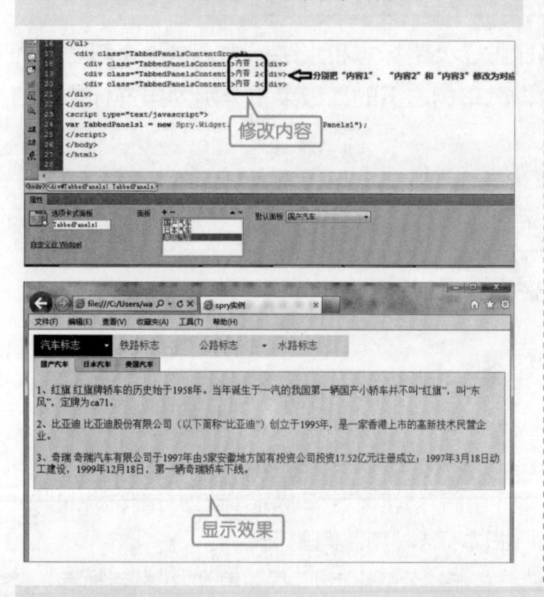

❺ 把鼠标指针移动到【代码】模式中 <body> 标记中刚才添加的 Spry 选项卡面板代码的后面，即代码“<li class="TabbedPanelsTab" tabindex="0"> 美国汽车 </li></ul>”后面，单击鼠标左键，或者在【设计】模式下选中 Spry 选项卡面板。在菜单栏中选择【插入】➤【Spry(s)】➤【Spry 折叠式 (A)】命令，在光标处插入折叠式构件，再添加两个标签，分别把标签名称修改为“警告标志”、“禁止标志”、“指示标志”和“指路标志”，并将对应介绍内容复制在“内容 1”、“内容 2”、“内容 3”和“内容 4”所对应的位置，利用 CSS 面板设置边框合适的宽度，Spry 折叠式面板的代码如右图（上）所示，其显示效果如右图（下）所示。

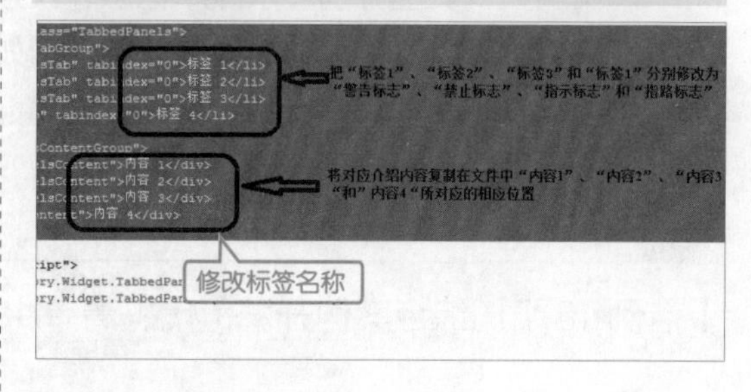

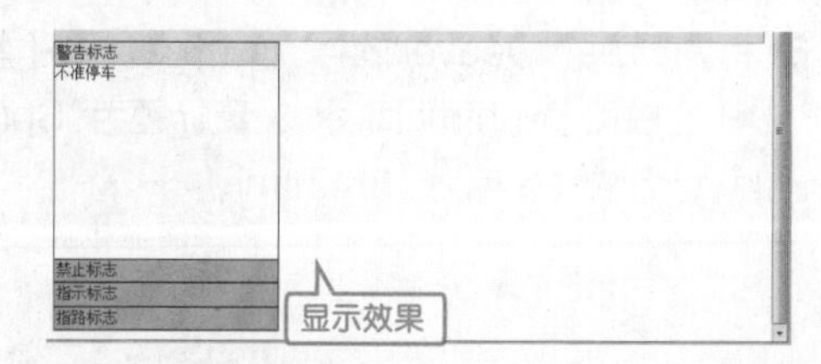

❻ 最终效果如图所示。

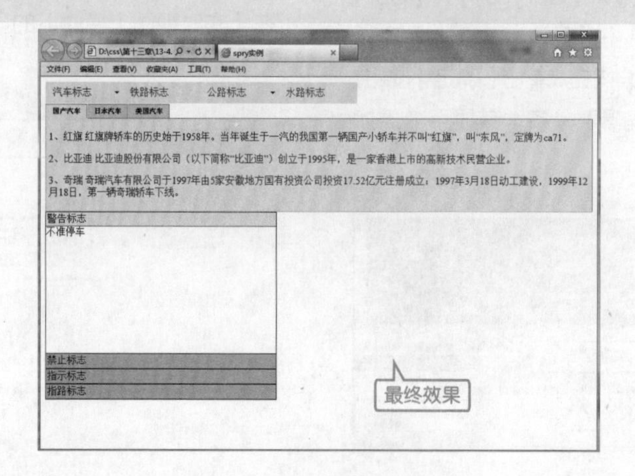

高手私房菜

本节视频教学录像：5 分钟

技巧 1：制作弹出信息窗口（代码清单 18-6）

在许多网页打开时，会同时弹出一个信息窗口，这个弹出消息窗口可以直接使用 Dreamweaver 内置行为完成。下面介绍具体制作步骤。

❶ 启动 Dreamweaver 软件，新建一个 HTML 页面。

❷ 在菜单栏中单击【窗口】➤【行为】命令，打开【行为】面板，如图所示。在【行为】面板中单击【添加】按钮，在弹出的菜单中选择“弹出信息”选项，如图所示。

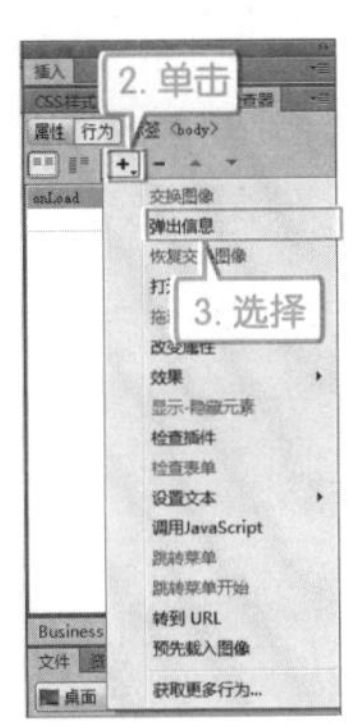

❸ 弹出【弹出信息】对话框，在“消息”文本框中输入文本，单击【确定】按钮。

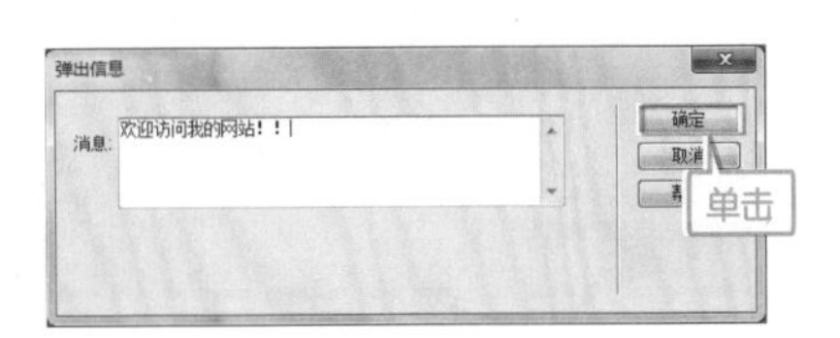

❹ 保存文件，单击【在浏览器中预览】按钮，效果如下图所示。

技巧 2：打开浏览器窗口（代码清单 18-7）

❶ 启动 Dreamweaver 软件，新建一个 HTML 页面。

❷ 在菜单栏中单击【窗口】➤【行为】命令，打开【行为】面板，如图技巧 1 步骤 ❷ 中的左图所示。在【行为】面板中单击【添加】按钮，在弹出的菜单中选择“打开浏览器窗口”选项。

❸ 在弹出的【打开浏览器窗口】对话框中，单击“要显示的 URL”文本框右边的【浏览】按钮，如图所示。

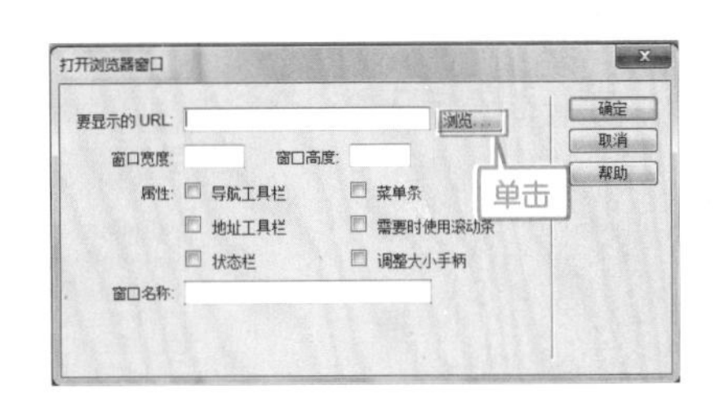

❹ 在弹出的【选择文件】对话框中，选择准备使用的素材文件“sucai.html”，单击【确定】按钮。

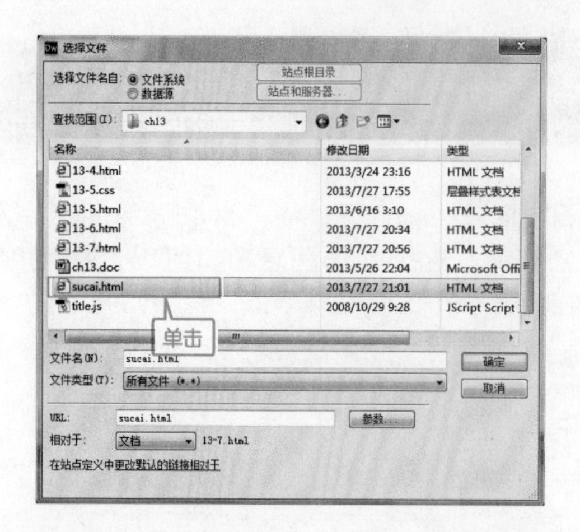

❺ 在【打开浏览器窗口】对话框中，设置宽度和高度分别为300和200，单击【确定】按钮，如图所示。

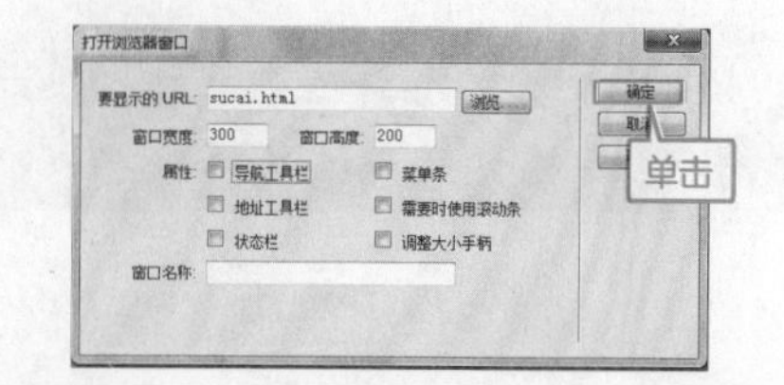

❻ 保存文件，单击【在浏览器中预览】按钮，效果如下图所示。

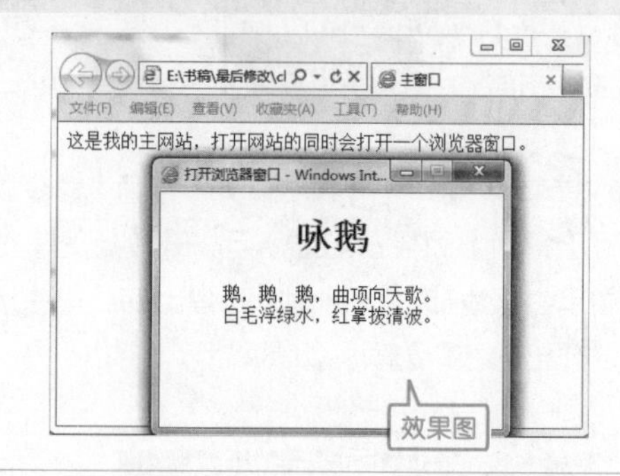

提示 如果不能出现上图的结果，而是如下图左所示出现两个标签显示的情况，可以单击【工具】➤【Internet 选项】命令，弹出“Internet 选项”对话框，如下图右所示，单击“常规”选项卡中“选项卡”后的【设置】按钮。

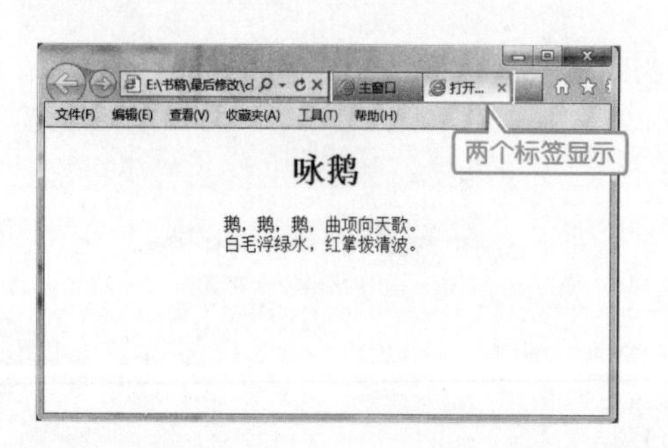

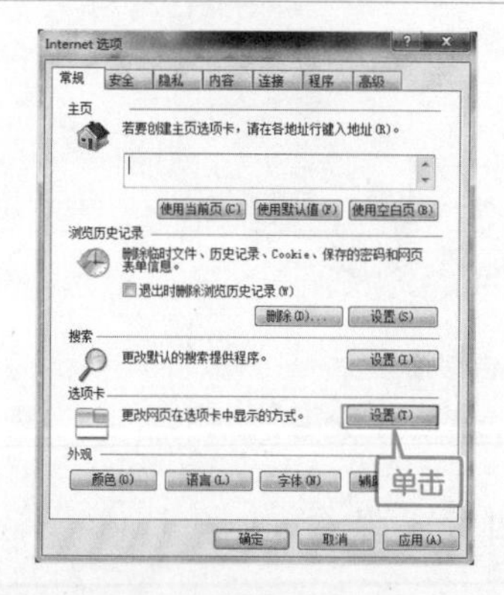

在弹出的“选项卡浏览设置”对话框中，选择“始终在新窗口中打开弹出窗口”，如下图所示。单击【确定】按钮，然后重新运行程序即可。

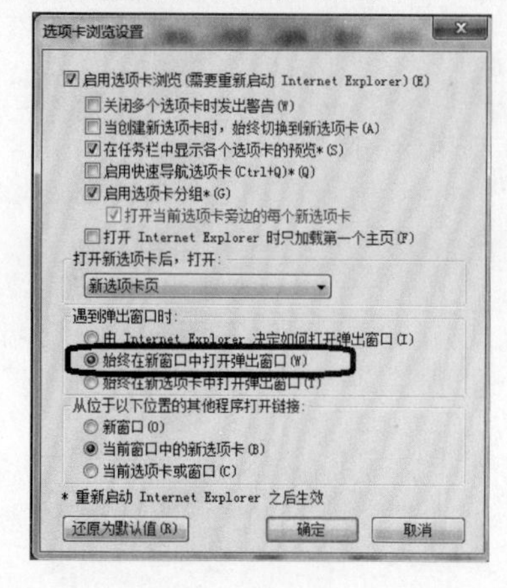

第19章

CSS 与 jQuery 的综合应用

本章视频教学录像：22 分钟

高手指引

jQuery 是继 Prototype 之后又一个优秀 JavaScript 框架， jQuery 的上手和使用很简单，使用户能更方便地处理 HTML 文档、事件，实现动画效果，并且方便地为网站提供 AJAX 交互。

重点导读

- jQuery 基础
- Query 的优势
- jQuery 代码的编写
- 搭建 jQuery 环境
- jQuery 代码规范
- jQuery 对象
- jQuery 对象的应用

19.1 jQuery 基础

本节视频教学录像：4 分钟

今天的 Internet 是一个动态开放的环境，Web 用户对网站的设计和功能都提出了更高的要求。为了构建有吸引力的交互式网站，开发者们借助于像 jQuery 这样的 JavaScript 库，容易实现常见任务的自动化和复杂任务的简单化。

jQuery 库广受欢迎的一个原因，就是它对种类繁多的开发任务都能游刃有余地提供帮助。而且文档说明齐全，对各种应用也介绍得很详细，同时还有许多成熟的插件可供选择。

jQuery 的功能如此丰富，找到合适的切入点似乎成了一项挑战。不过，jQuery 库的设计秉承了一致性与对称性原则，它的大部分概念都是从 HTML 和 CSS（Cascading Style Sheet，层叠样式表）的结构中借用而来的。鉴于很多 Web 开发人员对这两种技术比对 JavaScript 更有经验，所以编程经验不多的设计者能够快速学会使用 jQuery 库。

19.1.1 认识 jQuery

jQuery 是继 Prototype 之后的又一个优秀的 JavaScript 库，在 2006 年 1 月由美国的 John Resig 在纽约的 barcamp 发布，现在由 Dave Methvin 率领团队进行开发。现在的 jQuery 团队主要包括核心库、UI 和插件等开发人员以及推广和网站设计维护人员。团队中有 3 个核心人物：John Resig、Brandon Aaron 和 Jorn Zaefferer。如今，jQuery 已经成为最流行的 JavaScript 库，在世界前 10000 个访问最多的网站中，有超过 55% 在使用 jQuery。

jQuery 凭借简洁的语法和跨平台的兼容性，极大地简化了 JavaScript 开发人员遍历 HTML 文档、操作 DOM、处理事件、执行动画和开发 Ajax 的操作。其独特而又优雅的代码风格改变了 JavaScript 程序员的设计思路和编写程序方式。总之，无论是网页设计师、后台开发者、业余爱好者，还是项目管理者，也无论是 JavaScript 初学者，还是 JavaScript 高手，都有足够多的理由去学习 jQuery。

19.1.2 jQuery 的优势

jQuery 的核心理念是 Write Less，Do More（写得更少，做得更多）。这个理念极大地了提高编写脚本代码的效率，jQuery 具有如下优势。

1. jQuery 实现脚本与页面的分离

jQuery 让 JavaScript 代码从 HTML 页面代码中分离出来，就像数年前 CSS 把样式代码与页面代码分离开一样。

在 HTML 代码中，经常看到类似这样的代码。

```
<form id="myform"  onsubmit=return validate(); >
```

jQuery 可以将这两部分分离，借助于 jQuery，页面代码如下所示。

```
<form id="myform">
```

一个单独的 JS 文件包含以下事件提交代码。

```
01    $("myform").submit(function()
02    {
03    .... // 代码省略
04    })
```

这样可以将灵活性非常强的脚本代码与页面内容清晰地分开。

2. 代码的高复用性

代码的高复用性是指用最少的代码做最多的事，这是 jQuery 的口号，而且名副其实。使用它的高级 selector，开发者只需编写几行代码就能实现令人惊奇的效果。jQuery 把 JavaScript 带到了一个更高的层次。开发者无需检查客户端浏览器类型，无需编写循环代码，无需编写复杂的动画函数，仅仅通过一行代码就能实现上述效果。以下是一个非常简单的示例。

```
$("p.fast").addClass("one").show("slow");
```

以上简短的代码遍历“fast”类中的所有 <p> 元素，然后向其增加“one”类，同时以动画效果缓缓显示每一个段落。

3. 高性能

在大型 JavaScript 框架中，jQuery 对性能的理解最好。jQuery 的每一个版本都有重大性能提高。如果将其与新一代具有更快 JavaScript 引擎的浏览器（如 Firefox 21.0）配合使用，开发者在创建体验 Web 应用时，将拥有全新速度优势。

4. 插件多

基于 jQuery 开发的插件目前大约有数千个。开发者可使用插件来确认表单、图表种类、字段提示、动画、进度条等任务。

5. 节省开发者的学习时间

因为 jQuery 提供了大量示例代码，入门是一件非常容易的事情，不需要开发者投入太多，直接使用这些示例代码，或者在这些代码基础上修改，就能够迅速开始开发工作。

6. 它是一个非官方标准

jQuery 并非一个官方标准，但是业内对 jQuery 的支持已经非常广泛。Google 不但自己使用它，还提供给用户使用。另外 Dell、Mozilla 和许多其他厂商也在使用它。Microsoft 甚至将它整合到 Visual Studio 中。如此多的重量级厂商支持该框架，用户大可以对其未来放心，大胆地对其投入时间。

19.2 jQuery 代码的编写

本节视频教学录像：6 分钟

上一节认识了 jQuery，知道 jQuery 现在很流行，与其他技术相比，具有很多优势，下面学习如何编写 jQuery 代码。

19.2.1 搭建 jQuery 环境

要编写 jQuery 代码，必须先搭建 jQuery 环境，下面学习如何搭建 jQuery 环境。

1. 下载 jQuery 库

进入 jQuery 官方网站 http://jquery.com，如图所示，单击 Download 按钮，下载最新的 jQuery 库（当前最新的版本是 1.10.2 版本）文件。官方网站在任何时候都会提供几种不同版本的 jQuery 库，但其中最适合的是该库最新的未压缩版。

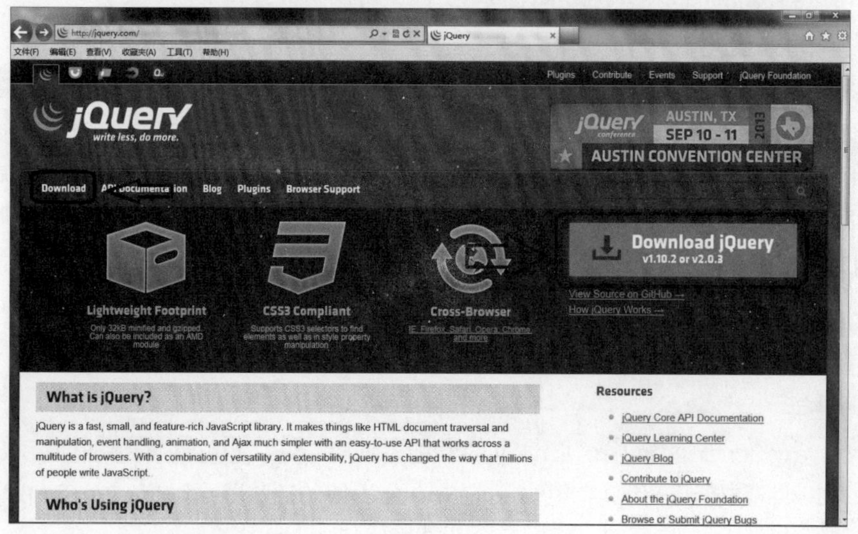

下载后将文件保存为“jquery.js”。

2. 添加 jQuery 到网页中

下载完后不用安装，只需将文件导入页面中即可。将下载好的 JavaScript 文件放到当前目录中，这样就可以使用 HTML 的 <script> 标签引用 jQuery 库来使用它了。

```
01.    <head>
02.    <script src="jquery.js"></script>
03.    </head>
```

19.2.2 编写简单的 jQuery 功能代码

下面通过一个实例讲解如何使用 jQuery 编制网页。具体的操作步骤如下。

【范例 19.1】编写简单的 jQuery 代码（代码清单 19-2-2-1）

1. 搭建 jQuery 环境

将下载好的 jQuery 库文件保存在当前文档所在的目录，重命名并保存为“jquery.js”。

在代码中引用的 jQuery 库文件如下所示。

```
<script type="text/javascript" src="jquery.js"></script>
```

2. 编写 HTML 代码

```
01    <!DOCTYPE html PUBLIC "-//W3C//DTD XHTML 1.0 Transitional//EN" "http://www.
w3.org/TR/xhtml1/DTD/xhtml1-transitional.dtd">
02    <html xmlns="http://www.w3.org/1999/xhtml">
03    <head>
04    <meta http-equiv="Content-Type" content="text/html; charset=utf-8" />
05    <script type="text/javascript" src="jquery.js"></script>
06    <script type="text/javascript">
07    $(document).ready(function(){  // “$” 就是 jQuery 的一个简写形式。
08    $("button").click(function(){  // 当单击按钮的时候执行这个。
09    $("p").hide();  // 隐藏 <p> 标签的内容
10    });
11    });
12    </script>
13    <title>jQuery 实例 </title>
14    </head>
15    <body>
16    <h2> jQuery 的 hide() 函数 </h2>
17    <p> 这是第一行 </p>
18    <p> 这是第二行 </p>
19    <button type="button"> 点击隐藏 </button>  <!--显示一个按钮 -->
20    </body>
21    </html>
```

在代码中看到出现了“$”符号，例如：

```
$(document).ready(function()
```

“$”符号是 jQuery 的一个简写形式，上面这段代码等同于下面的代码。

```
jQuery (document).ready(function()
```

代码为按钮定义了一个函数，单击按钮时，隐藏 <p> 标签中的内容。程序运行时的效果如图所示。

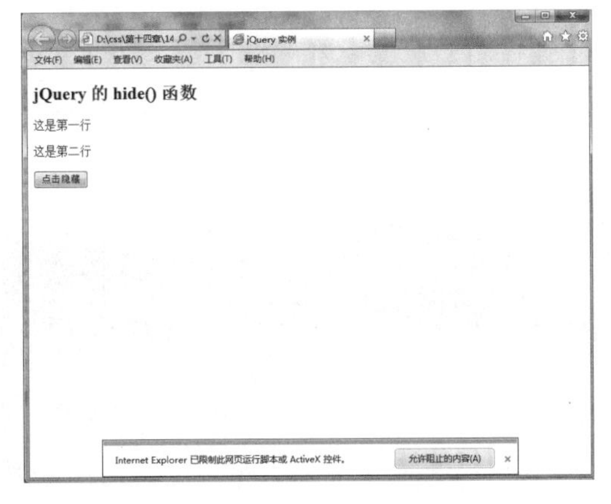

这时候浏览器会弹出一条信息，选择“允许阻止的内容”，然后单击“点击隐藏”按钮，触发 hide 函数，两行文本被隐藏。

19.2.3 jQuery 代码规范

通过范例 19.1，可以看出 jQuery 语法是为方便选取 HTML 元素编制的，可以对元素执行某些操作。基本语法格式是：$(selector).action()，其中美元符号“$”定义 jQuery，选择符（selector）“查询”和“查找”HTML 元素，action() 执行对元素的操作。

例如：

(1) $(this).hide() 实现隐藏当前元素。

(2) $("p").hide() 实现隐藏所有段落。

(3) $("p.test").hide() 实现隐藏所有 class="test" 的段落。

(4) $("#test").hide() 实现隐藏所有 id="test" 的元素。

JavaScript 是一种动态语言，其特性在给编程带来方便的同时，也带来了不小的麻烦——语法错误，甚至是看起来正常的语法，经常会造成程序不可预知的行为，这给 JavaScript 的代码调试带来很大的困扰。但是，对于 jQuery，良好的代码规范从一开始就消除了这一问题。良好的代码规范具有如下作用。

提高程序的可读性。良好的编码风格，使代码具有一定的描述性，可以通过名称来获取一些需要 IDE 才能得到的提示，如可访问性、继承基类等。一个良好的编码规范，帮助写出其他人容易理解的代码，提供了最基本的模板。

统一全局，促进团队协作。开发软件是一个团队活动，而不是个人的英雄主义。编码规范要求团队成员遵守统一的全局决策，这样成员之间可以轻松地阅读对方的代码，所有成员都以一种清晰而一致的风格进行编码。而且，开发人员也可以集中精力关注他们真正应该关注的问题——自身代码的业务逻辑和与需求的契合度等局部问题。

有助于知识传递，加快工作交接。风格的相似性，能让开发人员更迅速、更容易理解一些陌生的代码和别人的代码。开发人员可以很快地接手项目组其他成员的工作，快速完成工作交接。

减少名称增生，降低维护成本。 在没有规范的情况下，不同程序员容易为同一类型的实例起不同的名称。这对于以后维护这些代码的程序员来说会产生疑惑。

强调变量之间的关系，降低缺陷引入的机会。命名可以表示一定的逻辑关系，使开发人员在使用时必须保持警惕，从一定程度上减少缺陷被引入的机会。

提高程序员的个人能力。 不可否认，每个程序员都应该养成良好的编码习惯，而编码规范无疑是培养良好编码习惯的教材之一。

19.3 jQuery 对象

本节视频教学录像：4 分钟

jQuery 对象就是通过 jQuery 包装 DOM 对象后产生的对象，它是 jQuery 独有的。如果一个对象是 jQuery 对象，就可以使用 jQuery 中的方法。

例如：

$("#fast").html(); // 获取 id 为 fast 的元素内的 HTML 代码，html() 是 jQuery 特有的方法。

上面的这段代码等同于：

document.getElementById("fast").innerHTML;

19.3.1 jQuery 对象简介

jQuery 对象有时被翻译为“jQuery 包装集”，它将一个 Dom 对象转化为 jQuery 对象后，可以使用 jQuery 类库提供的各种函数。可以将 jQuery 对象理解为一个“类”，封装了很多方法，而且可以动态地通过加载插件扩展这个类。

但 jQuery 对象和 Dom 对象是两个不同的概念，因此两者不能相互调用。Dom 对象调用的是 Dom 组件和 JavaScript 定义的方法和属性，而 jQuery 对象只能调用 jQuery 定义的方法和属性，因此一定要明白对象的类型，然后调用该对象类型所具有的方法和属性。

19.3.2 jQuery 对象的应用

jQuery 对象其实是 JavaScript 的一个数组，这个数组对象包含 125 个方法和如下 4 个属性。

(1) jQuery：当前的 jQuery 框架版本号。

(2) length：指示该数组对象的元素个数。

(3) contex：一般情况下都是指向 HtmlDocument 对象。

(4) selector：传递进来的选择器内容， 如 #yourId 和 .yourClass 等。

如果通过 $("#yourId") 方法获取 jQuery 对象，并且页面中只有一个 id 为 yourId 的元素，那么 $("#yourId")[0] 就是 HtmlElement 元素，与 document.getElementById("yourId") 获取的元素相同。

jQuery 对象是 JavaScript 数据集合，要访问里面的元素，可以使用索引值，也可以使用 jQuery 对象的方法。下面介绍访问 jQuery 对象常用的方法。

(1) each(callback)：该方法依次遍历 jQuery 对象的所有元素，从 0 开始，并循环执行指定的函数，在函数体内，this 关键字指向当前元素，并且会自动向该函数传递当前元素的索引值。

(2) size() 方法和 length 属性：两者都可以被 jQuery 对象使用，返回 jQuery 对象中元素的个数，使用方式一样。

(3) get() 和 get(n)：get() 方法将 jquery 对象转换为 dom 对象的集合。

get(n) 方法将 jQuery 对象中的指定元素转换为 dom 对象。

(4) index(object)：这个方法获取 jQuery 对象中指定元素的索引值，并返回值。

如果检索到了，就直接返回此元素的索引值。若检索不到，则返回 -1。

【范例 19.2】认识 jQuery 对象的应用（代码清单 19-3-2-1）

```
01    <!DOCTYPE html PUBLIC "-//W3C//DTD XHTML 1.0 Transitional//EN" "http://www.
```

```
w3.org/TR/xhtml1/DTD/xhtml1-transitional.dtd">
02      <html xmlns="http://www.w3.org/1999/xhtml">
03      <head>
04      <meta http-equiv="Content-Type" content="text/html; charset=utf-8" />
05      <script type="text/javascript" src="jquery.js"></script>
06      <title>jquery 对象应用 </title>
07      </head>
08      <body>
09      <div><span> 文本一 </span></div>
10      <p><span> 文本二 </span></p>
11      <script language="javascript" type="text/javascript">
12      var span = $("span");   // 定义 jQuery 对象
13      span.each(function(n){ // 依次遍历 jQuery 对象的所有元素，
14      this.style.fontSize = (n+1)*12+"px"; // 自动把所对应元素的字体大小改变。
15      });
16      </script>
17      </body>
18      </html>
```

在代码中定义一个 jQuery 对象的显示效果如图所示。

19.4 综合实战——制作幻灯片

本节视频教学录像：6 分钟

在日常生活中，我们经常接触到幻灯片，如动画电影、多媒体教学。日常使用最多的幻灯片制作软件是 Powerpoint，它可以将演示文档或图片制作成一张一张的幻灯片进行播放，现在使用 jQuery 也可以轻松制作网页上的幻灯片。

19.4.1 设计分析

幻灯片的播放有很多种方式，下面将制作由若干幅图像组成的幻灯片。在网页的中央定义一个容器，中间用于放置图像，对于任何一幅图像，单击图像的左边会出现前面的图像，单击图像右边会出现后面的图像。

19.4.2 制作步骤

【范例 19.3】制作幻灯片（代码清单 19-4-2-1）

❶ 准备素材图像，为方便管理图像，制作幻灯片的所有图像统一存放在当前目录下的“images”文件夹中，并分别命名“01.jpg”、“02.jpg”、“03.jpg”……

❷ 打开 Dreamweaver 软件，单击【文件】➤【新建】➤【空白页】➤【html】命令，设置标题为“jQuery 网站幻灯片切换效果”，命名并保存为 19-3.html。

❸ 搭建 jQuery 环境。下载最新的 jQuery 库文件，将下载好的 jQuery 库文件保存在当前文档所在的目录，重命名并保存为“jquery.js”。

在代码中引用 jQuery 库文件。

```
<script type="text/javascript" src="jquery.js"></script>
```

❹ 本实例还需要一个“jquery-image-scale-carousel.js”插件，其位于本书的光盘程序的 ch19 文件夹中。该插件的主要功能是使不同图像在固定大小的容器中保持合适的宽度和高度比，不至于因为宽高比不合适引起图像变形。把这个插件加入程序中。

```
<script src="jquery- image- scale-carousel.js" type="text/javascript" charset="utf-8"></script>
```

❺ CSS 代码的定义。分别定义网页所使用的字体、字号、颜色和背景颜色，以及标题的字体大小，并定义一个容器。为便于管理，把这部分 CSS 代码放到一个“sucai.css”文件中。

```
01 Body
02 {font-family:"HelveticaNeue-Light","Helvetica Neue Light","Helvetica Neue",Helvetica,Arial,sans-serif;
03  color:#00F;
04  font-size: 12px;
05  background:#999;
06 }
07 h1 {
08   font-size: 52px;
09   text-align: center;
10  }
11 h1,h2,h3,h4 {
12   font-weight: 100;
13  }
14 #photo_container {
15    width: 960px;
16 height: 400px;
17 margin: auto;
18  background-color:#FFF;
19  }
```

然后在 HTML 文件中引用该 CSS 文件。

```
<link rel="stylesheet" href="sucai.css" type="text/css" media="screen" charset="utf-8">
```

❻ 定义控制图像前后移动的 ID 样式，为方便管理，将这些 ID 样式集中放到“jQuery.css”文件中。由于代码内容较多，就不列举了，读者可参考随书所带文件。然后在 HTML 文件中引用该 CSS 文件。

```
<link rel="stylesheet" href="jQuery.css" type="text/css" media="screen" charset="utf-8">
```

❼ 在 HTML 文件中定义 jQuery 数组，然后使用“$(window).load(function()”函数调用，执行程序，显示图像。

```
01 <script>
02 var carousel_images = [
03 "images/01.jpg",
04 "images/02.jpg",
05 "images/03.jpg",
06 "images/04.jpg",
07 "images/05.jpg",
08 "images/06.jpg"
09  ]; // 定义数组
10 $(window).load(function() { // 加载数据，执行这个函数
11 $("#photo_container").isc({
12 imgArray: carousel_images
13 });  // 显示数组中的内容
14 });
15 </script>
```

到此为止，大致步骤基本完成了，最后只需在 HTML 文件的 <body> 标签中把存放图像的容器 <div> 装入即可。

```
01 <h1> 使用 jQuery 制作幻灯片播放 </h1>
02 <div id="photo_container"></div>
```

在图像的左侧单击图像，可以显示前一幅图像，如左下图所示；在图像右侧单击图像，可以显示后一幅图像，如右下图所示。

高手私房菜

本节视频教学录像：2 分钟

技巧：直接使用 Google 和 Microsoft 服务器上的 jQuery

如果不希望下载并存放 jQuery，那么也可以通过 CDN（内容分发网络）引用它。如果需要从 Google 或 Microsoft 引用 jQuery，则使用以下代码之一。

(1) Google CDN：

```
01    <head>
02    <script src="http://ajax.googleapis.com/ajax/libs/jquery/1.10.0/jquery.min.js">
03    </script>
04    </head>
```

(2) Microsoft CDN：

```
01    <head>
02    <script src="http://ajax.aspnetcdn.com/ajax/jQuery/jquery-1.10.0.js">
03    </script>
04    </head>
```

第20章

制作龙马商务网

本章视频教学录像：15 分钟

本章导读

本章结合实例介绍 jQuery 技术在电子商务网站建设中的应用，并带领大家进行实战练习，建立一个购物网站，通过分析网站规划、网站布局设计、网站制作等步骤全面介绍制作电子商务网站的过程。

重点导读

- 掌握网站分析规划的方法
- 掌握网站布局设计的方法
- 掌握网站的制作

20.1 网站分析

本节视频教学录像：1 分钟

开始网站设计时，首先要策划网站内容，网站内容策划好之后，根据网站内容来设计网站布局。下面模拟京东网的模式，制作一个简单的电子商务网站。

通常使用网页制作工具或者图形设计工具将网站的布局框图设计好，如下图所示。如何使用工具设计网站布局这里不进行详细介绍。

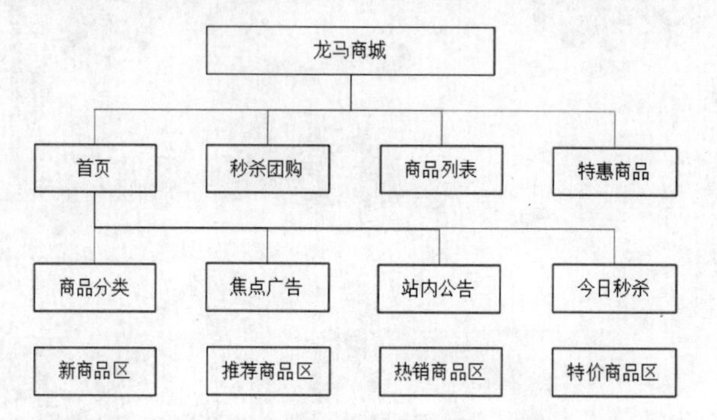

龙马商城的首页内容包括以下几个部分。

⑴ 网站头部：登录、注册、会员中心等功能的入口链接。

⑵ 网站导航：网站导航。

⑶ 商品分类：所有商品的分类导航。

⑷ 焦点广告：首页核心广告区。

⑸ 站内公告：网站公告信息区。

⑹ 秒杀商品区：秒杀商品区。

⑺ 商品展示区：网站内商品的展示区。

20.2 网站设计

本节视频教学录像：2 分钟

龙马商城的首页内容分布如图所示。

网站头部
网站 logo
网站导航条
所有商品分类导航
广告区
站内公告区
今日秒杀商品推荐
知名品牌推荐
商品展示区
网站尾部

下面分别介绍各个区块的内容设计。

1. 网站头部

网站头部主要包括登录信息、登录提示、注册、首页链接、会员中心、收藏夹、热线电话、新手指南以及收藏本站等，如图所示。

您好，龙马欢迎您的访问！请[登录]［免费注册］　商城首页　会员中心　收藏夹　热线电话　新手指南　收藏本站

2. 网站 Logo 区域

用于放置网站 Logo，本例不设置具体的 Logo。

3. 网站导航条

此区域主要放置如首页、秒杀团购、商品列表、特惠商品等链接，以及搜索条等，如图所示。

首 页　秒杀团购　商品列表　特惠商品　搜索

4. 全部分类导航

全部分类导航位于网站导航条下方左侧，采用弹出式菜单的设计，如下图所示。

5. 广告区

广告区采用滑动窗口设计，共有 4 张广告图片按照设定的时间循环切换，同时可以将鼠标指针滑动到右下角的链接处自动切换。效果如下图所示。

6. 站内公告区

站内公告区包括公告、新闻和最新服务以及一个图片滚动区域。公告、新闻和最新服务采用类似于 Tab 切换的功能实现 3 项内容的交替显示。设计效果如左下图所示。

7. 今日秒杀商品推荐

今日秒杀商品推荐栏目设计如右下图所示。

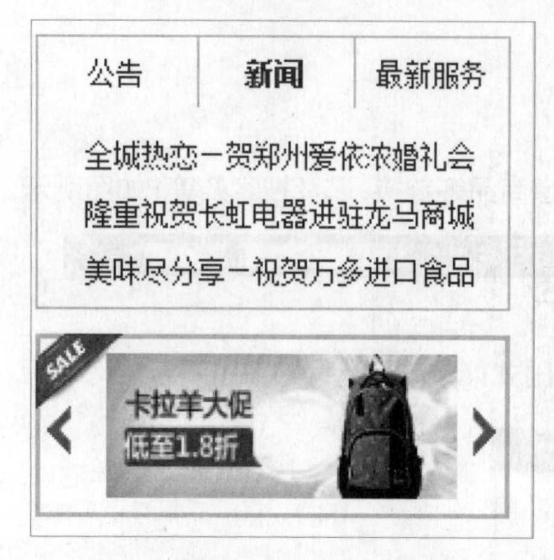

8. 产品推荐

首页的产品推荐采用图片列表方式设计，效果如左下图所示。

9. 商品展示区

商品展示区包括新品上市、热卖商品、特价促销以及重点推荐 4 个栏目，也具有鼠标指针移动到相应栏目自动切换的功能。设计如右下图所示。

整个网站的效果如下图所示。

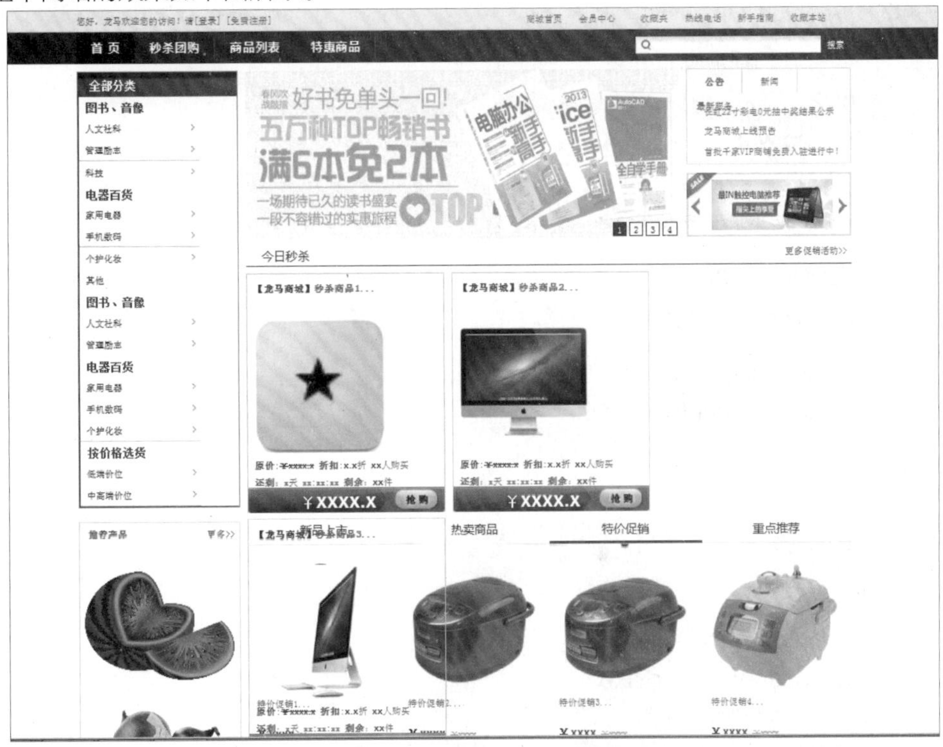

20.3 网站制作

本节视频教学录像：10 分钟

1. 网站头部

网站头部的 HTML 代码如下。

```
01    <div class="topMessage">
02      <div class="w950  posRe">
03        <div class="message" id="member_div_id"> 您好，龙马欢迎您的访问！请 [<a href="/login.html"> 登录 </a>] [<a href="/register.html"> 免费注册 </a>] </div>
04        <div class="subMenu">
05          <ul>
06            <li><a href=""> 商城首页 </a></li>
07              <li class="posRe" style="z-index:998;"><a ref="nofollow" href="/buyer/index.html" class="downArr" id="xian"> 会员中心 </a>
08            </li>
09            <li><a ref="nofollow" href="/p_manage/favorite.action"> 收藏夹 </a></li>
10             <li><a ref="nofollow" href="/myJifenExchange.action?areaId=1.2.1"> 热线电话 </a></li>
11            <li><a ref="nofollow" href="/help.html"> 新手指南 </a></li>
12              <li style="background:none;"><a ref="nofollow" href="javascript:void(0);" onClick="javascript:addFav()"> 收藏本站 </a></li>
```

```
13          </ul>
14        </div>
15        <!--end subMenu-->
16      </div>
17      <!--end w950-->
18    </div>
19    <!--end topMessage-->
```

2. 网站 Logo 区域

网站 Logo 区域的代码如下。

```
01    <div class="logo_adv" id="top_SysArea">
02      <div class="clearfix"></div>
03      <!--end logo_adv-->
04    </div>
```

3. 网站导航条

网站导航条代码如下。

```
01    <div class="menu">
02      <div class="w950 posRe">
03        <div class="menu2">
04          <ul>
05            <li class="curren"><a href="/"> 首 页 </a></li>
06            <li ><a href="#"> 秒杀团购 </a></li>
07            <li ><a href="#"> 商品列表 </a></li>
08            <li ><a href="#"> 特惠商品 </a></li>
09          </ul>
10        </div>
11        <!--end menu2-->
12        <form name="forms" id="forms" action="" method="get">
13          <div class="sou">
14            <h1 class="zoom"></h1>
15            <div class="searchbox">
16                  <input type="text" name="searchContent" value="" id="search"
class="textbox1" />
17            </div>
18            <input type="button" value=" 搜索 " class="souBtn fr" />
19          </div>
20          <!--end sou-->
21        </form>
22      </div>
23    </div>
24    <!--end menu-->
```

4. 全部分类导航

全部分类导航采用弹出式菜单设计，使用 jQuery 实现，代码如下。

```
01        <!--左侧系统商品分类 -->
02        <script type="text/javascript"/>
03            $(document).ready(function(){
04               $(".second_category").mousemove(function(){
05                  $(this).addClass("second_category activity_caterogy");
06               }).mouseout(function(){
07                  $(this).removeClass("activity_caterogy");
08               });
09            });
10        </script>
11      <div class="left_category">
12          <h1> 全部分类 </h1>
13          <div class="left_category_list">
14            <h2><a href="#"> 图书、音像 </a></h2>
15            <div class="second_category">
16              <h3><a href="#"> 人文社科 </a></h3>
17              <div class="third_category">
18                <div class="shadow">
19                  <div class="shadow_border">
20                    <ul>
21                      <li><a href="#"> 历史 </a></li>
22                      <li><a href="#"> 心理学 </a></li>
23                      <li><a href="#"> 政治 </a></li>
24                      <li><a href="#"> 军事 </a></li>
25                      <li><a href="#"> 国学 </a></li>
26                      <li><a href="#"> 古籍 </a></li>
27                      <li><a href="#"> 哲学 </a></li>
28                      <li><a href="#"> 宗教社会科学 </a></li>
29                    </ul>
30                  </div>
31                </div>
32              </div>
33            </div>
34          </div>
35        </div>
36     ……<!--此处有代码省略 -->
```

在实际开发中，列表项中的内容一般保存在数据库中，可以通过 AJAX 从数据库中获得，然后显示出来。通过 jQuery 控制鼠标指针移入和移出的显示效果。

5. 广告区

广告区采用滑动窗口设计，页面代码如下。

```
01        <!--滑动门开始 -->
02        <div class=new123>
03          <!--焦点图片开始 -->
04          <!--首页 Flash -->
05          <ul id=pub_slideplay>
06              <li><a href="#" title="" target="0"><img  src="images/productImage1.
jpg"><p></p></a>
07            </li>
08            ……<!--省略其他类似内容 -->
09          </ul>
10     <SCRIPTtype=text/javascript>newdk_slideplayer("#pub_slideplay",{width:"530px",h
eight:"202px",fontsize:"12px",time:"2000"});</SCRIPT>
11          <!--焦点图片结束 -->
12        </div>
13        <!--滑动门结束 -->
```

调用的 JS 代码为：dk_common.js。

6. 站内公告区

站内公告区的代码如下。

```
01        <div class="sub_r">
02          <div class="gonggao">
03            <h1>
04              <ul>
05                <li class="home_current"style="width:67px;"
06                  id="11Tab_0"onMouseOver="this.style.cursor='pointer';Show_Tab_List_
home(3,0,11);">
07                  <a class="news" href='javascript:void(0);' onclick='return false;'> 公告 </a>
08                </li>
09                <li id="11Tab_1"style="width:67px;
10                      "onMouseOver="this.style.cursor='pointer';Show_Tab_List_
home(3,1,11);">
11                  <a class="news" href='javascript:void(0);' onclick='return false;'> 新闻 </a>
12                </li>
13                <li id="11Tab_2"style="width:66px;border:none;
14                      "onMouseOver="this.style.cursor='pointer';Show_Tab_List_
home(3,2,11);">
15                  <a class="news" href='javascript:void(0);' onclick='return false;'> 最新服务
</a>
16                </li>
```

```
17              </ul>
18            </h1>
19            <div id="11s_0" class="news2">
20              <!--首页公告 -->
21              <ul>
22                <li><a target="_blank" href="#" title=" 长虹 22 寸彩电 0 元抽中奖结果公示 ">
23                 长虹 22 寸彩电 0 元抽中奖结果公示 </a></li>
24                  <li><a target="_blank" href="#" title=" 龙马商城上线预告 "> 龙马商城上线预告
</a></li>
25                <li><a target="_blank" href="#" title=" 首批千家 VIP 商铺免费入驻进行中！ ">
26                 首批千家 VIP 商铺免费入驻进行中！ </a></li>
27              </ul>
28            </div>
29            <div id="11s_1" style="display:none;" class="news2">
30              <!--首页新闻 -->
31              <ul>
32                 <li><a target="_blank" href="#" title=" 全城热恋—贺郑州爱依浓婚礼会馆甜蜜入
驻商城 ">
33                全城热恋—贺郑州爱依浓婚礼会馆甜蜜入驻商城 </a></li>
34                <li><a target="_blank" href="#" title=" 隆重祝贺长虹电器进驻龙马商城 ">
35                 隆重祝贺长虹电器进驻龙马商城 </a></li>
36                 <li><a target="_blank" href="#" title=" 美味尽分享—祝贺万多进口食品进驻商城
">
37                 美味尽分享—祝贺万多进口食品进驻商城 </a></li>
38              </ul>
39            </div>
40            <div id="11s_2" style="display:none;" class="news2">
41              <!--首页最新服务 -->
42              <ul>
43                <li><a target="_blank" href="#l" title=" 最新活动一览无余，消费更给力 ">
44                  最新活动一览无余，消费更给力 </a></li>
45                <li><a target="_blank" href="#" title=" 最新同城消费抢便宜 ">
46                  最新同城消费抢便宜 </a></li>
47              </ul>
48            </div>
49          </div>
50          <!--end gonggao-->
51          <!--首页滚动图片 -->
52          <div class="hotsale">
53            <DIV class="rollphotos2">
54              <DIV class="Cont2" id="ISL_Cont_1">
```

```
55              <ul>
56                <li><a href="#" target="0">
57                      <img alt="" src="images/productImage10.jpg" width="151" height="60"
/></a></li>
58                <li><a href="#" target="0">
59                      <img alt="" src="images/productImage11.jpg" width="151" height="60"
/></a></li>
60              </ul>
61            </div>
62            <A id="LeftArr" title=" 向左滚动 ">ssasaddsa</A> 
63            <A id="RightArr" title=" 向右滚动 ">asasas</A> </div>
64          <SCRIPT language=javascript type=text/javascript>
65            <!--//--><![CDATA[//><!--
66            var scrollPic_02 = new ScrollPic();
67            scrollPic_02.scrollContId   = "ISL_Cont_1"; // 内容容器 ID
68            scrollPic_02.arrLeftId      = "LeftArr";// 左箭头 ID
69            scrollPic_02.arrRightId     = "RightArr"; // 右箭头 ID
70            scrollPic_02.frameWidth     = 180;// 显示框宽度
71            scrollPic_02.pageWidth      = 151; // 翻页宽度
72            scrollPic_02.speed          = 0.1; // 移动速度（单位为毫秒，越小越快）
73            scrollPic_02.space          = 20; // 每次移动像素（单位为 px，越大越快）
74            scrollPic_02.autoPlay       = false; // 自动播放
75            scrollPic_02.autoPlayTime   = 3; // 自动播放间隔时间（秒）
76            scrollPic_02.initialize(); // 初始化
77            //--><!]]>
78          </SCRIPT>
79          </div>
80          <!--end hotsale-->
81        </div>
82        <!--end sub_r-->
```

其中，鼠标指针经过公告、新闻和最新服务时，onmouseover 事件调用 Show_Tab_List_home(3,0,11) 方法，此方法代码位于 index.js 中，实现列表内容的显示和隐藏。

之后的图片滚动区域通过 ScrollPic.js 实现。

7. 今日秒杀商品推荐

秒杀商品实现的代码如下。

```
01        <div id="promotions" class="todayCx">
02          <!--首页促销 -->
03          <h1><span style="padding:2px 16px 0 0;">
04            <a class="blue" href="#"> 更多促销活动 &gt;&gt;</a>
05            </span><font class="cxBt"> 今日秒杀 </font>  </h1>
```

```
06              <dl onMouseOut="this.className='';" onMouseOver="this.className='roll';"
class="">
07              <dt><a href="#" title=" 庆贺“龙马商城”正式上线 ..." target="_blank">
08                <font class="redfon">【龙马商城】</font> 秒杀商品 1...</a>
09            </dt>
10              <dd class="pt5"><a href="#" target="_blank">
11                  <img width="160" height="160"
12                   alt=" 庆贺“龙马商城”正式上线 ..." src="images/productImage20.jpg"></a>
13              </dd>
14              <dd class="pt5">
15                <strong> 原价 </strong>: <span class="redfon del"> ￥xxxx.x</span>
16                <strong> 折扣 </strong>:<span class="redfon">x.x</span> 折
17                <span class="redfon">xx</span> 人购买 <br>
18                 <strong> 还剩 </strong>：<span lefttime="13618114" id="20111008162446
394356737235148"
19                   class="CountDown_LeftTime hasCountdown">
20                <span class="countdown_row countdown_amount">x 天 xx:xx:xx</span></
span>
21                <strong> 剩余 </strong>：<span class="redfon">xx</span> 件
22              </dd>
23              <div class="qgdbg2">
24                  <a target="_blank" href="#"><span><font class="rmb"> ￥</font>xxxx.x</
span></a>
25              </div>
26            </dl>
27            ……<!--省略其他类似内容 -->
28          </div>
```

在实际的 B/S 系统设计中，秒杀数据保存在服务器上，对此区域数据的读取和显示可以通过 jQuery 和 Ajax 实现。

8. 产品推荐

首页的知产品推荐的代码如下。

```
01        <div class="left_2">
02          <!--首页推荐品牌 -->
03          <div class="huodong" style="height:339px;overflow:hidden;">
04            <h1><span><a href="#" class="blue"> 更多 >></a></span> 推荐品牌 </h1>
05            <dl>
06              <dt><a href="#" target="_blank">
07                  <img src='images/brand01.jpg' alt="##" width="87" height="39" /></a></dt>
08              <dt><a href="#" target="_blank">
09                  <img src='images/brand02.jpg' alt="##" width="87" height="39" /></a></dt>
10              ……<!--省略其他类似内容 -->
```

```
11        </dl>
12       </div>
13       <!--end 推荐品牌 -->
14       <!--首页推荐品牌广告 -->
15       <div class="adv"> <a href="#" target="0"><img src="images/productImage0.jpg"
width="197" height= "197" alt="" /></a> </div>
16       <!--end adv-->
17      </div>
```

类似地，对于此部分数据的读取和显示，也可以通过 jQuery 和 Ajax 技术搭配实现，在此不再累述。

9. 商品展示区

商品展示区的新品上市、热卖商品、特价促销以及重点推荐 4 个栏目的代码如下。

```
01    <div class="right_2">
02     <div class="goodList">
03     <!--首页系统栏目 2 商品推荐 -->
04    <h1>
05    <ul>
06    <liclass="redLine2"id="2Tab_0"onMouseOver="this.style.cursor='pointer';setTimeo
ut('Show_Tab_redLine2(4,0,2)', 250);"> 新品上市 </li>
07    <li id="2Tab_1" onMouseOver="this.style.cursor='pointer';setTimeout('Show_Tab_
redLine2(4,1,2)', 250);"> 热卖商品 </li>
08    <li id="2Tab_2" onMouseOver="this.style.cursor='pointer';setTimeout('Show_Tab_
redLine2(4,2,2)', 250);"> 特价促销 </li>
09    <li id="2Tab_3" onMouseOver="this.style.cursor='pointer';setTimeout('Show_Tab_
redLine2(4,3,2)', 250);"> 重点推荐 </li>
10    </ul>
11     </h1>
12       <div id="2s_0" class="clea">
13         <!--首页新品上市 -->
14         <dl>
15            <dt><a  target="_blank" href="#"><img src="images/productImage111.jpg"
alt=" 新品上市 1" width="160" height="160" /></a></dt>
16          <dd class="h35"> 新品上市 1...</dd>
17            <dd><span class="redfon font14"> ￥xxx</span> <span class="del"> ￥
xxx</span></dd>
18         </dl>
19          ……<!--省略其他类似内容 -->
20       </div>
21       <div id="2s_1" style="display:none;" class="clea">
22         <!--首页热卖商品 -->
23         <dl>
```

```
24                <dt><a  target="_blank" href="#"><img src="images/productImage121.jpg"
alt=" 热卖商品 1" width="160" height="160" /></a></dt>
25              <dd class="h35"> 热卖商品 1...</dd>
26                <dd><span class="redfon font14"> ￥xxxx</span> <span class="del"> ￥
xxxx</span></dd>
27             </dl>
28              ……<!--省略其他类似内容 -->
29           </div>
30           <div id="2s_2" style="display:none;" class="clea">
31             <!--首页特价促销 -->
32             <dl>
33                <dt><a  target="_blank" href="#"><img src="images/productImage131.jpg"
alt=" 特价促销 1" width="160" height="160" /></a></dt>
34              <dd class="h35"> 特价促销 1...</dd>
35                <dd><span class="redfon font14"> ￥xxxx</span> <span class="del"> ￥
xxxx</span></dd>
36             </dl>
37              ……<!--省略其他类似内容 -->
38           </div>
39           <div id="2s_3" style="display:none;" class="clea">
40             <!--首页重点推荐 -->
41             <dl>
42                <dt><a  target="_blank" href="#"><img src="images/productImage141.jpg"
alt=" 重点推荐 1" width="160" height="160" /></a></dt>
43              <dd class="h35"> 重点推荐 1...</dd>
44                <dd><span class="redfon font14"> ￥xxxx</span> <span class="del"> ￥
xxxx</span></dd>
45             </dl>
46              ……<!--省略其他类似内容 -->
47             </div>
48          </div>
49          <!--end goodList-->
50        </div>
```

各个内容的切换显示，也是通过设定 onmouseover 事件来控制的。

完整的示例代码请参考 index.html。

10. 补充说明

上述电子商务网站只是设计了首页的基本内容，涉及的内部很多详细制作并没有介绍太多。对于一些常用的功能设计制作，下面提供一些设计思路，请有兴趣的读者参考并完善自己的电子商务网站。

(1) 数据准备。在开始之前，需要定义一些 XML 文件来作为原始数据或者用于控制数据。

❶ 秒杀商品接口 XML 格式定义如下。

```
01	<tuan>
02	   <tuanId> 秒杀商品 id</tuanId>
03	   <shopId> 秒杀商家 id</shopId>
04	   <tuanTopic> 秒杀商品名称 </tuanTopic>
05	   <shortTopic> 秒杀商品简称 </shortTopic>
06	   <oldPrice> 市场价格 </oldPrice>
07	   <discount> 折扣 </discount>
08	   <shopPrice> 原始价格 </shopPrice>
09	   <price> 现价 </price>
10	    <beginTime class="sql-timestamp"> 有效期开始时间 </beginTime>
11	   <endTime class="sql-timestamp"> 有效期结束时间 </endTime>
12	   <areaId> 产地 </areaId>
13	    <basePic> 图片 </basePic>
14	   <basePicDesc> 图片描述 </basePicDesc>
15	    <tuanStatus> 状态 </tuanStatus>
16	    <minNumber> 最小数量 </minNumber>
17	    <maxNumber> 最大数量 </maxNumber>
18	    <nowNumber> 当前购买数量 </nowNumber>
19	   <couponEndTime class="sql-timestamp"> 优惠结束时间 </couponEndTime>
20	   <linkPhone> 联系人电话 </linkPhone>
21	    <address> 地址 </address>
22	    <shopName> 商家名称 </shopName>
23	</tuan>
```

❷ 分页列表 XML 数据定义如下。

```
01	<pagedList>
02	<default>
03	<pageCount> 总页数 </pageCount>
04	<pageIndex> 第几页 </pageIndex>
05	<pageSize> 每页数量 </pageSize>
06	<rowCount> 总数量 </rowCount>
07	</default>
08	</pagedList>
```

❸ 评论接口 XML 数据定义如下。

```
01	<listRange>
02	   <paging><!--分页信息 -->
03	   <currentPage>1</currentPage><!--当前页 -->
04	   <firstResult>0</firstResult><!--起始记录 -->
05	   <itemsPerPage>10</itemsPerPage><!--每页记录数 -->
06	   <numberOfItems>2</numberOfItems><!--总记录数 -->
```

```
07        <numberOfPages>1</numberOfPages><!--总页数 -->
08      </paging>
09       <list><!--评论列表 -->
10         <review><!--评论信息 -->
11           <reviewId>20110826095632184475423 3</reviewId><!--评论 Id-->
12           <shopId>20110720165602953830718485</shopId><!--所属商家 Id-->
13           <productId>20110803155222860777584 9</productId><!--所属商品 Id-->
14             <message> 这个排糖超级好吃的 ~ 外面包着一层椰蓉一样的东西，里面要开还有杏仁
~ 超喜欢这种口感 ~~~</message><!--评论内容 -->
15           <createTime >2011-08-26 09:56:32.181</createTime><!--评论时间 -->
16           <userName>sofiayuki</userName><!--会员账号 -->
17         </review>
18          <review>
19            ……<!--省略其他类似内容 -->
20          </review>
21       </list>
22     </listRange>
```

(2) 通过 Ajax 获取商品列表。设计如下。

```
01     var queryTuan = new Object();
02     queryTuan.pageIndex = 1;
03     queryTuan.pageSize = 30;
04     queryTuan.pageCount;
05     queryTuan.rowCount;
06     queryTuan.areaId;
07     queryTuan.orderBy;
08     queryTuan.divId;
09     queryTuan.tuanType;
10     queryTuan.query = function(pageIndex,pageSize,areaId,tuanType,orderBy,divId){
11         $("#"+divId).html('<img src="images/load.gif"  style="vertical-align:middle"/> 加载中
...');
12         queryTuan.areaId = areaId;
13         queryTuan.orderBy = orderBy;
14         queryTuan.divId = divId;
15         queryTuan.tuanType = tuanType;
16         var url = 'script/productList.xml';
17     varreq_data="pageIndex="+pageIndex+"&pageSize="+pageS
ize+"&tuan.areaId="+areaId+"&tuan.tuanType="+tuanType+"&tuan.
orderBy="+orderBy+"&math="+Math.random();
18         $.ajax({
19             type: "POST",
20             url: url,
```

```
21          dataType: 'xml',
22          error: function(request,error){
23              //alert(error);
24              $("#"+divId).html(' 系统繁忙，请稍后再试！ ');
25          }
26          success: function(xml){
27              var tuan_html = '<div class="tuanCx">';
28              $(xml).find('tuan').each(function(){
29                  var shopId = $(this).find('shopId').text();
30                  var shopName = $(this).find('shopName').text();
31              ……// 省略代码内容
32              $("#"+divId).html(tuan_html);
33          }
34      });
35  }
```

定义 queryTuan 对象，参数包括分页信息、区域编码、团购类型、排序字段、需要填充内容的 divId。

采用 $.ajax 方法请求后台商品数据（本例中为模拟的 XML 数据），获取 XML 数据后，循环获取 XML 的 tuan 标签列表，获取 tuan 标签下面的子元素数据，拼接 HTML 代码，调用 $（‘#id’）.html（tuan_html）方法将 HTML 内容填充到指定的 DIV 中。

⑶ 按不同条件筛选商品。设计可以按照区域（areaId）、产品类别（tuanType）两个条件来筛选商品。在页面上单击分类和区域时，获取当前的团购产品类别和所在区域，调用 queryTuan 方法，将 areaId 和 tuanType 参数传递到后台程序，后台程序根据条件获取数据列表，将 XML 数据返回到前台，其余流程和 Ajax 获取商品列表类似，效果如图所示。

全部抢购　家居馆　婚嫁馆　休闲馆　女人街　亲子街　美食街

地区：全部 金水区 二七区 中原区 管城区 惠济区 郑东新区 高新区 上街区

代码如下。

```
01  // 按团购类别查询
02  function changeClass(tuanType,divId){
03      currentTuanType = tuanType;
04      currentDivId = divId;
05      queryTuan.query(1,30,currentAreaId,currentTuanType,"",divId);
06  }
07  // 按照区域查询
08  function changeArea(areaId){
09      currentAreaId = areaId;
10      queryTuan.query(1,30,currentAreaId,currentTuanType,"",currentDivId);
11  }
```

(4) 按不同条件排序。排序主要包括默认排序、按照购买人数和价格高低排序等，效果如图所示。

排序： 默认排序 | 按购买人数 | 按价格高低

将排序规则传递给 queryTuan 对象，获取 queryTuan 对象当前的筛选条件 tuanType 和 areaId，将 tuanType、areaId 以及排序规则一并传递到后台程序，后台程序根据查询条件和排序规则获取数据列表，将数据以 XML 形式返回给页面，其余流程与 Ajax 获取商品列表相同。

```
01      queryTuan.changeOrderBy = function(orderBy){
02      queryTuan.query(1,queryTuan.pageSize,queryTuan.areaId,queryTuan.
tuanType,orderBy,queryTuan.divId);
03      }
```

(5) 商品分页。在显示很多内容时，都需要用到分页技术，如图所示。

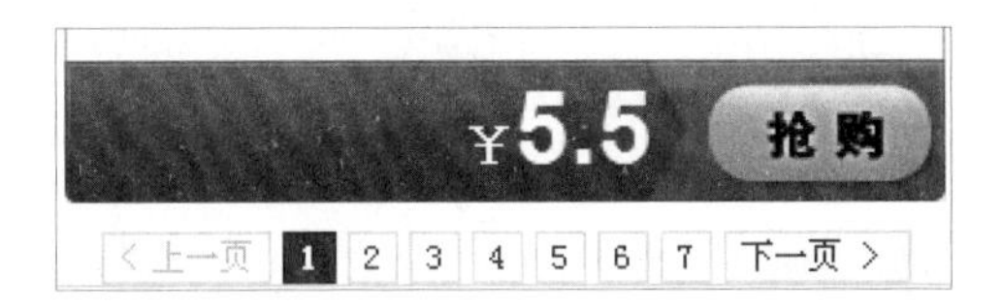

单击页数按钮时，调用 queryTuan.nextPage 方法，将当前的筛选条件 tuanType、areaId 以及排序规则、翻页页码一并传递到后台，后台程序根据查询条件、分页页码和排序规则获取数据列表，将数据以 XML 形式返回给页面，其流程与 Ajax 获取商品列表类似。代码如下。

```
01      queryTuan.nextPage = function(index){
02      queryTuan.query(index,queryTuan.pageSize,queryTuan.areaId,queryTuan.
tuanType,queryTuan.orderBy,queryTuan.divId);
03      }
```

(6) 商品详细页。

选择某一商品时，会打开商品的详细页面。

在展示商品图片时，通过 jQueryZoom 来实现图片的移动放大显示，通过 jdMarquee 来实现鼠标指针移动切换图片等功能。

页面代码如下。

```
01              <div id="preview">
02                  <div id="spec-n1" class="jqzoom"><img width="300" height="300"
jqimg="images/product Detail.jpg" src="images/productDetail.jpg" alt=""> </div>
03              <div id="spec-n5">
04                  <div id="spec-left" class="control"> <img style="border:none;padding:0;"
src="images/ left.gif"> </div>
```

```
05          <div id="spec-list">
06             <ul class="list-h" style="width: 62px; overflow: hidden;">
07               <li><img src="images/productDetail.jpg"> </li>
08               <li><img src="images/productImage.jpg"> </li>
09               <li><img src="images/productDetail.jpg"> </li>
10               <li><img src="images/productDetail.jpg"> </li>
11               <li><img src="images/productDetail.jpg"> </li>
12             </ul>
13          </div>
14             <div id="spec-right" class="control"> <img style="border:none;padding:0;"
src="images/ right.gif"> </div>
15          </div>
16        </div>
17        <script type="text/javascript" src="script/zoom.js"></script>
```

部分 JS 代码如下。

```
01    $(function(){
02     $(".jqzoom").jqueryzoom({
03        xzoom:428,
04        yzoom:360,
05        offset:10,
06        position:"right",
07        preload:1,
08        lens:1
09      });
10      $("#spec-list").jdMarquee({
11        deriction:"left",
12        width:300,
13        height:56,
14        step:2,
15        speed:4,
16        delay:10,
17        control:true,
18        _front:"#spec-right",
19        _back:"#spec-left"
20      });
21      $("#spec-list img").bind("mouseover",function(){
22        var src=$(this).attr("src");
23        $("#spec-n1 img").eq(0).attr({
24          src:src.replace("\/n5\/","\/n1\/"),
25          jqimg:src.replace("\/n5\/","\/n0\/")
26        });
```

```
27              $(this).css({
28                  "border":"2px solid #ff6600",
29                  "padding":"1px"
30              });
31          }).bind("mouseout",function(){
32              $(this).css({
33                  "border":"1px solid #ccc",
34                  "padding":"2px"
35              });
36          });
37      })
```

(7) 加减商品购买数量。加减商品购买数量显示效果如图所示。

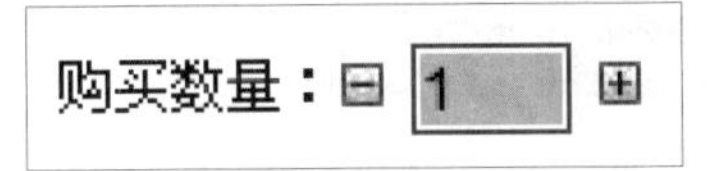

实现代码如下。

```
01      <dd> 购 买 数 量: <span><img src="images/jian.jpg" width="9" height="9"
onClick="decreaseQuantity()"/>
02       <input name="" value="1" id="buyCount" type="text" style="width:30px;"
onBlur="checkIs Number()"/>
03               <img src="images/jia.jpg" width="9" height="9"  onclick="addQuantity()"/></
span>
04      </dd>
05      function decreaseQuantity(){
06          var item = $('#buyCount');
07          var orig = Number(item.val());
08          if(orig > 1){
09              item.val(orig -1);
10          }
11      }
12      function addQuantity(){
13          var item = $('#buyCount');
14          var orig = Number(item.val());
15          item.val(orig + 1);
16      }
17      function checkIsNumber(){
18          var item = $('#buyCount');
19          var orig = Number(item.val());
20          if(isNaN(orig) ){
21              item.val(1);
```

```
22        }
23    }
```

单击减号按钮，调用 decreaseQuantity 方法，单击加号按钮，调用 addQuantity 方法，手工输入购买数量时调用 checkIsNumber 方法判断是否为数字，如果输入的为非数字值，则将购买数量置为 1。

(8) 商品收藏。根据商品 ID 获取商品收藏数量，如图所示。

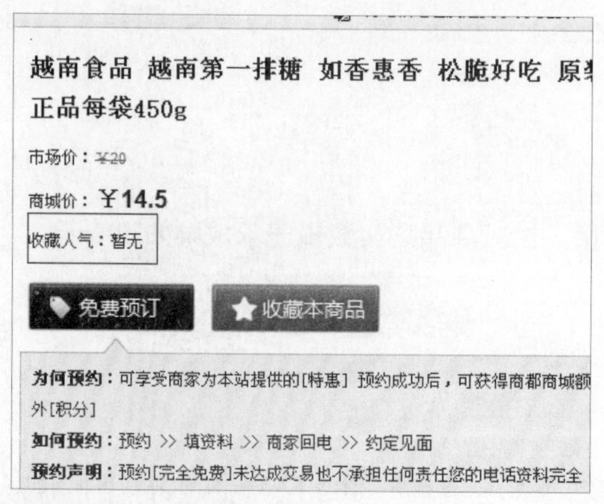

根据商品 ID 获得商品数量的实现代码如下。

```
01  reqFavcount = function(){
02      var url = 'favcount.action?productId='+productId;
03      $.ajax({
04        type: "GET",
05        url: url,
06        success: function(doc){
07         var favcountHtml = ' 暂无 ';
08         if($(doc).find("error").length>0){
09           favcountHtml = ' 暂无 ';
10         }
11         var count = $(doc).find("count").text();
12         if(count!="0"){
13           favcountHtml = count;
14         }
15         $('#productCollections').html(favcountHtml);
16         }
17      });
18  }
```

采用 Ajax 异步获取的方式，当页面 DOM 元素加载完毕后，调用根据商品 ID 获取商品收藏数量的方法；将商品 ID 参数传递到后台，后台查询出商品的收藏数量后返回给页面，然后显示。

将商品加入收藏夹中的代码如下。

```
01    function collectProduct(){
02      if(memberId==''){
03        alert(' 请先登录 ');
04          window.location = 'login.html?returnUrl='+encodeURIComponent(document.
URL,"utf-8");
05        return;
06      }
07      var url = 'favproduct.action?productId='+productId+'&shopId='+shopId;
08      url += '&math='+Math.random();
09      var account = '';
10      var areaCode = '';
11      $.getJSON(url,{'member.account':account,'favType':1},function(data){
12        if(data.done){
13          alert(data.msg);
14          reqFavcount();
15        }
16        else{alert(data.msg);}
17      });
18    }
```

单击【收藏本商品】按钮后，先判断用户是否已登录，如未登录，则给出提示，转至登录页面；已登录用户，采用 Ajax 将数据传递至后台程序进行处理，如果用户已收藏该商品，给出已收藏提示；否则提示加入收藏成功。

(9) 加入购物车。加入购物车的实现代码如下。

```
01        /* add cart */
02      function addToCart(productId){
03        var buyCount = $('#buyCount').val();// 获取购买数量
04          var url =  'addtocart.action?productId='+productId+'buyCount='+buyCount;/* 加入
购物车后台 url*/
05          $.getJSON(url, {'random':Math.random()}, function(data){
06            if (data.done)  {
07                      location.href="myCart.action";  // 加入购物车成功，转至购物车页面
08            }
09            else    {
10              if(data.notLogin){// 未登录，给出提示，转至登录页面
11                alert(' 请登录 ');
12                window.location = 'login.action';
13                return;
14              }
15              alert(data.msg);// 其他错误，给出提示
16            }
17          });
```

```
18      }
```

获取购买数量，采用 Ajax 形式，将商品 ID 和购买数量传递给后台进行处理，根据后台返回结果进行处理；如果加入购物车成功，则转至购物车页面；如果返回未登录标记，则给出提示，转至登录页面；其他错误，给出提示。

⑽ 提交订单结算。进入购物车后单击“去结算”按钮进行结算，结算时需要生成订单，订单内容除包括商品信息外，还包括收货人信息、配送方式、付款方式、发票信息等。

获取收货人地址信息的代码如下。

```
01      /* get Address */
02      MyCart.getAddress = function(){
03         var account = '';
04         var url = 'myaddress.action?memberId=';
05         url += '&math='+Math.random();
06         $.ajax({
07           type: "GET",
08           url: url,
09           success: function(doc){
10                if($(doc).find("error").length>0){
11                  alert($(doc).find("error").text());
12                  history.go(-1);
13                  return;
14                }
15                if($(doc).find("memberAddress").length==0){
16                  $('#addressList').hide();
17                  $('#souhuo').show();
18                  $('#newRadio').attr("checked",true);
19                  return;
20                }
21                var addressHtml = '';
22                $(doc).find("memberAddress").each(function(){// 找到根节点
23                 var addressId  = $(this).children("addressId").text();// 地址 ID
24                 var receiverName  = $(this).children("receiverName").text();// 收货人姓名
25                 var zipCode  = $(this).children("zipCode").text();// 收货人姓名
26                 var regionName  = $(this).children("regionName").text();// 区域信息
27                 var address  = $(this).children("address").text();// 地址信息
28                 var mobile  = $(this).children("mobile").text();// 手机
29                 var phone   = $(this).children("phone ").text();// 固定电话
30                  var isDefault   = $(this).children("isDefault ").text();/* 是否为默认收货地址，1
是，0 否 */
31                       addressHtml += '<li><input name="address" type="radio"
value="'+addressId+'" id="add'+addressId+'" onClick="selectAddress(\''+addressId+'\')"';
```

```
32                if(isDefault=='1'){
33                    firstAddId = addressId;
34                  addressHtml += ' checked="true"';
35                  $("#addressId").val(addressId);
36                  $("#receiverName").val(receiverName);
37                  $("#address").val(address);
38                  $("#mobile").val(mobile);
39                  $("#phone").val(phone);
40                  $("#zipCode").val(zipCode);
41                  var regionNameArray=regionName.split(",");
42                  for(m=0;m<regionNameArray.length;m++){
43                    if(m==1){
44                    //    $("#province").attr("value",' 天津市 ');// 填充内容
45                        //$("#province").attr("value","");// 填充内容
46                        //$("#province ").val(' 天津市 ');
47                        //$("#province option[text=' 天津市 ']").attr("selected", true);
48                        // $("#province").prepend("<option value='0'> 请选择 </option>");
49                    }else if(m==2){
50                    }else if(m==3){
51                    }
52                  }
53                }
54      addressHtml+=/>'+receiverName+' '+regionName+address+' <astyle=
"cursor:pointer"  onclick="deleteMemArress(\''+addressId+'\');">[ 删除 ]</a>';
55                /* if(mobile!=''){
56                   addressHtml += ''+mobile+' '+phone+'';
57                }
58                else{
59                   addressHtml += ''+phone+'';
60                }*/
61                addressHtml += '</li>';
62              });
63              $("#addressList").show();
64              $("#addressList").html(addressHtml);
65          }
66        });
67      }
```

选择送货方式的代码如下。

```
01      <div style="display:none" class="tx_main_list"> 送货方式：</div>
02          <div style="display:none" class="tx_songhuo">
03            <ul>
```

```
04            <li><input type="radio" value="1" name="payType"> 货到付款 （暂不支持货到付
款 )</li>
05            <li> <input type="radio" value="" name=""> 快递配送 （根据您的收货地址 )</li>
06            <li class="cu"> 配送是否需要保价  送货时间：</li>
07            <li> <input type="radio" value="" name=""> 工作日、双休日与假日均可送货 </li>
08            <li> <input type="radio" value="" name=""> 只工作日送货 ( 双休日、假日不用送 )
付款 )</li>
09            <li> <input type="radio" value="" name=""> 只双休日、假日送货 ( 工作日不用送 )
</li>
10          </ul>
11        </div>
```

选择付款方式的代码如下。

```
01        <div class="tx_main_list"> 付款方式：<span></span></div>
02        <div class="tx_fukuan">
03            <p> 网上银行及信用卡支付 &mdash;&mdash; 支持以下银行：( 网上银行支付限额
列表 &gt;&gt; 信用卡大额支付限额列表 &gt;&gt;)</p>
04          <div class="tx_zhifu">
05            <ul>
06              <li>
07                <dl>
08                  <dt><input type="radio" checked="" value="1" name="payType"></dt>
09                  <dd><img width="138" height="38" src="images/zhifu3.jpg"></dd>
10                </dl>
11              </li>
12              <li>
13                <dl>
14                  <dt><input type="radio" value="2" name="payType"> </dt>
15                  <dd><img width="138" height="38" src="images/zhifu4.jpg"></dd>
16                </dl>
17              </li>
18            </ul>
19          </div>
20        </div>
```

发票信息代码如下。

```
02      <div class="tx_main_page">
03        <p><span> 是否需要发票：</span>
04        <label><input type="radio" value="1" id="fapiao1" name="fapiao"> 需要 </label>
05         <label><input type="radio" id="fapiao0" checked="" value="0" name="fapiao"> 不
需要 </label> </p>
06        <p><span> 发票抬头：</span>
```

```
07        <input type="radio" onClick="unitName(1)" value="1" name="pagepeo"> 个人
08         <input type="radio" onClick="unitName(2)" value="1" name="pagepeo"
checked="checked" > 单位 </p>
09        <p style="" id="unitName"><span> 单位名称: </span>
10        <input type="text" style="width: 250px;height:22px;"></p>
11      </div>
```

提交订单代码如下。

```
01    /* 生成订单 */
02    MyCart.createOrder = function(){
03      if(totalMoney==0){
04        //alert(' 购物车中暂无商品 ');
05        //return;
06      }
07      var addressId = $("#addressId").val();
08      var fapiaoTaitou = $("#fapiaoTaitou").val();
09      var fuyan = $('#fuyan').val();
10      var payType= $('input:radio[name="payType"]:checked').val();
11      if(addressId==""){
12        if( !checkForm()){
13          return false;
14        }
15        alert(' 请先确认收货地址 ');
16        return false;
17      }
18      else if(payType==''){
19        alert(' 请选择支付方式 ');
20        return false;
21      }
22      else if($.trim(fuyan).length>100){
23        alert(' 订单附言不能超过 100 个字 ');
24        $('#fuyan').focus();
25        return false;
26      }
27      var scode = "";
28      scode = $('#scode').val();
29      if($.trim(scode)=="" || isNaN(scode)){
30        alert(' 请输入计算结果 ( 阿拉伯数字如 123)');
31        $('#scode').val('');
32        $('#scode').focus();
33        return false;
```

```
34      }
35      var url =  'createCrmOrder.action';
36      if($('#productType').val()=='2'){
37          url =  'createCrmOrder.action';
38      }
39      $("#btnDiv").hide();
40      $('#suc').html('<img src="images/load.gif"/> 正在提交订单，请稍等 ...');
41      var fapiao = 0;
42      if(document.getElementById('fapiao1').checked){
43         fapiao = 1;
44      }
45      $.getJSON(url,{'fuyan':fuyan,'payType':payType,'addressId':addressId,
46      'fapiao':fapiao,'fapiaoTaitou':fapiaoTaitou,
47      'scode':scode,'random':Math.random()},function(data){
48          if(data.done){
49              if(data.msg=="-2"){
50                  alert(" 商品数量不足，无法订购！ ");
51                  $('#suc').html(' 商品数量不足，无法订购！ ');
52                  $("#btnDiv").show();
53                  return false;
54              }
55              if(data.needPay){
56                  $('#suc').html(' 订单提交成功，正转向支付页面。');
57                  window.location.href=basePath+'pay.action?id='+data.msg;
58                  return;
59              }
60              else{
61                  $('#suc').html(' 订单提交成功，将转至我的订单页面。');
62                  window.location.href=basePath+'manage/myOrderCrm.action';
63                  return;
64              }
65              /*
66              $('#suc').html(' 订单提交成功，将转至我的订单页面。');
67              window.location.href='manage/myOrder.action';
68              */
69              return;
70          }
71          else{
72              var errorMsg = '';
73              if(data.msg=='-1'){
74                  errorMsg = ' 登录超时，请重新登录 ';
```

```
75              }
76              else if(data.msg=='-4'){
77                 alert(' 您好，该商品限制同一账号、同一个手机号码只能提交一个订单！ ');
78                 errorMsg = ' 您好，该商品限制同一账号、同一个手机号码只能提交一个订单！ ';
79              }
80              else if(data.msg=='-5'){
81                 alert(' 您好，请输入验证码！ ');
82                 errorMsg = ' 您好，请输入验证码！ ';
83              }
84              ……// 此处有代码省略
85              $('#suc').html('<font color=red> 订单提交出错 !'+errorMsg+'</font>');
86              $("#btnDiv").show();
87           }
88        });
89     }
```

由于设计一个电子商务网站涉及的内容很多，详细的设计代码请读者参考之前的知识和本章中提到的技术，并且页面设计还要和后台的脚本以及数据库设计等相结合，才能建立完整的电子商务网站。

高手私房菜

本节视频教学录像：2 分钟

技巧：图片验证码

电子商务网站重要的用户交互界面中，通常使用到验证码功能。下面介绍如何生成图片验证码功能。图片验证码的核心功能是生成图片。

(1) 建立 BufferedImage 对象。指定图片的长度、宽度和色彩。

```
BufferedImage image = new BufferedImage(80,25,BufferedImage.TYPE_INT_RGB);
```

(2) 取得 Graphics 对象，用来绘制图片。

```
Graphics g = image.getGraphics();
```

(3) 绘制图片背景和文字。

(4) 释放 Graphics 对象所占用的资源。

```
g.dispose();
```

(5) 通过 ImageIO 对象的 write 静态方法将图片输出。

```
ImageIO.write(image, "jpeg", new File("C:\\helloImage.jpeg"));
```

生成验证码图片的 Java 代码如下。

```
/* 产生答题验证图片并初始化验证码  */
01        public BufferedImage creatCalculateImage() {
02          int width = 80, height = 20;
03          BufferedImage image = new BufferedImage(width, height, BufferedImage.TYPE_
INT_RGB);
04          Graphics g = image.getGraphics();
05          Random random = new Random();
06          g.setColor(getRandColor(200, 220));
07          g.fillRect(0, 0, width, height);
08          g.setFont(new Font(" 宋体 ", Font.PLAIN, 18));
09          g.setColor(getRandColor(200, 220));
10          for (int i = 0; i < 155; i++) {
11            int x = random.nextInt(width);
12            int y = random.nextInt(height);
13            int xl = random.nextInt(12);
14            int yl = random.nextInt(12);
15            g.drawLine(x, y, x + xl, y + yl);
16          }
17          String[] jia = new String[]{" 加 "," 减 "};
18          String[] hanzi = new String[]{" 零 "," 一 "," 二 "," 三 "," 四 "," 五 "," 六 "," 七 "," 八 "," 九 "};
19            int ranInt = random.nextInt(10);
20              String rand = String.valueOf(ranInt);
21           g.setColor(new Color(0,0,0));
22           g.drawString(hanzi[ranInt], 18 *0 + 6, 16);
23
24           g.setColor(new Color(0,0,0));
25           g.drawString(" 加 ", 18 *1 + 6, 16);
26
27           int ranInt2 = random.nextInt(10);
28            rand = String.valueOf(ranInt2);
29           result = ranInt + ranInt2;
30           g.setColor(new Color(0,0,0));
31           g.drawString(rand, 18 *2 + 6, 16);
32           g.setColor(new Color(0,0,0));
33           g.drawString("=?", 18 *3 , 16);
34         //}
35         g.dispose();
36         return image;
37       }
```

第5篇

高手秘籍篇

第21章

构建 HTML 5 的离线 Web 应用——缓存技术

本章视频教学录像：39 分钟

高手指引

为了能在离线的情况下访问网站，可以采用 HTML 5 的离线 Web 功能。

重点导读

- HTML 5 离线 Web 应用
- 使用 HTML 5 离线 Web 应用 API
- 使用 HTML 5 离线 Web 应用构建应用

21.1 HTML 5 离线 Web 应用概述

本节视频教学录像：3 分钟

HTML 5 中新增了本地缓存功能，也就是 HTML 离线 Web 应用，主要通过应用程序缓存整个离线网站的 HTML、CSS、JavaScript、网站图像和资源。当服务器没有和 Internet 建立连接时，也可以利用本地缓存中的资源文件来正常运行 Web 应用程序。而如果网站发生了变化，应用程序缓存将重新加载变化的数据文件。

浏览器网页缓存与本地缓存的主要区别如下。

(1) 因为浏览器网页缓存主要是为了加快网页加载的速度，所以会对每一个打开的网页都进行缓存操作，而本地缓存是为整个 Web 应用程序服务的，只缓存那些指定的网页。

(2) 在网络连接的情况下，浏览器网页缓存一个页面的所有文件，但是一旦离线，用户单击链接时，将会得到一个错误消息。而本地缓存在离线时，仍然可以正常访问。

(3) 对于网页浏览者而言，浏览器网页缓存了哪些内容和资源及这些内容是否安全可靠等都不知道；而本地缓存的页面是编程人员指定的内容，所以在安全方面相对可靠了许多。

21.2 使用 HTML 5 离线 Web 应用 API

本节视频教学录像：20 分钟

离线 Web 应用较为普遍，下面详细介绍离线 Web 应用的构成与实现方法。

21.2.1 检查浏览器的支持情况

不同的浏览器版本对 Web 离线应用技术的支持情况不同，下表是常见浏览器对 Web 离线应用的支持情况。

浏览器名称	支持 Web 存储技术的版本情况
Internet Explorer	Internet Explorer 9 及更低版本目前尚不支持
Firefox	Firefox 3.5 及更高版本
Opera	Opera 10.6 及更高版本
Safari	Safari 4 及更高版本
Chrome	Chrome 5 及更高版本
Android	Android 2.0 及更高版本

使用离线 Web 应用 API 前，最好先检查浏览器是否支持它。检查浏览器是否支持的代码如下。

```
if(windows.applicationcache){
// 浏览器支持离线应用 }
```

21.2.2 搭建简单的离线应用程序

为了使一个包含 HTML 文档、CSS 样式表和 JavaScript 脚本文件的单页面应用程序支持离线应用，需要在 HTML 5 元素中加入 Manifest 特性。具体实现代码如下。

```
01    <!--doctype html-->
02    <html manifest=" 123.manifest" >
03    </html>
```

执行以上代码可以提供一个存储的缓存空间，但是还不能使用离线应用程序，需要指明哪些资源可以享用这些缓存空间，即需要提供一个缓冲清单文件。具体实现代码如下。

```
01    CHCHE MANIFEST
02    index.html
03    123.js
04    123.css
05    123.gif
```

以上代码指明了由 4 种类型的资源对象文件构成缓冲清单。

21.2.3 支持离线行为

要支持离线行为，首先要能够判断网络连接状态，HTML 5 中引入了一些判断应用程序网络连接是否正常的新事件，对应应用程序的在线状态和离线状态会有不同的行为模式。

用于实现在线状态监测的是 window.navigator 对象的属性。其中的 navigator.online 属性是一个标明浏览器是否处于在线状态的布尔属性，online 值为 true 并不能保证 Web 应用程序在用户的机器上一定能访问到相应的服务器，而当其值为 false 时，不管浏览器是否真正连网，应用程序都不会尝试进行网络连接。

监测页面状态是在线还是离线的具体代码如下。

```
01    // 页面加载时，设置状态为 online 或 offline
02    Function loaddemo(){
03      If (navigator.online) {
04        Log( "online" );
05      } else {
06        Log( "offline" );
07      }
08    }
09    // 添加事件监听器，在线状态发生变化时，触发相应动作
10    Window.addeventlistener( "online" ,function € {
11    }, true);
12    Window.addeventlistener( "offline" ,function(e) {
13      Log( "offline" );
14    },true);
```

上述代码可以在 Internet Explorer 浏览器中使用。

21.2.4 Manifest 文件

那么，客户端的浏览器是如何知道应该缓存哪些文件呢？这就需要依靠 manifest 文件来管理。Manifest 文件是一个简单文本文件，在该文件中以清单的形式列举需要缓存或不需要

缓存的资源文件的文件名称，以及这些资源文件的访问路径。

Manifest 文件把指定的资源文件类型分为 3 类，分别是“CACHE”、“NETWORK”和“FALLBACK”。这 3 类的含义分别如下。

(1) CACHE 类别：该类别指定需要缓存在本地的资源文件，这里需要特别注意的是，为某个页面指定需要本地缓存的资源文件时，不需要把这个页面本身指定在 CACHE 类型中，因为如果一个页面具有 Manifest 文件，浏览器就会自动对这个页面进行本地缓存。

(2) NETWORK 类别：该类别指定不进行本地缓存的资源文件，这些资源文件只有当客户端与服务器端建立连接时才能访问。

(3) FALLBACK 类别：该类别中指定两个资源文件，其中一个资源文件为能够在线访问时使用的资源文件，另一个资源文件为不能在线访问时使用的备用资源文件。

以下是一个简单的 Manifest 文件的内容。

```
01    CACHE MANIFEST
02    # 文件的开头必须是 CACHE MANIFEST
03    CACHE:
04    123.html
05    myphoto.jpg
06    12.php
07    NETWORK:
08    http://www.baidu.com/xxx
09    feifei.php
10    FALLBACK:
11    online.js locale.js
```

上述代码的含义如下。

(1) 指定资源文件，文件路径可以是相对路径，也可以是绝对路径。指定时每个资源文件为独立的一行。

(2) 第一行必须是 CACHE MANIFEST，此行的作用是告诉浏览器需要对本地缓存中的资源文件进行具体设置。

(3) 每一个类型都必须出现，而且同一个类别可以重复出现。如果文件开头没有指定类别而直接书写资源文件，浏览器就把这些资源文件视为 CACHE 类别。

(4) 在 Manifest 文件中，注释行以“#”开始，主要用于进行一些必要的说明或解释。

为单个网页添加 Manifest 文件时，需要在 Web 应用程序页面上的 HTML 元素的 Manifest 属性中指定 Manifest 文件的 URL 地址。具体代码如下。

```
01    <html manifest="123.manifest">
02    </html>
```

添加上述代码后，浏览器即可正常阅读该文本文件。

> **提示**　用户可以为每一个页面单独指定一个 Mainifest 文件，也可以对整个 Web 应用程序指定一个总的 Manifest 文件。

上述操作完成后，即可将资源文件缓存到本地。当需要修改本地缓存区的内容时，只需要修改 Manifest 文件即可。

21.2.5 ApplicationCache API

在传统的 Web 程序中，浏览器也会对资源文件进行缓存，但并不是很可靠，有时达不到预期的效果。而 HTML 5 中的 Application cache 支持离线资源的访问，为离线 Web 应用的开发提供了可能。

使用 Application cache 的好处有以下几点。

(1) 用户可以在离线时继续使用。

(2) 缓存到本地，节省带宽，加速用户体验的反馈。

(3) 减轻服务器的负载。

Applicationcache 是一个操作应用缓存的接口，是 windows 对象的直接子对象 window.applicationcache。window.applicationcache 对象可以触发一系列与缓存状态相关的事件。具体事件如下表所示。

事件	接口	触发条件	后续事件
checking	Event	用户代理检查更新或者在第一次尝试下载 Manifest 文件时，该事件往往是事件队列中第一个被触发的	noupdate、downloading、obsolete、error
noupdate	Event	检测出 Manifest 文件没有更新	无
downloading	Event	用户代理发现更新并且正在取资源，或者第一次下载 Manifest 文件列表中列举的资源	progress、error、cached、updateready
progress	ProgressExent	用户代理正在下载资源 Manifest 文件中需要缓存的资源	progress、error、cached、updateready
cached	Event	Manifest 中列举的资源已经下载完成，并且已经缓存	无
updateready	Event	Manifest 中列举的文件已经重新下载并更新成功，接下来 JS 可以使用 swapCache() 方法更新到应用程序中	无
obsolete	Event	Manifest 的请求出现 404 或者 410 错误，应用程序缓存被取消	无

此外，没有可用更新或者发生错误时，还有如下一些表示更新状态的事件。

(1) Onerror

(2) Onnoupdate

(3) 03onprogress

该对象有一个数值型属性 window.applicationcache.status，代表缓存的状态。缓存状态共有 6 种，如下表所示。

数值型属性	缓存状态	含义
0	UNCACHED	未缓存
1	IDLE	空闲
2	CHECKING	检查中
3	DOWNLOADING	下载中
4	UPDATEREADY	更新就绪
5	OBSOLETE	过期

window.applicationcache 有 3 种方法，如下表所示。

方法名	描述
update()	发起应用程序缓存下载进程
abort()	取消正在进行的缓存下载
swapcache()	切换成本地最新的缓存环境

提示 调用 update() 方法会请求浏览器更新缓存，包括检查新版本的 Manifest 文件并下载必要的新资源。如果没有缓存或者缓存已过期，则会抛出错误。

21.3 使用 HTML 5 离线 Web 应用构建应用

本节视频教学录像：14 分钟

下面结合上述学习的内容来构建一个离线 Web 应用程序（实例文件：ch21\index.html）。

21.3.1 创建记录资源的 Manifest 文件

首先创建一个缓冲清单文件 123.manifest，文件中列出了应用程序需要缓存的资源。

具体实现代码如下。

```
01	CACHE MANIFEST
02	# javascript
03	./offline.js
04	#./123.js
05	./log.js
06	#stylesheets
07	./CSS.css
08	#images
```

21.3.2 创建构成界面的 HTML 和 CSS

实现网页结构，其中需要指明程序中用到的 JavaScript 文件和 CSS 文件，并且还要调用 Manifest 文件。

具体实现代码如下。

```
01    <!DOCTYPE html >
02    <html lang="en" manifest="123.manifest">
03    <head>
04    <meta charset="utf-8">
05    <title> 创建构成界面的 HTML 和 CSS</title>
06    <script src="log.js"></script>
07    <script src="offline.js"></script>
08    <script src="123.js"></script>
09    <link rel="stylesheet" href="CSS.css" />
10    </head>
11    <body>
12      <header>
13        <h1>Web 离线应用 </h1>
14      </header>
15      <section>
16        <article>
17        <button id="installbutton">check for updates</button>
18        <h3>log</h3>
19        <div id="info">
20        </div>
21        </article>
22      </section>
23    </body>
24    </html>
```

21.3.3 创建离线的 JavaScript

在网页设计中经常会用到 JavaScript 文件，该文件通过 <script> 标签引入网页。在执行离线 Web 应用时，这些 JavaScript 文件也会一并存储到缓存中。

1. 创建 offline.js 文件

```
01    <offline.js>
02    /*
03     * 记录 window.applicationcache 触发的每一个事件
04     */
05    window.applicationcache.onchecking =
06    function(e) {
07      log("checking for application update");
08      }
09    window.applicationcache.onupdateready =
10    function(e) {
11      log("application update ready");
```

```
12          }
13      window.applicationcache.onobsolete =
14      function(e) {
15          log("application obsolete");
16          }
17      window.applicationcache.onnoupdate =
18      function(e) {
19          log("no application update found");
20          }
21      window.applicationcache.oncached =
22      function(e) {
23          log("application cached");
24          }
25      window.applicationcache.ondownloading =
26      function(e) {
27          log("downloading application updatc");
28          }
29      window.applicationcache.onerror =
30      function(e) {
31          log("online");
32          }, true);
33      /*
34       * 将 applicationcache 状态代码转换成消息
35       */
36       ……/* 此处有代码省略
37          if(!navigator.geolocation) {
38            log("HTML 5 geolocation is not supported in your browser.");
39            return;
40          }
41          log("initial cache status: " + showcachestatus(window.applicationcache.status));
42          document.getelementbyid("installbutton").onclick = checkfor;
43      }
```

2. 创建 log.js 文件

```
01      <log.js>
02      log = function() {
03         var p = document.createelement("p");
04         var message = array.prototype.join.call(arguments," ");
05         p.innerhtml = message
06         document.getelementbyid("info").appendchild(p);
07      }
```

21.3.4 检查 applicationCache 的支持情况

因为 applicationCache 对象并非所有浏览器都支持，所以在编辑时需要加入浏览器支持性检测，并提醒浏览者页面无法访问是浏览器兼容问题。具体实现代码如下。

```
01    onload = function(e) {
02      // 检测所需功能的浏览器支持情况
03      if (!window.applicationcache) {
04        log(" 您的浏览器不支持 HTML 5 Offline Applications ");
05       return;
06      }
07      if (!window.localStorage) {
08        log(" 您的浏览器不支持 HTML 5 Local Storage  ");
09       return;
10      }
11    if (!window.WebSocket) {
12        log(" 您的浏览器不支持 HTML 5 WebSocket ");
13       return;
14      }
15    if (!navigator.geolocation) {
16        log(" 您的浏览器不支持 HTML 5 Geolocation ");
17       return;
18      }
19       log("Initial cache status:" + showCachestatus(window.applicationcache.status));
20      document.getelementbyld("installbutton").onclick = install;
21    }
```

21.3.5 为 Update 按钮添加处理函数

下面设置 update 按钮的行为函数，该函数的功能为执行更新应用缓存。具体代码如下。

```
01    Install = function() {
02       Log( “checking for updates” );
03       Try {
04         Window.applicationcache.update();
05       } catch (e) {
06         Applicationcache.onerror():
07       }
08    }
```

21.3.6 添加 Geolocation 的支持情况

HTML 5 提供的全新功能 Geolocation，允许用户在 Web 应用程序中共享他们的位置，使其能够享受位置感知服务。

在 HTML 5 中，当请求一个位置信息时，如果用户同意，浏览器就会返回位置信息，该位置信息通过支持地理定位功能的底层设备（如笔记本电脑或手机）提供给浏览器。位置信息由纬度、经度坐标和一些其他元数据组成。

经纬度坐标有两种表示方式：十进制格式（如 39.9）和角度（Degree Minute Second，DMS）格式（例如 39° 54′ 20″）。HTML 5 Geolocation API 返回的坐标格式为十进制格式。除了纬度和经度坐标，HTML 5 Geolocation 还提供位置坐标的准确度。除此之外，它还会提供其他一些元数据，如海拔、海拔准确度、行驶方向和速度等，具体情况取决于浏览器所在的硬件设备。

在调用 HTML 5 Geolocation API 函数前，需要确保浏览器支持此功能。当浏览器不支持时，可以提供一些替代文本，以提示用户升级浏览器或安装插件（如 Gears）来增强现有浏览器功能。如下代码是浏览器支持性检查的一种途径。

```
01    function testSupport() {
02        if (navigator.geolocation) {
03            document.getElementById( “support” ).innerHTML = " 支  持 HTML 5
Geolocation。";
04        } else {
05        document.getElementById( “support” ).innerHTML =
06        " 该浏览器不支持 HTML 5 Geolocation！ 建议升级浏览器或安装插件（如 Gears）。";
07        }
08    }
```

testSupport() 函数检测浏览器的支持情况。这个函数应该在页面加载时就被调用，如果浏览器支持 HTML 5 Geolocation，则 navigator.geolocation 调用返回该对象，否则触发错误。预先定义的 support 元素会根据检测结果显示浏览器支持情况的提示信息。

21.3.7 添加 Storage 功能代码

当应用程序处于离线状态时，需要将数据更新写入本地存储，可以使用 Storage 实现该功能，在上传请求失败后可以通过 storage 得到恢复。如果应用程序遇到某种原因导致的网络错误，或者应用程序被关闭时，数据会被存储，以便下次再进行传输。

实现 Storage 功能的具体代码如下。

```
01    Var storelocation =function(latitude, longitude){
02    // 加载 localstorage 的位置列表
03    Var locations = json.pares(localstorage.locations || “[]” );
04    // 添加地理位置数据
05    Locations.push({ “latitude” : latitude, “longitude” : longitude});
```

```
06      //保存新的位置列表
07      Localstorage.Locations = json.stringify(locations);
```

由于 localstorage 可以将数据存储在本地浏览器中，特别适用于具有离线功能的应用程序，所以这里使用它来保存坐标。本地存储中的缓存数据在网络连接恢复正常后，应用程序会自动与远程服务器进行数据同步。

21.3.8 添加离线事件处理程序

对于离线 Web 应用程序，在使用时要结合当前状态执行特定的事件处理程序。通常的离线事件处理程序设计如下。

(1) 如果应用程序在线，事件处理函数会存储并上传当前坐标。

(2) 如果应用程序离线，事件处理函数只存储不上传。

(3) 当应用程序重新连接到网络后，事件处理函数会在 UI 上显示在线状态，并在后台上传之前存储的所有数据。具体实现代码如下。

```
01      Window.addeventlistener(“online”, function(e){
02        Log(“online”);
03      }, true);
04      Window.addeventlistener(“offline”, function(e) {
05        Log(“offline”);
06      }, true);
```

网络连接状态在应用程序没有真正运行时可能会发生改变，如用户关闭了浏览器，刷新页面或跳转到了其他网站。为了应对这些情况，离线应用程序在每次页面加载时，都会检查与服务器的连接状况。如果连接正常，就尝试与远程服务器同步数据。具体实现代码如下。

```
01      If(navigator.online){
02        Uploadlocations();
03      }
```

高手私房菜

本节视频教学录像：2 分钟

技巧：不同的浏览器可以读取同一个 Web 中存储的数据吗

在 Web 存储时，不同的浏览器将存储在不同的 Web 存储库中。例如，如果用户使用的是 IE 浏览器，那么 Web 存储工作时，将所有数据存储在 IE 的 Web 存储库中，如果用户再次使用火狐浏览器访问该站点，就不能读取 IE 浏览器存储的数据。可见每个浏览器的存储是分开并独立工作的。

第22章

CSS 的高级特性

本章视频教学录像：13 分钟

高手指引

本章介绍 CSS 的高级特性——复合选择器。在设计网页样式时，使用复合选择器不仅可以精确设置元素在浏览器中的显示效果，而且有助于提高网页样式设计效率。

重点导读

- 掌握复合选择器的基本内容
- 掌握 CSS 的继承特性
- 掌握 CSS 的层叠特性

22.1 复合选择器

本节视频教学录像：5 分钟

复合选择器是通过基本选择器的不同连接方式组合形成的，按照连接方式的不同，可以把复合选择器分为交集选择器、并集选择器及后代选择器。

22.1.1 交集选择器

交集选择器由两个选择器直接连接构成，其结果是选中二者各自元素范围的交集。其中第 1 个选择器必须是标签选择器，第 2 个选择器必须是类选择器或 ID 选择器，这两个选择器之间不能有空格，必须连续书写。这种方式构成的选择器将选中同时满足前后二者定义的元素，也就是前者所定义的标签类型，并且指定了后者的类别或者 id 的元素，因此被称为交集选择器。代码清单 22-1-1-1 所示。

【范例 22.1】 交集选择器（代码清单 22-1-1-1）

```
01    <!DOCTYPE HTML PUBLIC "-//W3C//DTD HTML 4.01 Transitional//EN" "http://
www.w3.org/TR/ html4/loose.dtd">
02    <html>
03    <head>
04    <meta http-equiv="Content-Type" content="text/html; charset=utf-8">
05    <title> 交集选择器 </title>
06    <style type="text/css">
07       p{color:blue;font-size:18px;}
08       p.p1{color:red;font-size:24px;}   /* 交集选择器 */
09       .p1{ color:black; font-size:30px}
10    </style>
11    </head>
12    <body>
13       <p> 使用 p 标记 </p>
14       <p class="p1"> 指定了 p.p1 类别的段落文本 </p>
15       <h3 class="p1"> 指定了 .p1 类别的标题 </h3>
16    </body>
17    </html>
```

【运行结果】

在浏览器中打开该网页，显示效果如下图所示。

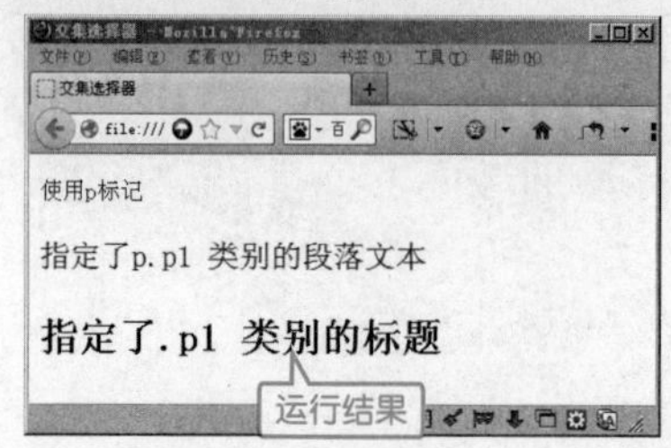

22.1.2 并集选择器

并集选择器是由多个选择器通过逗号连接而成的，这些选择器分别是：标签选择器、类选择器或 ID 选择器等，它的结果是同时选中各个基本选择器所选择的范围。任何形式的选择器（包括标记选择器、类选择器、ID 选择器）都可以作为并集选择器的一部分。

如果某些选择器的风格完全相同，就可以利用并集选择器同时声明风格相同的 CSS 选择器。代码清单 22-1-2-1 所示。

【范例 22.2】 并集选择器（代码清单 22-1-2-1）

```
01    <!DOCTYPE HTML PUBLIC "-//W3C//DTD HTML 4.01 Transitional//EN" "http://
www.w3.org/TR/h tml4/loose.dtd">
02    <html>
03    <head>
04    <meta http-equiv="Content-Type" content="text/html; charset=utf-8">
05    <title> 并集选择器 </title>
06    <style type="text/css">
07       h1,h2,h3,p,span{
08          color:red;
09          font-size:12px;
10          font-weight:bold;
11       }
12    </style>
13    </head>
14    <body>
15       <p> 这里是 p 标签 </p>
16       <h1> 这里是 h1 标签 </h1>
17       <h2> 这里是 h2 标签 </h2>
18       <h3> 这里是 h3 标签 </h3>
19       <span> 这里是 span 标签 </span>
20    </body>
21    </html>
```

【运行结果】

在浏览器中打开该网页，显示效果如下图所示。

本例为页面中的所有 <h1>、<h2>、<h3>、<p> 及 <span> 标签指定了相同的样式规则，这样做的好处是对于页面中需要使用相同样式的地方只需要书写一次样式表即可实现，从而减少了代码量，改善了 CSS 代码的结构。

22.1.3 后代选择器

在实际编写 CSS 样式时，可能只需要对某一个标签的子标签使用样式，这时后代选择器就派上用场了，后代选择器是指选择符组合中前一个选择器包含后一个选择器，选择器之间使用空格作为分隔符，代码清单 22-1-3-1 所示。

【范例 22.3】 后代选择器（代码清单 22-1-3-1）

```
01    <!DOCTYPE HTML PUBLIC "-//W3C//DTD HTML 4.01 Transitional//EN" "http://
www.w3.org/TR/ html4/loose.dtd">
02    <html>
03    <head>
04    <meta http-equiv="Content-Type" content="text/html; charset=utf-8">
05    <title> 后代选择器 </title>
06    <style type="text/css">
07      h1 span{
08        color:red;
09      }
10    </style>
11    </head>
12    <body>
13      <h1> 这是 h1 标签内的文本 <br><span> 这是 h1 标签下 span 内的文本 </span></h1>
14      <h2> 这是 h2 标签内的文本 <br><span> 这是 h2 标签下 span 内的文本 </span></h2>
15      <h2></h2>
16      <h1> 单独的 h1 内的文本 </h1>
17    <span> 单独的 span 内的文本 </span>
18    </body>
19    </html>
```

【运行结果】

在浏览器中打开该网页，显示效果如下图所示。

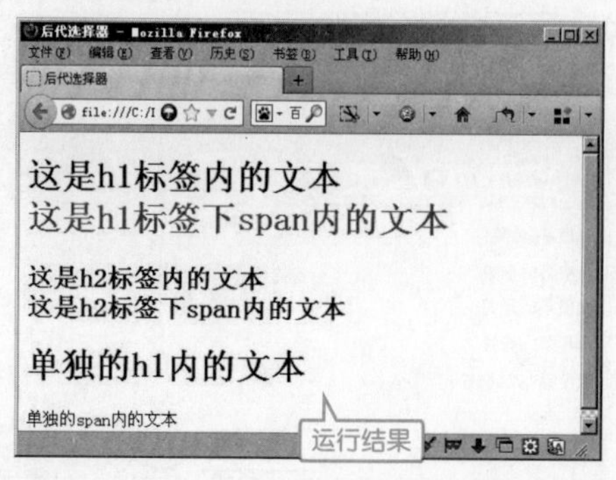

在本例中，只有在 <h1> 标签下的 <span> 标签才会应用 color:red 的样式设置，注意仅对有此结构的标签有效，对于单独存在的 h1 和单独存在的 span 及其他非 h1 标签下属的 span 均不会应用此样式。这样做能避免过多的 id 及 class 的设置，直接对所需要设置的元素进行设置。后代选择器除了可以二者包含外，还可以多级包含。例如，下面的选择器。

```
01    body h1 span{
02    color:red;
03    }
```

22.2 CSS 的继承特性

本节视频教学录像：3 分钟

如果读者曾经学习过面向对象的编程语言，那么一定很熟悉"继承"的概念，没接触过也没关系，CSS 中的继承特性比较简单。具体来说就是指定的 CSS 属性向下传递给子孙元素的过程。可以参照 CSS 的实例来理解继承的概念，代码清单 22-2-1 所示。

【范例 22.4】 CSS 的继承特性（代码清单 22-2-1）

```
01    <!DOCTYPE HTML PUBLIC "-//W3C//DTD HTML 4.01 Transitional//EN" "http://
www.w3.org/TR/ html4/loose.dtd">
02    <html>
03    <head>
04    <meta http-equiv="Content-Type" content="text/html; charset=utf-8">
05    <title>CSS 的继承特性 </title>
06    <style type="text/css">
07       p{
08          color:red;
09       }
10    </style>
11    </head>
12    <body>
13       <p> 嵌套使 <span> 用 CSS</span> 标记的方法 </p>
14    </body>
15    </html>
```

【运行结果】

在实例中，<p> 标签中嵌套了一个 <span> 标签，<p> 可以说是 <span> 的父标签，在样式的定义中只定义 <p> 标签的样式。打开该网页，显示效果如下图所示。

观察上图，可以看到 <span> 标签中的文字也变成了红色，这就是由于 <span> 继承了 <p> 的样式。

提示 继承是一种机制，它允许样式不仅可以应用于某个特定的元素，还可以应用于它的后代。从表现形式上说，继承使被包含的标记具有其外层标签的样式性质。运用继承，可以更方便轻松地书写 CSS 样式，否则就需要书写每个内嵌标签的样式，还可以减小 CSS 文件的大小，提高下载速度。

22.2.1 继承关系

在 CSS 中也不是所有的属性都支持继承。以下属性是可以被继承的。

(1) 文本相关的属性。

例如，font-family、font-size、font-style、font-weight、font、line-height、text-align、text-indent、word-spaceing

(2) 列表相关的属性。

例如，list-style-image、list-style-position、list-style-type、list-style

(3) 颜色相关的属性。

例如：color

22.2.2 CSS 继承的运用

下面通过一个例子深入理解 CSS 继承的应用。

【范例 22.5】 CSS 继承的运用（代码清单 22-2-2-1）

```
01      <!DOCTYPE HTML PUBLIC "-//W3C//DTD HTML 4.01 Transitional//EN" "http://
www.w3.org/TR/ html4/loose.dtd">
02      <html>
03      <head>
04      <meta http-equiv="Content-Type" content="text/html; charset=utf-8">
05      <title>CSS 继承的运用 </title>
06      <style type="text/css">
07          h1{
08              color:#C3C;                /* 颜色 */
09              text-decoration:underline;    /* 下画线 */
10          }
11      ……// 此处有代码省略
12          </ul>
13      </body>
14      </html>
```

【运行结果】

在浏览器中打开该网页，显示效果如下图所示。

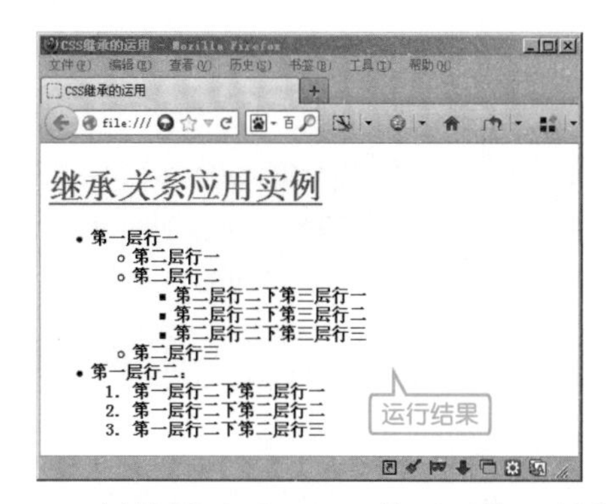

观察上图，可以发现 <em> 标签继承了 <h1> 的下画线，所有 <li> 都继承了加粗属性。

22.3 CSS 的层叠特性

本节视频教学录像：3 分钟

因为 CSS 本身的意思就是层叠样式表，所以“层叠”是 CSS 的一个最为重要的特征。“层叠”可以被理解为覆盖的意思，是 CSS 中样式冲突的一种解决方法。这一点可以通过两个实例进行说明。

同一选择器被多次定义。代码清单 22-3-1 所示。

【范例 22.6】 CSS 的层叠特性（代码清单 22-3-1）

```
01    <!DOCTYPE HTML PUBLIC "-//W3C//DTD HTML 4.01 Transitional//EN" "http://
www.w3.org/TR/ html4/loose.dtd">
02    <html>
03    <head>
04    <meta http-equiv="Content-Type" content="text/html; charset=utf-8">
05    <title> 层叠实例一 </title>
06    <style type="text/css">
07       h1{
08          color:blue;      /* 定义一级标题为蓝色 */
09       }
10       h1{
11          color:red;       /* 定义一级标题为红色 */
12       }
13       h1{
14          color:green;     /* 定义一级标题为绿色 */
15       }
16    </style>
17    </head>
18    <body>
19       <h1> 层叠实例一 </h1>
20    </body>
21    </html>
```

【运行结果】

上述代码为<h1>标签定义了3次颜色：蓝、红、绿，这时就产生冲突了，在CSS规则中，最后有效的样式将覆盖前面的样式，具体到本例就是最后的绿色生效。在浏览器中打开该网页，显示效果如下图所示。

高手私房菜

本节视频教学录像：2 分钟

技巧：CSS 选择器的特殊性

特殊性规定了不同规则的权重，当多个规则都可以应用在同一元素时，权重越高的样式会被优先采用。例如：

```
01    <!DOCTYPE HTML PUBLIC "-//W3C//DTD HTML 4.01 Transitional//EN" "http://
www.w3.org/TR/ html4/loose.dtd">
02    <html>
03    <head>
04    <meta http-equiv="Content-Type" content="text/html; charset=utf-8">
05    <title> 选择器的特殊性 </title>
06    <style type="text/css">
07      .font{
08        color:red;
09      }
10      p{
11        color:blue;
12      }
13    </style>
14    </head>
15    <body>
16      <p class="font01"> 文本内容 </p>
17    </body>
18    </html>
```

<p>标签内的文本究竟应该是什么颜色？根据规范，一个简单的选择器（如 p）具有特殊性 1，而类选择器具有特殊性 10，id 选择器具有特殊性 100。因此，本例中的<p>标签内的文本显示为红色。需要注意的是，继承的属性具有特殊性 0，因此后面的任何定义都会覆盖元素继承来的样式。

第23章

Ajax 的应用

本章视频教学录像：20 分钟

高手指引

传统 Web 页面每次应用的交互都需要向服务器发送请求，然后需要等待服务器响应、屏幕刷新、请求返回，最后生成新的页面，结果是应用的响应时间严重依赖于服务器的响应时间，用户 Web 界面响应迟缓。而 Ajax 的出现让 Web 页面和服务器之间的数据可以进行异步传输，不需要打断用户的操作，具有更加迅速的响应能力，大大提升了用户体验。

重点导读

- 掌握 Ajax 的异步交互机制
- 掌握 Ajax 框架

23.1 Ajax 的异步交互机制

本节视频教学录像：12 分钟

Ajax 与传统 Web 应用最大的不同就是它的异步交互机制，这也是它最核心最重要的特点。本节我们将对 Ajax 的异步交互进行讲解。

23.1.1 异步对象连接服务器

在 Web 中，与服务器进行异步通信的是 XMLHttpRequest 对象，目前几乎所有的浏览器都支持该异步对象，并且该对象可以接受任何形式的文档。在使用该异步对象之前必须先创建该对象，创建的代码如下。

```
01	var xmlhttp;
02	function createXMLHttpRequest(){
03	  if(window.ActiveXObject)
04	      xmlhttp= new ActiveXObject("Microsoft.XMLHTTP");
05	  else if (window.XMLHttpRequest)
06	      xmlhttp= new XMLHttpRequest();
07	}
```

因为在整个页面进程中都需要用到 XMLHttpRequest 异步对象，所以代码中先声明了一个全局变量 xmlhttp，然后在创建异步对象的函数里创建。考虑到浏览器的兼容问题，需要判断浏览器类型，针对不同的浏览器采用不同的创建方法，如果是 IE 浏览器则采用 ActiveXObject 创建方法，如果不是则采用 XMLHttpRequest 函数来创建。

创建完异步对象，利用该异步对象连接服务器时需要用到该对象的一些属性和方法，下面我们来简单介绍一下该对象提供的一系列十分有用的属性和方法。

常用的属性如下。

(1) readyState：指定请求的状态。有 5 个可能值，0 表示未初始化，1 表示正在加载中，2 表示已加载完成，3 表示正在交互中，4 表示交互完成。

(2) onreadystatechange：指定当发生任何状态变化时（即 readyState 属性值改变时）的事件处理句柄。

(3) responseText：客户端接收到的 HTTP 响应的文本内容。

(4) responseXML：当接收到完整的 HTTP 响应时（readyState 为 4）描述 XML 响应。

(5) status：描述服务器返回的 HTTP 状态代码，如 200 对应 OK，404 对应 not found。

(6) statusText：描述了服务器返回的 HTTP 状态代码文本，如 OK、not found 等。

常用的方法如下。

(1) abort()：停止当前请求。

(2) getAllResponseHeaders()：获取 HTTP 请求的所有响应的头部。

(3) getResponseHeader()：获取指定 HTTP 请求响应的头部。

(4) open(method, url)：初始化一个 XMLHttpRequest 对象，也可以说是创建一个请

求。method 指定请求的类型，一般为 POST 或 GET 等，不区分大小写；url 参数可以是相对 url 或绝对 url，另外这个方法还包括 3 个可选参数。

(5) send()：向服务器发送请求。

(6) setRequestHeader()：设置请求的 HTTP 头部信息。

在创建了异步对象后，需要使用 Open() 方法初始化异步对象，即创建一个新的 HTTP 请求，并指定此请求的方法、URL 及验证信息，语法如下。

```
xmlhttp.open(method, url, async, user, password);
```

其中，method 和 url 在前面已经介绍过了，另外三个参数为可选参数。async 指定了此请求是否为异步方式，为布尔类型，默认为 true。user 和 password 表示用户名和密码，如果服务器需要验证，则需要指定用户名和密码。在创建了异步对象 xmlhttp 后，需要建立一个到服务器的新请求。代码如下。

```
xmlhttp.open("GET","a.aspx",true);
```

代码中指定了请求的类型为 GET，即在发送请求时将参数直接加到 url 地址中发送，请求地址为相对地址 a.aspx，请求方式为异步。在初始化异步对象后，需要调用 onreadystatechange 属性来指定发生状态改变时的事件处理句柄。代码如下。

```
xmlhttp.onreadystatechange = HandleStateChange();
```

在 HandleStateChange() 函数中需要根据请求的状态，有时还需要根据服务器返回的响应状态来指定处理函数，所以需要调用 readyState 属性和 status 属性。比如当数据接收成功时要执行某些操作，代码如下。

```
01      function HandleStateChange(){
02        if(xmlhttp.readyState == 4 && xmlhttp.status ==200){
03         //do something
04         }
05      };
```

在建立了请求并编写了请求状态发生变化时的处理函数之后，需要使用 send() 方法将请求发送给服务器。语法如下。

```
send(body);
```

参数 body 表示通过此请求要向服务器发送的数据，该参数为必选参数，如果不发送数据，则代码如下。

```
xmlhttp.secd(null);
```

需要注意的是，如果在 open 中指定了请求的方法是 POST 的话，在请求发送之前必须设置 HTTP 的头部，代码如下。

```
xmlhttp.setRequestHeader("Content-Type",” application/x-www-form-urlencoded” )
```

客户端将请求发送给服务器后，服务器需要返回相应的结果。至此，整个异步连接服务器的过程就完成了，为了测试连接是否成功，我们在页面中添加了一个按钮。具体代码如范例 23.1 所示。

【范例 23.1】 异步连接服务器（代码清单 23-1-1）

```
01      <!DOCTYPE html PUBLIC "-//W3C//DTD XHTML 1.0 Transitional//EN" "http://www.
w3.org/TR/xhtml1/DTD/ xhtml1-transitional.dtd">
```

```
02    <html xmlns="http://www.w3.org/1999/xhtml">
03    <head>
04    <meta http-equiv="Content-Type" content="text/html; charset=gb2312" />
05    <title> 异步连接服务器 </title>
06    <script language="javascript">
07    var xmlhttp;
08    function createXMLHttpRequest(){
09      if(window.ActiveXObject)
10    ……// 此处有代码省略
31    </body>
32    </html>;
```

服务器端代码我们采用 ASP.NET 来完成，代码如下。

【范例 23.2】 异步连接服务器示例服务器端代码（代码清单 23-1-2）

```
01    <%@ Page Language="C#" ContentType="text/html" ResponseEncoding="gb2312"
%>
02    <%@Import Namespace="System.Data"%>
03    <%
04      Response.write(" 连接成功 ");
05    %>;
```

【运行结果】

运行结果如图所示。

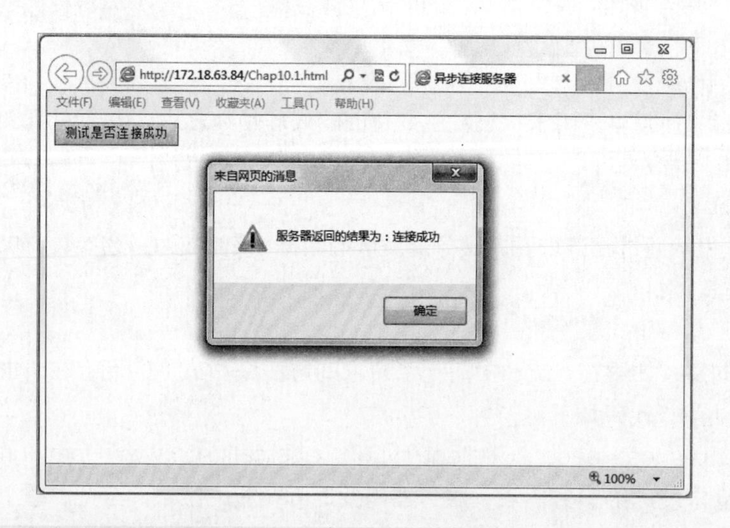

23.1.2 GET 和 POST 模式

客户端在向服务器发送请求时需要指定请求发送数据的方式，在 HTML 中通常有 GET 和 POST 两种方式。其中，GET 方式一般用来传送简单数据，大小一般限制在 1KB 以下。请求数据被转化成查询字符串并追加到请求的 URL 之后发送，send() 方法不发送任何数据。另外，使用 GET 传递中文数据在浏览器中浏览时可能会出现乱码，为了避免这种状况，被传递的参数最好先通过 encodeURIComponent 方法编码，在返回数据时再使用 decodeURIComponent 方法进行解码。例如：

```
01    < varurl ="Chap10.2.aspx?username="+encodeURIComponent(username);
02    xmlhttp.open("GET",url);
03    xmlhttp.send(null);
```

而 POST 方式可以传送的数据量比较大，可以达到 2MB。它是将数据放在 send() 方法中发送，在数据发送之前必须先设置 HTTP 请求的头部。另外，使用 POST 传递中文数据在浏览器中浏览时也可能会出现乱码，解决这个问题的办法是，被传递的参数先通过两次 encodeURI 方法编码，在返回数据时再使用 decodeURI 方法进行解码。例如：

```
01    var url = " Chap10.2.aspx?";
02    xmlhttp.open("POST",url);
03    xmlhttp.setRrquestHeader("Content-Type","application/x-www-form-urlencoded");
04    send(encodeURL(encodeURI (username)))
```

为了更直观地看到 GET 和 POST 两种方式的区别，下面在范例 23.3 中设置一个文本框用来输入用户名，设置两个按钮分别用 GET 和 POST 来发送请求。具体代码如下。

【范例 23.3】 GET 和 POST 模式（代码清单 23-1-3）

```
01    <!DOCTYPE html PUBLIC "-//W3C//DTD XHTML 1.0 Transitional//EN" "http://www.
w3.org/TR/xhtml1/DTD/ xhtml1-transitional.dtd">
02    <html xmlns="http://www.w3.org/1999/xhtml">
03    <head>
04    <meta http-equiv="Content-Type" content="text/html; charset=gb2312" />
05    <title>GET 和 POST 模式 </title>
06    <script language="javascript">
07    var xmlhttp;
08    var username;// = document.getElementById("username").value;
09    function createXMLHttpRequest(){
10     ……// 此处有代码省略
11    <input type="button" id="btn_POST"  value="POST 发  送 " onclick="doRequest_
POST();" />
12    </form>
13    </body>
14    </html>
```

服务器端代码我们仍然采用 ASP.NET 来完成，代码如下。

【范例 23.4】 GET 和 POST 模式服务端代码（代码清单 23-1-4）

```
01    <%@ Page Language="C#" ContentType="text/html" ResponseEncoding="gb2312"
%>
02    <%
03      if(Request.HttpMethod=="GET")
04        Response.Write("GET："+ Request["username"]);
```

```
05      else if(Request.HttpMethod=="POST")
06        Response.Write("POST: "+ Request["username"]);
07    %>
```

【运行结果】

GET 模式运行结果如左下图所示，POST 模式运行结果如右下图所示。

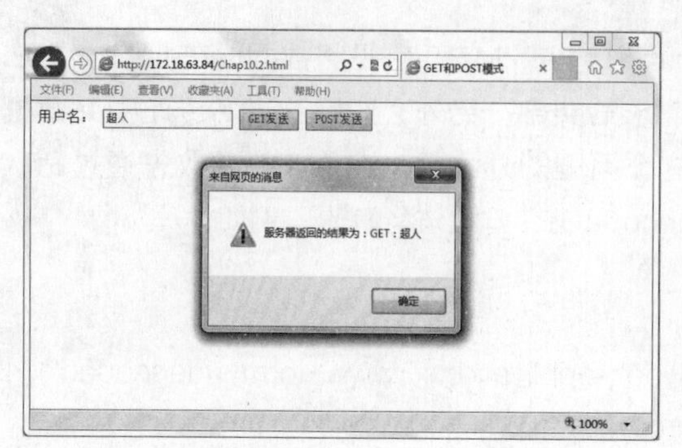

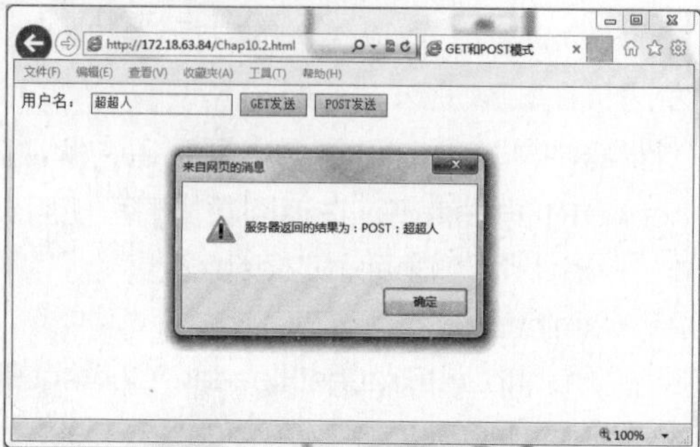

23.1.3 处理多个异步请求

前面的示例都是通过一个全局变量 xmlhttp 对象对所有异步请求进行处理的。这样做会存在一些问题，如当第一个异步请求尚未结束，则很可能就已经被第二个异步请求所覆盖。解决的办法通常是将 xmlhttp 对象作为局部变量来处理，并且在收到服务器端的返回值后手动将其删除。

多个异步请求的示例如下。

【范例 23.5】 多个异步请求的示例（代码清单 23-1-5）

```
01    <!DOCTYPE html PUBLIC "-//W3C//DTD XHTML 1.0 Transitional//EN" "http://www.
w3.org/TR/xhtml1/DTD/ xhtml1-transitional.dtd">
02    <html xmlns="http://www.w3.org/1999/xhtml">
03    <head>
04    <meta http-equiv="Content-Type" content="text/html; charset=gb2312" />
05    <title> 多个异步对象请求示例 </title>
06    <script language="javascript">
07    function createQueryString(oText){
08      var sInput = document.getElementById(oText).value;
09      var queryString = "oText=" + sInput;
10      return queryString;
11    }
12    ……// 此处有代码省略
13      <input type="button" value=" 发送 " onclick="test()">
14    </form>
15    </body>
16    </html>
```

多个异步请求示例的服务器端代码如下。

【范例 23.6】 多个异步请求示例的服务器端代码（代码清单 23-1-6）

```
01    <%@ Page Language="C#" ContentType="text/html" ResponseEncoding="gb2312"
%>
02    <%@ Import Namespace="System.Data" %>
03    <% Response.Write(Request["oText"]);%>
```

【运行结果】

由于函数中的局部变量是每次调用时单独创建的，函数执行完便自动销毁，此时测试多个异步请求便不会发生冲突。

运行结果如左下图所示，单击按钮之后的运行结果如右下图所示。

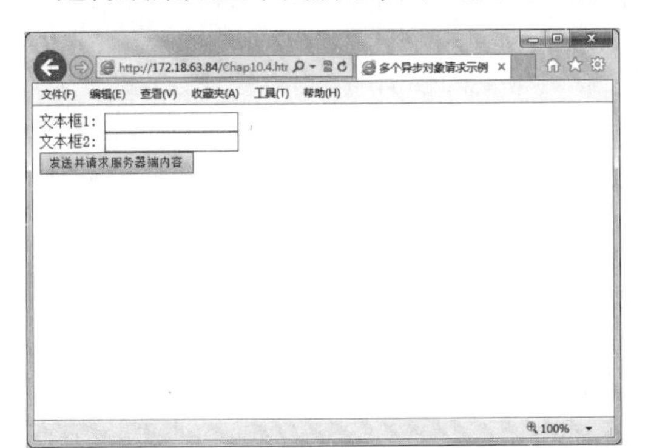

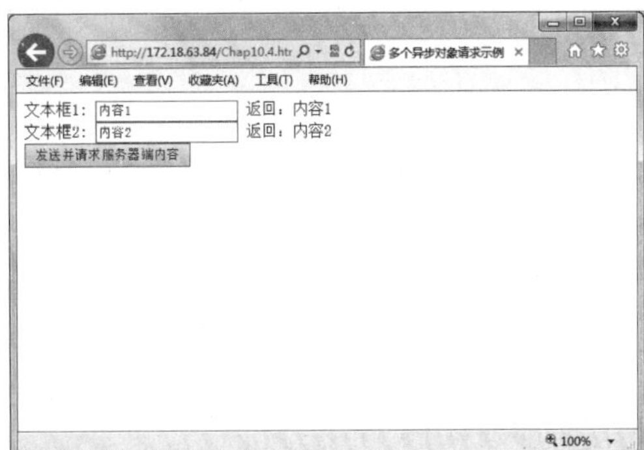

23.2 Ajax 框架

本节视频教学录像：6 分钟

对于 Ajax，有一部分代码可以通用，如创建异步对象、访问服务器等。为了方便使用这部分代码，开发人员进行了搜集整理，创建了一些框架，如本节将要介绍的 AjaxLib 和 AjaxGold。

23.2.1 使用 AjaxLib

AjaxLib 是用 JavaScript 语言编写的，它为 Ajax 在 Web 应用程序中的应用提供了一种简便的方法。通过 AjaxLib 框架，可以使用 GET 或 POST 方法向服务器发送数据，并直接在 JavaScript 中获取返回结果。该框架可以从网上直接下载，并通过下面的代码导入要使用该框架的页面中。

<script language="javascript" src="ajaxlib.js"></script>;

导入上面的语句后，就可以直接使用 AjaxLib 框架了，调用该框架的 loadXMLDoc() 函数可以直接获取 XML 文档数据。该函数有三个参数：url、callback 和 boolean，其中 url 表示异步请求的地址，callback 表示请求返回成功后调用的函数名称，boolean 表示是否要删除 XML 文档中的空格。如要求发送异步请求到 23-2-2.aspx，请求成功返回后调用函数 getXML，并且不用删除 XML 文档中的空格，那么代码如下。

loadXMLDoc('23-2-2.aspx',getXML,false);

采用 AjaxLib 框架获取服务器端返回的 XML 文档，具体代码如下。

【范例 23.7】 使用 AjaxLib 框架获取服务器端返回的 XML 文档（代码清单 23-2-1）

```
01    <!DOCTYPE html PUBLIC "-//W3C//DTD XHTML 1.0 Transitional//EN" "http://www.
w3.org/TR/xhtml1/DTD/ xhtml1-transitional.dtd">
02    <html xmlns="http://www.w3.org/1999/xhtml">
03    <head>
04    <meta http-equiv="Content-Type" content="text/html; charset=gb2312" />
05    ……// 此处有代码省略
06    </form>
07    </body>
08    </html>
```

服务器端代码如下。

【范例 23.8】使用 AjaxLib 框架获取服务器端返回的 XML 文档的服务器端代码（代码清单 23-2-2）

```
01    <%@ Page Language="C#" ContentType="text/html" ResponseEncoding="gb2312"
%>
02    <%@ Import Namespace="System.Data" %>
03    <%
04       Response.ContentType = "text/xml";
05       Response.CacheControl = "no-cache";
06       Response.AddHeader("Pragma","no-cache");
07       string xml = "<result>Hello, World!</result>";
08       Response.Write(xml);
09    %>
```

【运行结果】

运行结果如左下图所示。单击按钮之后的运行结果如右下图所示。

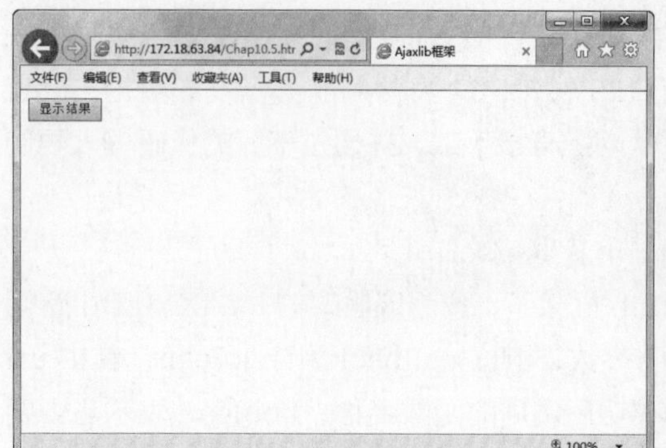

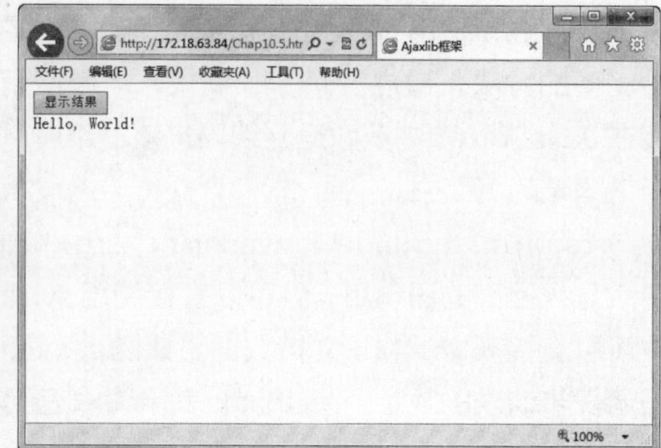

23.2.2 使用 AjaxGold

上面我们已经介绍了 AjaxLib 框架的简单运用，下面介绍 AjaxGold 框架的使用，两者的使用方法基本相同，只不过内部提供的函数不同。该框架提供了以下四个函数。

(1) getDataReturnText(url，callback)：用于 GET 请求，返回文本文档。

(2) getDataReturnXML(url，callback)：用于 GET 请求，返回 XML 文档。

(3) postDataReturnText(url，data，callback)：用于 POST 请求，返回文本文档。

(4) postDataReturnXML(url，data，callback)：用于 POST 请求，返回 XML 文档。

如调用函数 postDataReturnText(url，data，callback) 向 23-2-4.aspx 发送异步请求，并传送数据“a=1”，成功返回后调用函数 getText()，那么代码如下。

```
postDataReturnText('23-2-4.aspx','a=1',getText);
```

采用 AjaxGold 框架获取服务器端返回的文本文档，具体代码如下。

【范例 23.9】 使用 AjaxGold 框架获取服务器端返回的文本文档（代码清单 23-2-3）

```
01	<!DOCTYPE html PUBLIC "-//W3C//DTD XHTML 1.0 Transitional//EN" "http://www.
w3.org/TR/xhtml1/DTD/ xhtml1-transitional.dtd">
02	<html>
03	<head>
04	<meta http-equiv="Content-Type" content="text/html; charset=gb2312" />
05	<title>AjaxGold 框架获取服务器端返回的文本文档 </title>
06	<script language="javascript" src="ajaxgold.js"></script>
07	<script language="javascript">
08	function getText(txt){
09	   document.getElementById("div1").innerHTML = txt;
10	}
11	</script>
12	</head>
13	<body>
14	<form>
15	   <input type="button" value=" 显示结果 " onclick="postDataReturnText('Chap10.6.a
spx','a=1',getText);">
16	</form>
17	<div id="div1"></div>
18	</body>
19	</html>
```

服务器端代码如下。

【范例 23.10】 使用 AjaxGold 框架获取服务器端返回的文本文档的服务器端代码（代码清单 23-2-4）

```
01	<%@ Page Language="C#" ContentType="text/html" ResponseEncoding="gb2312"
```

```
%>
02    <%@ Import Namespace="System.Data" %>
03    <%@ Import Namespace="System.Data.OleDb" %>
04    <%@ Import Namespace="System.IO" %>
05    <%
06        Response.ContentType = "text/xml";
07        Response.CacheControl = "no-cache";
08        Response.AddHeader("Pragma","no-cache");
09        int a = int.Parse(Request["a"]);
10        Response.Write(a);
11    %>
```

【运行结果】

运行结果如图所示。

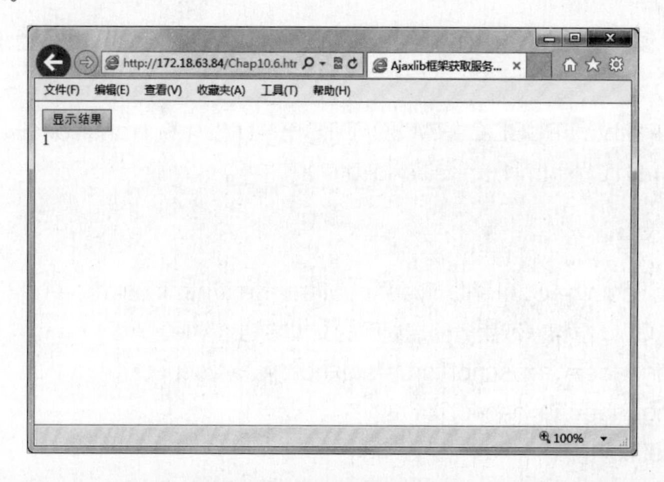

高手私房菜

本节视频教学录像：2 分钟

技巧：使用 Ajax 时 IE 缓存问题的解决方法

开始使用 Ajax，经常遇到的就是 IE 浏览器缓存问题，即 Ajax 调用返回的上次访问结果。解决方法有以下两种。

(1) 在 XMLHttpRequest 发送请求之前加上

```
01    XMLHttpRequest.setRequestHeader("If-Modified-Since","0");
02    XMLHttpRequest.send(null);
```

(2) 在请求 URL 后面添加随机数或者当前时间戳。例如：

```
url = url + "?fresh=" + Math.random();;
```

或者

```
url = url +"?timestamp=" + new Date().getTime();;
```

即可有效解决这个问题。

第 24 章

制作手机网站

本章视频教学录像：13 分钟

高手指引

智能手机的发展拓展了网页制作的领域，从传统 PC 网页制作转移到手机网站制作，是很多传统网页设计人员面临的挑战。本章抛砖引玉，以一个简单的手机页面介绍手机网站的制作方式。

重点导读

- 手机网站制作与传统网页制作的区别
- 手机网站的一般架构
- 手机网站的模块

24.1 整体布局

本节视频教学录像：3 分钟

随着网站和 Web 应用变得更为先进，现在迫切需要提供针对手机等移动设备的网站和 Web 引用。一个有着良好移动体验的应用往往使用户存在一种难以解释的情感。手机网站的布局方式相对比较固定，通常采用“1+（n）+1”布局方式，如下图所示。

24.1.1 设计分析

手机网站由于版面限制，不能把传统网站上的所有应用、链接都移植过来，这不是简单的技术问题，而是用户浏览习惯的问题。因此，设计手机网站时，首要考虑的问题是如何精简传统网站上的应用，保留最主要的信息功能。

确定服务中最重要的部分。如果是新闻或博客等信息，则让访问者最快地接触到信息，如果是更新信息等行为，就让他们快速地达到目的。

如果功能繁多，就尽可能地删减。剔除一些额外的应用，让其集中在重要的应用。如果用户需要改变设置或者做大的改动，则可以选择使用电脑版。

可以提供转至全版网站的方式。手机版网站不会具备全部的功能设置，虽然重新转至全版网站的用户成本要高，但是这个选项是必备的。

成功的手机网站设计秉持一个简明的原则：能够让用户快速地得到他们想知道的，最有效率地完成他们的行为，所有设置都能让他们满意。

24.1.2 排版架构

相对于传统网站，手机网站架构的可选择性比较少，本例的排版架构如下。

导航（页头）
重点信息推荐
分类信息 1
分类信息 2
页脚

24.2 设计导航菜单

本节视频教学录像：4 分钟

由于手机浏览器支持的原因，手机的导航菜单也受到一定程度的限制，没有太多复杂的生动效果展现，一般都以水平菜单为主，代码如下。

```
01    <DIV class="w1 N1">
02    <P>
03    <A href="#"> 导航 </A>
04    ……<! --此处省略代码 -->
05    </P>
06    </DIV>
```

样式代码如下。

```
01    .w1 {
02    PADDING-BOTTOM: 3px; PADDING-LEFT: 10px; PADDING-RIGHT: 10px; PADDING-TOP: 3px
03    }
04    .N1 A {
05    MARGIN-RIGHT: 4px
06    }
```

实现效果如下图所示。

导航 天气 微博 笑话 星座
游戏 阅读 音乐 动漫 视频

24.3 设置模块内容

本节视频教学录像：4 分钟

手机网站各个模块布局内容区别不大，基本上以 div、p、a 这 3 个标签为主，代码如下。

```
01    <DIV class=w1>
02    <P><A href="#"><SPAN style="COLOR: rgb(51,51,51)"><STRONG> 重要信息内容标题 1</STRONG></SPAN></A> </P>
03    <P><A href="#"><SPAN style="COLOR: rgb(51,51,51)"> 信息内容 2</SPAN></A><I class=s>|</I><A href="#"><SPAN style="COLOR: rgb(51,51,51)"> 信 息 内 容 3</SPAN></A> </P>
04    </DIV>
05    <DIV class="w a3">
06    <P class="hn hn1"><A href="#"><IMG alt='" 爱 情 天 梯 " 女 主 角 去 世 纯 爱 成 绝 唱 ' src="images/20121101110236_94.jpg"></A> </P>
07    </DIV>
08    <DIV class="ls pb1">
09    <P><I class=s>.</I><A href="#"><SPAN style="COLOR: rgb(51,51,51)"> 信息内容标题信息内容标题 </SPAN></A></P>
10    ……<!--此处省略代码 -->
11    </DIV>
```

样式代码如下。

```
01    MARGIN: 5px 5px 0px; PADDING-TOP: 5px
02    }
03    .ls A:visited {
```

```
04      COLOR: #551a8b
05      }
06      .ls .s {
07      COLOR: #3a88c0
08      }
09      .a3 {
10      TEXT-ALIGN: center
11      }
12      .w {
13      PADDING-BOTTOM: 0px; PADDING-LEFT: 10px; PADDING-RIGHT: 10px;
PADDING-TOP: 0px
14      }
15      .pb1 {
16      PADDING-BOTTOM: 10px
17      }
```

从样式上可以看到，这些都是前面学习过的几个常见属性，实现效果如下图所示。

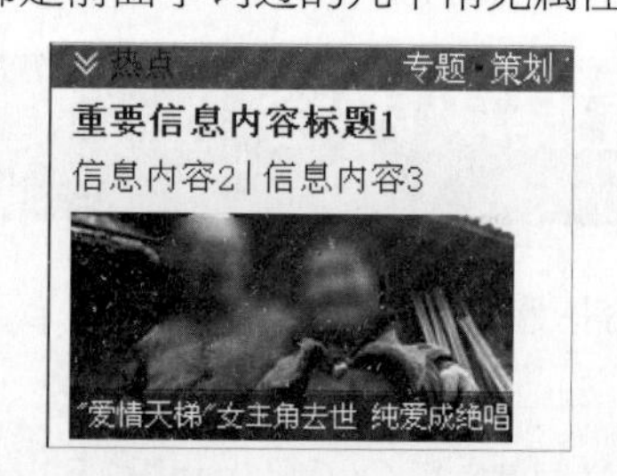

高手私房菜

本节视频教学录像：2 分钟

技巧：常见属性存在的问题

手机环境安装的字体比较少，一般只有一种，所以 font 的有些属性不能生效，需要注意以下几个属性存在的问题。

font-family：因为手机基本上只安装了宋体这一种中文字体。

font-family:bold：对中文字符无效，一般对英文字符有效。

font-style：italic：同上。

font-size：如 12px 中文字符和 14px 中文字符看起来一样大，当字符大小为 18px 时也许能看出一些区别。

white-space/word-wrap：无法设置强制换行，所以当网页有很多中文字符时，需要特别关注，不要让过多连写的英文字符撑开页面。

大部分手机不支持 background-position 属性，但支持背景图像的其他属性。

手机不支持的属性有：position 属性、 overflow 属性、 display 属性、 min-height 属性及 min-weidth 属性等。